高等职业教育农业农村部"十三五"规划教材

宠物医院实务

第 二 版

张 斌 主编

中国农业出版社

北 京

内容简介

　　本教材在第一版基础上进行修订，体现了职业教育课程改革方向和中国宠物医疗产业发展的实际情况，把专业技能和创业实务融为一体，可操作性强。根据产业发展和学生职业需求共分 8 个学习项目，内容涵盖宠物医院创办方式、人力资源管理、财务管理、文化建设、营销方案、工作岗位任务和工作流程、日常管理任务和法律知识，系统地阐述了宠物医院经营管理和宠物诊疗、护理流程中出现的问题，并提出了解决方案。本教材既可以作为高等职业院校动物医学、宠物医学、宠物临床诊疗技术等专业的教材，也可以作为宠物医院工作人员的参考资料。

第二版编审人员

主　　编　张　斌

副 主 编　卓国荣　傅宏庆

编　　者（以姓氏笔画为序）

　　　　　王玉燕　任逸懿　沈晓鹏　迟　兰

　　　　　张　斌　陈　琦　陈　淼　欧红萍

　　　　　卓国荣　宗亚来　黄　雷　傅宏庆

审　　稿　钱存忠　武彩虹

第一版编审人员

主　　编　张　斌

副 主 编　卓国荣　傅宏庆

编　　者　（以姓名笔画为序）

　　　　　王　芳　王艳丰　沈晓鹏

　　　　　张　斌　卓国荣　傅宏庆

主　　审　贺生中

企业指导　钱存忠　曹浪峰

第二版前言

．．．．．．．．．．．．．．．．．．．．．．．．．．．．．．．．．．．．．．

本教材在第一版基础上进行修订，体现了职业教育课程改革方向和中国宠物医疗产业发展的实际情况，把专业技能和创业实务融为一体，可操作性强。根据产业发展和学生职业需求共分8个学习项目，内容涵盖宠物医院创办方式、人力资源管理、财务管理、文化建设、营销方案、工作岗位任务和工作流程、日常管理任务和法律知识，系统地阐述了宠物医院经营管理和宠物诊疗、护理流程中出现的问题，并提出了解决方案。此次修订力求体现以下理念：

一是根据通用的宠物医疗行业岗位规范标准，将新技术、新工艺、新规范、新要求等纳入教学内容，使学历证书体现的专业教学内容基本覆盖对应职业技能等级证书标准，从而实现书证融通。

二是根据宠物产业的发展要求，及时将专业知识和管理实务有机融合，充分体现专业建设适应产业发展需求、协同创新、服务产业的特色。

将体现产业优秀文化的精湛技艺和追求卓越的工匠精神融入学习内容中。重视发挥产业优秀文化的育人作用，用学生喜闻乐见的方式，促进学生职业素养的提升，以优秀文化持续影响学生，引导学生形成正确的价值观，塑造学生行为方式，提升育人水平。

三是根据岗位工作任务要求和工作流程组织内容，应用案例教学、线上线下混合式教学方式和岗位实践促进学生技能的提升。

本教材由张斌（江苏农牧科技职业学院）主编，编者分工如下：傅宏庆（江苏农牧科技职业学院）负责编写文化建设部分；卓国荣（江苏农牧科技职业学院）负责编写手术、影像室管理部分；黄雷（河北旅游职业学院）负责编写诊室、住院部管理部分；沈晓鹏（江苏农牧科技职业学院）负责编写护理职责部分；欧红萍（成都农业科技职业学院）负责编写人力资源管理部分；陈淼（成都农业科技职业学院）负责编写财务管理部分；迟兰（徐州生物工程职业技术学院）负责编写营销管理部分；王玉燕（徐州生物工程职业技术学院）负责编写前台、化验室管理部分；任逸懿（温州科技职业学院）负责编写宠物医院日常业务部分；陈琦（上海市动物疫病预防控制中心）负责编写法律法规部分；宗亚来（淮安菲丽丝宠物医院）负责编写宠物医疗安全部分。本教材由张斌统稿。南京农业大学动物医院钱存忠院长和江苏农牧科技职业学院武彩虹博士对书稿进行了认真审阅并提出了宝贵意见，在此表示衷心感谢！

由于水平所限，书中不妥之处在所难免，恳请广大读者批评指正，以便下次修订。

编　者

2019 年 5 月

第一版前言

··

随着现代社会的发展，人与宠物的关系越来越密切，宠物主人对宠物的健康状况和生活质量越来越关注，使得宠物诊疗行业得到快速发展。宠物医院管理逐渐制度化、精细化。宠物医院规模不断扩大，仪器设备增多，人员分工也趋于细化，医院各部门合作逐渐加强。因此，要想使宠物医院在激烈的市场竞争中顽强生存，加强宠物医院从业人员的培训教育，提高其技术水平和职业道德，制定宠物医院各部门的职责和工作流程是非常必要的。

本教材以培养高素质技术技能型人才为培养目标，根据宠物医院岗位的任职要求，组织国内从事高等职业教育宠物类教学的专业骨干教师编写。本教材最大特点是从现代管理理论和宠物医院管理实务两个视角，将宠物医院管理理论与实务进行了系统、清晰的梳理。同时，作为一名宠物医院的经营管理者，作者尝试从组织管理学角度研究宠物医院管理体系，力求真正将宠物医院作为一个组织来研究，以组织管理学中的新视角带来医院管理理论研究体系上的创新。

本教材由江苏农牧科技职业学院张斌任主编，具体分工为：张斌编写项目一、项目三；江苏农牧科技职业学院傅宏庆编写项目二；江苏农牧科技职业学院卓国荣编写项目四；江苏农牧科技职业学院沈晓鹏编写项目五；河南农业职业学院王艳丰编写项目六；山东畜牧兽医职业学院王芳编写项目七、项目八。南京农业大学动物医院钱存忠院长、苏州曹浪峰宠物医院曹浪峰院长负责本教材的实践理论指导，并对教材编写给予很大帮助。本教材由江苏农牧科技职业学院贺生中教授主审。在此一并表示衷心感谢。

由于水平有限，本教材难免出现疏漏和缺点，敬请广大读者批评、指正。

编　者

2014 年 6 月

目　　录

项目一　宠物医院营业筹备

任务一　宠物市场调研的主要内容

创办宠物医院，做好前期的宠物市场调研是很重要的。市场调研主要针对宠物市场位置、规模、性质、特点、市场容量、供求预测及辐射范围等进行综合分析。通过市场调研，可以更好地认识市场的供需比例关系和竞争对手情况，以便采取正确的经营战略，满足市场需要，提高经济效益。

🐾 相关知识

当目标市场锁定后，就需要对市场中的一些可控因素和不可控因素进行详细了解，其目的在于避开风险，抓住机会，为准确的市场定位找到切入点。

1. 政策环境　了解当地政府对宠物行业的管理，产业支持等相关政策情况，这也是宠物医疗保健行业定价的一个重要参考因素。

2. 经济环境　当地经济发展水平，居民的消费水平及未来几年的经济发展趋势调查。

3. 地理环境　目标市场的地理特征、交通状况。

4. 文化环境　目标市场居住区内居民的文化程度，对宠物的认知程度，风俗人情等。

5. 竞争环境　调查了解目标市场的宠物行业竞争情况。主要知悉有哪些竞争品牌，各企业的市场占有率等，这利于针对竞争对手采取有效的进攻与防御策略。

🐾 拓展知识

了解目标市场的规模大小，市场近期状况与发展趋势，同行业发展动向及宠物产业链是否完整。完整的宠物产业链主要包括宠物繁殖、宠物销售、宠物医疗、宠物美容、寄养、食品用品销售、宠物文化产业（如宠物摄影）、宠物殡葬等。

1. 目标市场的宠物类别、品种及数量的调查　准确掌握目标市场宠物的类别、品种、保有量及递增速度，就可以了解目标市场宠物的规模、消费总量。这对投资者做出正确决策起重要作用。

2. 同行经营规模的大小　对一些后进者来说，了解同行经营规模的大小对其投资强度的大小起重要的作用。顾客也热衷于去规模大、环境好的宠物医疗美容场所消费。

3. 硬件设备　硬件设备的先进程度也反映了宠物医院诊疗水平和服务水平的高低。

4. 医疗美容服务种类的多样化　了解目标市场的宠物医疗美容服务种类，水平高低，从中找到差异性作为切入点，来提高企业经济效益、知名度及服务水平。

5. 专科特长　一家宠物医院如果有自己的专科优势，既能提高医院的知名度，又能给

医院带来许多潜在的消费人群。

6. 从业人员的服务水平 顾客选择一家宠物医院或美容院重要的考虑因素就是服务，工作人员服务水平成为顾客选择他们与否的极其重要因素之一，事实证明，大部分的宠物主人都会选择服务态度比较好、专业性比较强的宠物医院或美容院，即便收费较高，也会从很远的地方慕名而来。

7. 收费标准 目前国家对宠物行业没有统一的收费标准，每家医院的收费标准也参差不齐，了解目标市场的收费情况，对于制定本宠物医院的收费标准有重要的参考意义。

8. 宠物医院的知名度 顾客一般会对宠物医院的医术、服务水平、交通便利程度、收费高低等各种因素之间相互比较，进行综合评定，对宠物医院的好坏形成自己的结论，并以此结论在自己的圈子里传播。大多数顾客会选择那些口碑比较好的宠物医院为自己的宠物服务。

9. 宠物用品销售的调查 特别是一些后进者，对目标市场的销售可能性调查很重要，一般指潜在的宠物用品购买者、可挖掘的市场空间、消费者的需求变化以及能扩大销售的可能性途径等方面都必须展开细致入微的调查。如果某个市场新的生存空间很小、市场切入难度大，就不利于新品的推广。了解目标市场对宠物产品价格的承受能力、同类宠物用品的竞争情况、竞争产品的生命周期、市场销量、售后服务及知名度与美誉度等情况。总之，通过对市场宠物产品的性能、特征、包装、文化等方面的调查，将有益于新品的推广。

10. 消费者行为调查 研究宠物用品消费者的购买行为，有利于企业开发适销对路的产品和采取有针对性的营销策略拓展市场。主要包括购买宠物产品的消费群体的性别差异、年龄特征、消费层次；消费者对目前市场上的宠物产品的认识与看法及购买宠物用品的动机、习惯或偏好。

11. 竞争对手调查 主要了解竞争对手的招商政策、销售策略（尤其是一些主流宠物品牌通常采用的营销策略）、售后服务等，这有利于通过"差异化"营销促进新产品的上市推广。

思 与 练

1. 自己设计一份宠物市场调研表，了解下当地宠物市场的发展情况，并撰写调研报告。

2. 通过市场调研，你对消费者的需求有何了解，并提出切实可行的解决办法。

任务二　宠物医院设计

相关知识

随着人类对宠物疾病复杂程度的认识越来越深，人们对宠物医院服务的要求也越来越高。因此，宠物医院的科室分布也越来越细化。大型宠物医院有的数千平方米，小的也有几十平方米。患病宠物进入医院和完成诊疗后离开医院都要经过一个完整的过程，这个过程最短的可能在前台就得到解决，如咨询等。而有的过程可能很长，包括诊断、化验、处置、手术、住院及出院等。宠物医院的科室分布是根据临床工作的需要而设定的。

宠物医院由前台入口到返回前台一般由如下部分构成：前台、候诊区、档案室、诊疗室、处置室、注射室、重症监护室、手术准备室、手术室、住院部、药房、X射线拍片室、X射线洗片室、化验室、美容室、库房、生物有害物处置设施、宠物主人休息区和用品展示区等。

虽然各科室分布于医院建筑物的不同区域，具有不同的功能，但是各个科室之间又相互紧密联系在一起，共同完成医院的诊疗任务。宠物医院是一个有机整体，每一个部门的工作和服务都与医院的整体形象和服务水平息息相关。下面简要介绍主要科室的具体功能和作用。

1. 前台　前台区是医院的对外窗口，因为宠物主人打电话是由前台人员来接的，而且宠物主人带宠物来就诊最先接触到的也是前台工作人员。回答电话的态度和接待宠物主人的方式以及技术咨询的水平等直接影响到医院的生意好坏。前台区域的设计一般是电话、工作台及一些办公用品。规模较大的宠物医院多数都有计算机及档案管理软件系统。一般小型医院前台兼管收银。前台区要求整洁干净。前台工作人员服装举止要专业化，给人一种熟悉专业和受到关爱的感觉。前台摆放一些植物花卉，有助于营造温馨的气氛。前台所需要的面积可大可小，小型门诊部的前台几平方米就可以，而大型宠物医院的前台一般包括前台区域、档案室及收银等几个部分。前台区摆放一些宣传本医院的材料或其他有关宠物保健常识类的教育材料。宠物主人对医院的宣传材料信任度要比电视等广告材料的信任度高得多，因为医生的专业化程度在宠物主人的心目中有重要影响。

2. 诊室　诊室是宠物医院的关键组成部分。医生与宠物主人的接触、问诊，对宠物的临床检查，包括一些简单的处置等都在诊室里完成。有关患病宠物的家庭护理，宠物的保健常识等宠物主人教育活动也在诊室里进行。宠物主人对医院的整体印象和信赖程度在很大程度上取决于医生和宠物主人之间在诊室的接触和交流。因此，宠物医院在管理上应该将诊室的管理列为重点之一。

诊室的面积不一定很大，但是诊室必备的设备、器械及用品等应尽量保持完善，以满足临诊的需要。诊室必备的物品包括诊台、污物桶、医生办公桌、临床常用物品柜、X射线片观片器、检耳镜、检眼镜、洗手池等。物品柜中必备的用品包括：剪毛剪、止血钳、医用镊子、体温计、酒精棉球、碘酊棉球及常用简单包扎用品。办公桌上应备有化验单、处方笺、各种协议文书及其他常用文书等。诊室应该保持干净卫生，无异味。每天应按时消毒。医生与宠物主人之间的关系属于特殊的客户关系，隐含法律意义，所以在日常诊疗活动中应尽量保护宠物主人的利益及隐私，这是对普通诊室的要求。大型宠物医院的诊室还可以分科室，如某些特殊检查及诊断用的眼科专用诊室，皮肤病专用诊室等。这些诊室还应备有相应的仪器设备以用于特殊检查。

3. 注射室　注射室是医院执行医生处方的区域，通常在医生开出处方后，所有的给药处置应在注射室进行，特别是注射和输液的执行。注射室护士和技术人员应当熟练掌握静脉注射、皮下注射、肌内注射、穴位注射、腹腔内注射、骨髓内注射及口服给药、灌肠、钡餐等基本技术。注射室要求整洁、明亮、通风，同时要定期消毒。注射室用过的废弃物要及时清理，并按医疗废弃物处理。

4. 手术室　手术室也是宠物医院的重要部门，是医生对手术病例实施治疗的场所。宠物医院的重要病例和一些急诊病例多数需要手术治疗。一个医院的水平高低很大程度上取决于医生手术的技术和手术室内的操作水平。手术室的硬件设备包括手术台、手术器械、无影手术灯、氧气设备、麻醉机、监护仪及消毒设备等。软件包括医生的手术技术，护士、技术员的技术熟练程度等。手术室要求无菌操作，因此，对手术室的定期消毒是必需的。手术室人员应该相对固定，无关人员不得进入手术室。有空调最理想，没有空调的医院应该尽量避免开门换气，以免导致室内污染。

5. 住院部 住院部是现代化医院的必备设施。重症病例，手术后的恢复病例、疑难病例、危重病例等都需要在住院部进行治疗观察。住院部的硬件设备包括宠物笼具、治疗常用药物、常用手术器械、外伤处理器械、处置台、输液、输血、输氧设备及用品、消毒用具、监护仪器、急救用品、包扎用品等。人员的配置是住院部的另外一个重要方面。住院部应该由经过训练的住院医师管理，辅助人员包括技术员、护士等配合。住院部应当24h有人负责对住院宠物进行治疗和护理。对住院宠物的病情要定期进行检查和记录，根据病情不断调整治疗方案。宠物出现病情恶化等情况时，应由主治医生确定治疗、抢救方案，并由主治医生及时与宠物主人联系讨论可能采取的措施及预后。国外中型以上的医院均设有住院部。

6. X射线室 X射线拍片对宠物疾病进行诊断越来越普遍。很多疾病的诊断依赖于X射线片。因为X射线片可以提供其他检查手段不可代替的信息。随着兽医影像学的发展，用X射线可以诊断的疾病种类越来越多。如骨骼疾病、内脏疾病、异物、结石、肿瘤、外伤等都可以用X射线进行辅助诊断。X射线拍片还可以和超声波、内窥镜、心电图等结合起来诊断疾病，是临床上正确诊断和治疗不可缺少的有用工具。X射线室的硬件包括X射线机、X射线桌、控制台等。为了便于标记X射线片，还应该有铅号及标记用的字号。防护用具包括铅隔离板、防铅服、铅手套等。X射线机的种类很多，宠物医院常用的有便携式和台式两种。

7. 药房 药房是医院的另一个重要部门。绝大多数病例经过诊断，处置后都需要用药进行治疗。因此，药房的工作很重要。药房要保持干净，整洁，药品摆放整齐，工作人员应该熟悉药品的摆放位置、不同药品的用途、用法、用量及其禁忌、不良反应等。药房工作人员有责任和义务监督医生所开药方的准确性，防止由于疏忽造成用错药等事故的发生。

8. 化验室 临床化验室是宠物医院的重要组成部分。各种化验是临床做出正确诊断所必需的重要手段。一般化验室应该进行的化验项目包括：血液常规检查、粪便化验、尿液化验、皮肤化验及一般细菌检查。有条件的化验室还应有血液生物化学检查、微生物分离鉴定、药敏试验、血清学检查、激素定量分析等。

🐾 拓展知识

宠物医院建筑的设计是建筑学、宠物医学、预防医学、环境保护学、医疗设备工程学、信息科学、医院管理学等多学科、多领域应用成果的综合。而宠物医院感染管理是一门多学科交叉渗透的综合学科。宠物医院对宠物的安全管理和感染的预防、控制贯穿在医院运行的每个环节，体现于宠物诊疗的全过程。宠物医院建筑作为宠物医疗活动最主要的载体，必然对医院感染的发生、发展和预防、控制起到十分重要的作用。因此，保证宠物医院建筑规划设计的科学性、合理性、有效性、安全性，以最大限度地预防医院感染，已被作为衡量宠物医院管理水平的重要标志之一。

宠物医院建筑环境特殊、部门繁多、功能多样、形态多变、要求各异、设施复杂，是民用建筑中功能要求最复杂的类型。除应具有一般民用建筑使用功能外，还要求具有适应宠物医院进行医疗、教学、科研、保健等活动以及符合预防医学和卫生学的特殊功能。宠物医院建筑是一个具有特定功能的综合体和聚集特定人群和宠物的公共场所，科室较多，人、宠物流量大，功能关系和交通流线复杂，要求既要保证各功能区间特别是主体建筑间的密切联系，又要排除各种干扰和污染；既要方便顾客，又要利于管理。宠物医院建筑虽能在一定期限内满足使用要求，但随着宠物医院的不断发展，其建筑形态必然发生变化，即采用增加面积与调整功能的手段进行扩建改造。宠物医院又是人和各种宠物密集之地，容易产生交叉感染。这就要求宠物医院环境设计既要有利于顾客健康，又能防止宠物交叉感染，消除医院外传播流行机会。如果规划不周、设计不善，必将产生交通、候诊拥挤、交叉感染，甚至射线危害，影响宠物医院的洁净和安静，降低工效，污染医院内、外环境。

（一）宠物医院建筑与宠物医院感染的关系

1. 理论基础　传染病的发生必须具备传染源、传播途径和易感者三个环节；宠物医院感染的发生必须具备感染源、感染途径和易感者三个环节；而建筑室内污染的发生也必须具备污染源、污染途径、污染受体三个环节。在宠物医院里，其三者是统一的。宠物医院建筑所起的作用，是以控制外源性感染为主，通过有效的空间隔离，实现控制传染源、阻断感染途径、保护易感（或高危）人员和宠物的效果，达到预防医院感染发生、防止和控制感染扩散的目的。

2. 实际情况　宠物医院建筑是顾客、宠物医院工作人员和宠物集中活动的区域，尤其是大型综合宠物医院，收治宠物的疾病种类复杂繁多，人员流动量很大，各类人员和宠物接触频繁。从感染传播环节的角度讲，患病宠物既是感染源，也是易感者；宠物医院建筑本身和相关因素是重要的传播媒介之一。医院每天接诊大量宠物，有很多尚未确诊的宠物在医院内活动。其中不少是患有感染性疾病的宠物，包括传染病患病宠物，大多先在内科等科室就诊，才能在确诊后转到相关专科或专科医院，有时需要经过多次检查和诊断才能确诊。而大部分传染病在发病初期具有很强的传染性，患病宠物携带着各种病原体多次往返于各类诊室、检查室等部门。在此过程中，这些患病宠物在医院内通过各种形式接触到其他宠物、宠物医院工作人员和宠物主人。宠物医院建筑在其中起到了十分重要的作用。就诊路线不合理、建筑隔离不到位、通风系统不科学、卫生设施不完善等，均会增加感染传播的机会。在宠物住院过程中，也可以由于建筑原因获得医院感染。在宠物医院建筑规划设计阶段，就必须从预防医院感染角度进行仔细论证，使建筑设计符合"以人为本"的原则，同时尽量符合医院卫生学的要求，最终达到"以宠物和宠物主人为中心"的目的。否则，宠物医院就有可能在治疗疾病的同时，成为疾病在医院内、外传播的"传染源"，危害顾客、工作人员和宠物健康。因此，宠物医院建筑设计的最终目的，一方面是保证其本身的实用性，另一方面就是要保证在其中活动人员和宠物的安全性。

（二）宠物医院建筑设计与使用的原则

1. 预防控制医院感染是建筑规划设计的基本原则　发达国家的宠物医院建筑标准和规范，都将预防医院感染（或交叉感染）提到了非常重要的层次，这是宠物医院建筑与其他建筑区别最明显的特点之一，是包含在标准和规范中的最基本原则之一。国内目前还没有宠物医院建筑标准和规范。宠物医院建筑设计应满足医疗工艺的要求，有效保障控制医院感染、节约能源、保护环境，创造以人为本的就医环境。在宠物医院新建、扩建及改建医疗用房时，必须牢记这一原则，最大限度地减少因医院建筑引发的医院感染。

2. 必须对宠物医院建筑规划设计进行专业把关 宠物医院感染管理部门必须参与宠物医院建筑的新建、扩建或改建工程的规划、论证工作。在这个过程中，感染管理专业人员的职责是与建筑单位和使用单位充分沟通，结合建筑的用途、实际情况和使用单位需求，利用专业知识检查建筑设计图纸方案，提出自己的改进建议和意见，在规划阶段就通过科学合理的设计和要求，使医院建筑符合预防控制感染的原则。感染管理部门和人员制定的"审图要点"应考虑全面、突出重点、关注细节，对与感染相关的方面均应进行审核。

3. 宠物医院建筑必须洁污分开且分区明确 应根据宠物获得感染的危险性来对宠物医院建筑的功能进行分区。国际上根据危险性分为4区：A区，为低危险区，如行政管理区；B区，为中等危险区，如普通病房；C区，为高危险区，如隔离病房、重症监护病房；D区，为极高危险区，如手术室。在大区域的分区当中，内部的小分区也应明确，保证感染宠物和免疫力低下的宠物分开，这时就需要配备合适数量和类型的隔离病房，对宠物进行适当的空间隔离。例如，在急诊科设置1～2间较大的隔离诊室，一般处理均可在其中完成；在普通病区设置1～2间带缓冲间的病房，安置疑似或待转的传染病宠物和特殊感染宠物；同样，在消毒供应中心或医院餐厅，污染区绝不能危及到非污染区。

4. 医院建筑必须有良好的流程规划 流程规划一般包括以下内容：交通流程应尽量减少高危人群和宠物的暴露，利于快速运送宠物；内部所有的流程都应体现洁污分开的原则，使与感染密切相关的人员、宠物流向、物品流向、气体流向等尽量科学合理。在这个过程中，不仅要考虑"清洁"回路和"污染"回路，还应考虑如果物品得到合适保护后，它能在不同的流程回路交叉而没有危险。电梯可供医院工作人员、探视者使用，可用于灭菌器械和废弃物的运送。在整体布局中，可以通过建筑中的通路的导向和隔离门的设置，体现流线的方向，保证洁污分开。

5. 宠物医院建筑材料的选择必须有利于预防感染 对建筑材料，特别是内部表面建筑材料的选择是非常重要的。地面、墙面材料必须易于清洁和耐消毒处理。这些要求也适用于患病宠物环境中的所有物品。对建筑材料的要求包括：确定材料的采购计划；确定危险水平（分区）；描述功能性的流程方式（流动和隔离）；区分修建材料和改建材料。

6. 细节设计与施工必须体现预防感染原则 很多细节的实施将非常有利于预防控制感染，例如，室内的墙面与地面的阴阳角设计成圆角，配备合适的洗手设施，具备合适的水处理装置以减少细菌感染，在普通病区内设置带缓冲间的隔离病房，隔离房间和特护病区具有合适的通风和消毒设备、设置必要的控制装置等。

7. 宠物医院建筑必须经过严格的检查验收 无论新建还是扩建、改建的宠物医院建筑，都必须组织相关部门和单位的专业人员，包括宠物医院感染管理专业人员，在使用前进行全面检查、检测、验收，确认实际的布局流程符合设计和使用要求，性能指标达到相应标准。

8. 正确使用宠物医院建筑才能发挥预防控制感染作用 严格按设计的流程与线路进行使用，动态控制是关键。应根据建筑类型和用途制定相应的使用规定，例如，专用区域、专用通道、专用设施不可混用，区域、通道、房间的分隔门保持关闭，按不同分区的授权使用门禁系统，对空调通风系统进行规范日常维护，相关部门和单位进行监测、检查、维护等，以保证建筑结构完整和正常运行，为医疗活动和预防控制医院感染服务。

（三）医院改建工程预防控制医院感染措施

1. 改建设计方案应更有利于预防控制感染 不能改变原有的正确布局和流程。改建的前期设计方案也必须参照新建工程的程序经相关部门和单位进行审核。

2. 改建工程实施过程中预防感染的措施 医院内部改建工程中控制医院感染的重点措施是有效地控制粉尘和水汽的扩散与传播。主要措施：

（1）进行改建工程充分的准备工作，成立由相关专业人员组成的医院感染防控工作组，制定医院感染防控实施方案。

（2）对医务人员和施工人员进行预防控制医院感染的知识宣传培训。

（3）在医院内尤其是重点区域张贴警示性提示，对施工区域和相邻区域严格区分不同人员（工作人员、宠物主人和施工人员）的通道路线，加以醒目的标识进行引导。

（4）根据需要重新安置施工区域内处于高度危险状态的宠物，转移至安全区域时必须减少途中的停滞逗留，必要时进行呼吸道防护。

（5）在施工区域周围设置适当的围挡物以防止粉尘扩散，控制相关区域的浮尘，及时清除表面沉降的粉尘。

（6）减少施工过程中水汽所导致的危害隐患。尽量把建筑材料存放在干燥环境中，避免安装潮湿的、多孔易吸水的建筑材料，加强施工室内的通风，降低现场湿度。

（7）及时、正确处理建筑垃圾，指定专用路线进行湿式、覆盖运送。

（8）改建工程扫尾工作应包括检查并清除可见的真菌或霉块、清理或更换空调过滤器、彻底地清理施工区域等。

思 与 练

1. 根据预防感染的原则，模拟设计一张宠物医院功能区平面布局图。
2. 请实地调研当地宠物医院是否洁污分开，并提出改进建议。

任务三 宠物医院营业执照申领

相关知识

成立一家宠物医院或宠物诊所必须拥有动物诊疗许可证、工商营业执照和税务登记证。

（一）动物诊疗许可证申领

1. 申领条件

（1）有固定的动物诊疗场所，且动物诊疗场所使用面积符合当地兽医主管部门的规定。

（2）动物诊疗场所选址距离畜禽养殖场、屠宰加工厂、动物交易场所不少于200m。

（3）动物诊疗场所设有独立的出入口，出入口不得设在居民住宅楼内或者院内，不得与同一建筑物的其他用户共用通道；动物诊疗机构兼营宠物用品、宠物食品、宠物美容等项目的，兼营区域与动物诊疗区域应当分别独立设置。

（4）具有布局合理的诊疗室、手术室、药房等设施。

（5）具有诊断、手术、消毒、冷藏、常规化验、污水处理等器械设备。

（6）宠物诊所必须具有1名以上取得执业兽医师资格证书的人员；宠物医院必须具有

3名以上取得执业兽医师资格证书的人员。

（7）具有完善的诊疗服务、疫情报告、卫生消毒、兽药处方、药物和无害化处理等管理制度。

（8）不具备从事动物颅腔、胸腔和腹腔手术能力的，不得使用"动物医院"的名称。动物诊疗机构从事动物颅腔、胸腔和腹腔手术的，还应当具备以下条件：具有手术台、X射线机或者B超仪等器械设备，具有3名以上取得执业兽医师资格证书的人员。

2. 准备材料　设立动物诊疗机构，应当向动物诊疗场所所在地的发证机关提出申请，并提交下列材料：

（1）动物诊疗许可证申请表。

（2）动物诊疗场所地理方位图、室内平面图和各功能区布局图。

（3）动物诊疗场所使用权证明。

（4）法定代表人（负责人）身份证明。

（5）执业兽医师资格证书原件及复印件。

（6）设施设备清单。

（7）管理制度文本。

（8）执业兽医和服务人员的健康证明材料。

（9）工商行政管理部门预先核准的动物诊疗机构名称通知书。

动物诊疗机构管理部门在规定的工作日内，现场查验后，颁发动物诊疗许可证。

（二）工商营业执照和税务登记证申领

设立动物诊疗机构，应当向动物诊疗场所所在地的工商行政部门提出申请，并提交下列材料：

（1）动物诊疗许可证原件和复印件。

（2）动物诊疗场所使用权证明。

（3）法定代表人（负责人）身份证明。

（4）工商行政管理部门预先核准的动物诊疗机构名称通知书。

动物诊疗场所所在地的工商行政部门现场查验后，颁发工商营业执照和税务登记证。

上述流程随时间和政策法规的变化，办理的流程和要求可能也会出现一定变化，应以办理时的具体政策和规定为准。

🐾 思 与 练

1. 宠物医院选址需注意哪些问题？
2. 动物诊疗许可证申领必须具备哪些条件？

项目二 宠物医院人力资源管理与文化建设

任务一 宠物医院人力资源管理

子任务一 医院员工招募与甄选

🐾 相关知识

一个医院，要想在残酷的市场竞争中生存下来并不断发展，取决于是否拥有优秀的人才，是否能够充分地利用市场。作为现代医院应该把人员招聘作为一项重要的管理内容。医院人员选拔、招聘是医院人力资源缺乏时最常用的方法。

医院要想吸引优秀人才加盟，就必须选择好的选拔人员和选拔渠道，并细心地组织设计好选拔招聘的全过程。提前做好人力资源规划和招聘计划，保证有充分的时间与精力去选择人才，谨防用人时才想到招人，否则会因急用而降低用人标准，影响对人才质量的把关。招聘规划应从三个方面着手进行：首先，要考虑医院的战略规划，根据主要业务、战略部署及核心竞争力，确定需要招聘的人员要求、招聘渠道和招聘方式；其次，必须明确当前业务发展的人员需求，即业务量的增加和开拓，工作内容的重新调整等；最后，要考虑人员流动产生空缺职位的补充。

（一）招聘原则

1. 公开的原则　医院根据人力资源规划把招聘职位种类、数量、要求的资格条件及考试的方法等均向社会公开。这样做一方面可以大范围内广招贤才，另一方面有助于形成公平竞争的氛围，使招聘单位确实招到德才兼备的优秀人才。此外，招聘工作在社会的公开监督下，能产生良好社会效益，防止不正之风。

2. 遵守公平就业的原则　对所有应聘者一视同仁，不得人为制造各种不平等的限制或条件（如性别歧视）和各种不平等的优先优惠政策。努力为优秀的应聘者提供平等的机会，不拘一格地选拔、录用各方面的优秀人才。

3. 竞争原则　人员选拔需要各种测试方法来考核和鉴别人才，根据测试和考核结果的优劣来选拔人才。靠领导的目测或凭印象，往往带有很大的主观片面性和不确定性。创造一个公平竞争的环境，一方面通过各种渠道吸引较多的人来应聘，另一方面严格考核程序和手段，科学地录取人选，防止徇私舞弊等现象的发生，通过公平公正的竞争，选拔优秀人才。

4. 全面原则　对应聘者的考核要兼顾知识、能力、品德、心理、智力及工作经验和业绩等各方面因素。因为一个人能否胜任某项工作或者发展前途如何，是由多方面因素决定的。近年来，人们对情商越来越重视反映了基于这种观点的一种倾向。

5. 量才原则　认真考虑人才的专长，量才录用，量职录用。工作有难易，人的能力有

大小、要求有区别、本领有高低。招聘应量才录用，做到人尽其才、用其所长、职得其人、人岗匹配，充分发挥人力资源的作用。

6. 择优原则　择优是招聘的根本目的和需求。只有坚持这个原则，才能广揽贤才，为单位引进或为各种岗位选择最合适的人员。为此，应采取科学的考试考核方法，精心比较，谨慎筛选。

（二）招聘的方式

一般医院选拔人员的方式包含面试、笔试和实际考察三种类型。

面试是经过事先安排，有目的、有步骤进行的选择有能力胜任工作的人选的活动。面试能够提供更多的有关应聘人员综合素质的信息，是最广泛、最有效的招聘手段之一。面试的考察内容主要有教育背景、职业经历、修养风度和团队意识与沟通能力等。

笔试主要是考察应聘者的理论知识水平。该方法一般用于应聘人员较多的情况下的初步筛选，但难以测出应聘者的实际操作、综合素质等，因此，常与面试结合进行。

医护工作操作性很强，要求员工有很强的实际工作能力。因此可通过实际操作对应聘者的能力或技巧进行判断、考察和评价。这种选拔方法要求招聘者有相当的专业知识，能对所测人员做出正确的评价。

拓展知识

人员的招聘可以从内部招聘，也可以从外部招聘，但无论是内部选拔还是外部招聘，都应当鼓励公开竞争。

（一）内部招聘

内部招聘是指由内部晋升而实现人力资源补充的招聘形式，医院内部招聘是医院人员选拔的一种特殊形式。严格来说，它不属于人力资源吸收、招聘的范畴，而应该属于人力资源开发的范畴。内部选拔又称内部提升，是指随着医院内部成员能力的增强，在得到充分证实后，对那些能够胜任的人员委以承担更大责任的更高职位。实行内部选拔要求有详尽的人员工作表现的资料，以便客观地评价其才能。

1. 优点　内部招聘可以使医院得到大量自己非常熟悉的员工，不必再花很大力气去认识和了解新员工；被提升的员工对医院的历史、现状、目标、存在的问题及空缺职位的性质都比较了解，有利于被聘者迅速开展工作；有利于鼓舞士气，激励医院员工的上进心和工作热情，调动医院员工的积极性，获得较高的员工满意度；可使医院对其成员的培训等投资获得回报，极大地降低了成本，获得比当初投资更多的投资效益。

2. 缺点　供选拔的人员有限，也容易造成"近亲繁殖"，同时对组织内部未被提拔的人的积极性会有所挫伤。

（二）外部招聘

外部招聘是指根据一定的标准和程序，从医院外部的众多候选人中选择符合空缺职位工作要求的人员。

1. 优点　医院可以在更大的范围内选拔合适的优秀人才，有比较广泛的人才来源满足组织的需求，更有可能招聘到符合医院发展的优秀人才；可避免"近亲繁殖"；从外部招聘人员可以给医院带来新的思维模式和新的理念，可以为医院注入"新鲜血液"，带来一些先进的技术和观念，有利于医院的创新发展。

2. 缺点　应聘者对医院的历史和现状不了解，难以迅速开展工作，要花较长时间熟悉工作环境，进行角色转换，因而会导致较高的成本投入；医院内部员工的士气和积极性将会受到影响；另外，在招聘过程中不可避免地会过多地注重其学历、文凭、资历等，而难以全面了解应聘者的实际能力。

只采用内部招聘的做法，久而久之会出现思想僵化、"近亲繁殖"等弊病，医院很难适应创新的市场要求。所以，内部招聘与外部招聘应结合起来使用。

🐾 思 与 练

1. 组织一次模拟招聘会，通过招聘分析每位学生的适合岗位。
2. 对宠物医院实际工作进行模拟，并讨论内部招聘与外部招聘的优与劣。

子任务二　宠物医院员工培训

🐾 相关知识

随着国家经济技术水平、人民生活水平的提高，以及宠物医疗服务的开展，人们对宠物医疗人才的技术、能力、道德素质的要求也越来越高。医学是一门实践性很强的科学，医学人才培养的一个重要方式就是临床实践，因此，医院承担着医学人才培养的重任。只有做好医院自有人才的培养，挖掘他们的潜力，医院的发展才能获得持久的动力。

（一）医院人才培养的原则

1. 强调临床实践　医学的实践性很强，通过实践，医生才能把理论与实践结合起来，才能学会在面对临床实践中出现的各种不同情况时，及时做出正确判断。开展临床实践，首先要练好临床基本功，如问诊、病历书写等，这样才能更好地为宠物主人和宠物服务。

2. 突出道德素质　医生是一项崇高的职业，健康所系，性命相托，医生的职业道德水平对其医疗服务质量的高低将产生直接影响。医生职业道德素质，包括责任感、敬业精神、科学作风和合作精神等，医德的培养应该作为医生培养的第一步。

3. 处理好博与专的关系　当代医学的分科越来越细，专业越来越精，要求医学人才所掌握的知识既博又专。博是专的基础，以博促专，而后促创新。而为宠物服务的全科医生，其知识就更注重广博度了，这样才能应对各种复杂的情况出现。专是开展医疗，解决医学难题的需要。同时，医院的人力、财力和物力都是有限的，集中资源发展某一个专业领域，打造医院的核心竞争力，容易取得成功。因此，加大力度培养专业人才与医院的发展目标是一致的。

4. 普遍提高与重点培养相结合　医院人才培养要注重提高人员的整体素质，储备充足的后备人才，为选拔优秀人才打下坚实基础。同时，对那些基础好，学习能力强，有进取精神的人员进行重点培养。培养的目标是让他们成为某一领域的专家和学科带头人，带领本医院某学科快速发展，成为医院在市场竞争中的优势。总之，普遍提高与重点培养相结合，就是要建立起一支结构合理的人才梯队，保持医院有稳定的人力资源供给，带动医院的整体发展。

5. 侧重知识更新　培养医生除了要注重知识的广度和深度，还要注意知识的更新。当

前，科学技术迅猛发展，新知识、新理论、新技术层出不穷。必须不断学习，不断创新，要充分利用现代信息技术，把握本学科的发展动向和趋势，了解国际动态，这样才能在专业领域保持竞争优势。

（二）医院员工法律医德教育

1. 医德培养　古人云："无德不成医。"历代著名医家，不但有高超的医技，更有高尚的医德，因而受到人们的普遍赞誉。医德是医生职业道德中一个非常重要的内容。它包括"以宠物和宠物主人为中心"的服务理念，要求医护人员一切为宠物和宠物主人着想。以爱心和诚心对待宠物，用温暖的服务减轻疾病所带来的痛苦。良好的医德还包括尊重客户的人格和权利，要求医务人员不分贫富，平等热忱地对待每一位客户，对客户的询问给予耐心细致的解答，自觉维护客户的隐私，等等。市场经济一方面转变了医务人员的服务观念，能够更好地为客户提供服务；另一方面又使一些人被物质利益所驱使医德沦丧，导致医患关系紧张。因此，医德建设在任何时候都不能放松。

2. 法律意识的培养　随着我国公民法律意识的增强，对医疗活动的正确性越来越多地提出了质疑，医疗纠纷的案件也层出不穷。医疗活动的一个显著特点就是高风险性，为了抢救宠物的生命，常常要在最短的时间内做出正确的决策，思维活动高度紧张。因此，必须加强医生法制教育，使医生能够运用法律的武器在医疗纠纷的案件中合理地保护自己，并自觉守法，减少医疗事故的发生。培养医生法律意识可以通过举行法律知识讲座，分析典型案例等方式进行。

3. 合作精神的培养　在高度分工的情况下，必须团结协作，密切配合，才能打破个人能力的界限，发挥出集体的智慧，取得最好的效果。因此，团结协作也是医生职业道德的内容之一。协作不仅包括医生之间的，还包括医生和护士，护士之间的协作。遇到疑难杂症时，召集所有医生进行会诊，商讨解决方案需要协作；医生用药要借助于临床药学或向药剂师咨询时需要协作；大型手术的开展更需要各层各类医务人员的通力合作。建立良好的协作关系首先要互相尊重，各司其职，出现问题共同承担，而不是互相推诿和埋怨，其次要处理好协作与竞争的关系，要在制度上保证竞争的公平、公正性。

🐾 拓展知识

（一）医院专业技术人员的培养方式

医院专业技术人员包括医生、化验员和护士等，是医院直接面对患病宠物，提供医疗服务的主力军，占医院员工总数的80%以上，是医院人才培养的主要任务。对这类人才的培养直接关系到医院的业务水平和知名度的提高，因此受到各级各类医院的普遍重视。医院专业技术人才培养的方法主要有以下几种：

1. 导师制　导师制是一种有计划、有重点的人才培养方式。导师既可以对学生提供适时有效的指导，同时也可以起到督促和评价的作用。导师制适合对年轻医生的培养。一个合格的导师应该具有精湛的专业技能、高尚的道德情操和责任心。学生与导师朝夕相处，导师个人特质的方方面面都会影响到学生将来的行为特征。导师通常技术水平较高，在医院里有较高声望，因此也都业务繁忙，这时导师应该处理好自己的工作与带学生之间的关系，不能因为工作而疏于对学生的指导，必须对学生的表现承担一定责任。

2. 临床实践　实践是专业技术人才培养的主要方法。医学的实践性很强，需要和宠物直接接触，既是脑力劳动又是体力劳动，只有通过实践才能学会各类实际操作的方法，例如，外科手术的实施、仪器的使用、诊断的技巧等。一个医生工作的方方面面几乎都需要动手操作，不实践是不可能掌握这些方法的。对于刚参加工作的大学毕业生等初级人才，实践可以使他们感受到真实的工作环境，学习工作中所需的基本技巧。对于主治医生等高层次人才，实践是他们发展新技术，学习新技术的途径。很多新技术的发现和使用都始于工作实践中遇到的问题，在解决这些问题的过程中新的方法被提出，医生的自身能力也得到了提高。

3. 委以重任　对计划培养成业务骨干的重点培养对象应该采用委以重任的方式进行培养。通过规定任务，可以帮助被培养人明确自己的发展目标，有了目标就会少走弯路，缩短成才周期。同时，有了压力才会有动力，也让被培养人感到受重视，因此会更加积极主动地提升自己的技术水平和能力。压力的内容可以是要求在一定时期内发表一定篇数的学术论文，也可以是要求处理某个疑难病，或者是实施某项课题的研究等。

4. 进修　由于受医疗条件和技术水平的限制，小型宠物医院在临床典型病例数上远远低于综合性宠物医院，而对以实践为特征的医疗活动而言，对完全没见过的病就做出正确的诊断和处理几乎是不可能的，必须提高员工的医疗技术水平。到技术水平较高的医院进修是医生培养的主要方式。与发达国家相比，我国的宠物医疗技术水平相对落后，要学习发达国家先进的医疗技术，出国进修就是一种很好的方法，能收到送出去一个、培养出一批的良好效果。

5. 参加国内外学术活动　学术活动是医学研究人员获取最新的医学情报信息，学习新知识、新技术、新疗法的好场所。参加学术活动，医生可以和优秀的同行进行交流，进一步提高理论水平。另外，医生受邀参加的学术活动的层次越高，说明医生在学术界的影响也越大，对树立医院的良好形象也是十分有利的。

6. 攻读学历学位　攻读学历学位对提高医生理论水平有着十分重要的作用。医学虽然以实践为主，但仍然需要理论的指导。医学理论一方面来源于临床经验的总结，另一方面则来自于基础的研究。基础研究的发展带来了理论的更新，虽然临床医生可以通过参加学术活动或阅读学术期刊来了解医学理论的发展情况，但这种学习是零散的、不系统的。而且，不少医生从事临床工作后都越来越感到基础理论知识的重要性，如果基础理论不扎实，就会影响临床的诊断和治疗，因此他们选择攻读学历，重回学校学习系统的理论知识，为以后的快速发展打下基础；绝大部分宠物医院对医生攻读学历都是很支持的。在一些发达国家，培养一名执业兽医师需要十年左右的时间，而在我国，这个时间被大大缩短了，这就造成医生理论水平有限的局面，不利于我国宠物医疗事业的发展。

7. 开展教学和科研　很多公立宠物医院都是农业院校的教学医院，优秀的医生除了要完成医疗任务，还要参与临床教学。对医生而言，参加临床教学，可以教学相长，因为在备课过程中，他们必须查阅大量的相关资料，总结典型病案，对培养学习主动性、综合分析能力、逻辑思维能力和语言表达能力有很大帮助。在职业道德和钻研业务方面，他们要为人师表，也起到了培养的效果。结合临床，开展医学科学技术研究，是培养医学人才的又一条途径。开展医学科学技术研究，要总结临床工作经验，运用新的实验技术，要整理资料，书写论文，或申报科技成果。科学技术研究的过程，对培养科学精神、严谨的科学态度、科学的工作方法，锻炼科学思维和创新意识，都是十分有益的。

8. 自学　自学主要是以理论知识为主，依每个人的实际情况不同，自学的效果也不同。

医生工作任务较重，又需要补充理论知识的不足时，可以选择自学的方式。另外，为通过各种职称考试和执业资格考试，自学因其灵活性和主动性，是普遍被采用的方法。但它一般只适用于理论学习，涉及实际操作时，还需要通过实践才能掌握。

（二）医院管理人员的培养方式

我国宠物医院的管理人员在知识结构和管理能力方面与职业化的要求都存在着一定差距。管理能力的培养是培养医院管理人才的一个重要方面。管理学者科兹把管理能力分为T、H、C三类。T是指专业技术技能，就是要求管理者熟知与自己工作有关的事项，特别是关于工作的做法、方法、程序、手续等事项；H是指人事技能，要求管理者能与不同的人打交道，并可以有效地发动个人和群体，贯彻、落实自己的意志和观点；C是指判断技能，在现实生活中更多地表现为正确选择的能力，管理者能够正确地判断不同事物之间的相互关系和预见未来可能出现的意外情况。

除了工作轮换，挖掘医院管理人才还可以通过鼓励医院员工参与决策，形式之一就是初级董事会。初级董事会的成员可以由医院职能部门的管理人员、医院各科室的负责人等组成。初级董事会通过召开会议讨论医院经营战略等高层次的管理问题，成员们可以充分发表自己的看法，提出建议，充分参与医院的高层管理。董事会对初级董事会提出的建议进行考虑和评价。初级董事会给那些有志于医院管理的员工参与管理的机会，在分析解决医院的实际问题的过程中提升其管理能力，为晋升到更高一层的管理职位打下基础。

🐾 思 与 练

1. 组织一次人才的讨论会。
2. 讨论哪种培训方式更适合刚就业的大学生？

子任务三　医院绩效考核与薪酬管理

🐾 相关知识

绩效考核，是通过系统的方法、原理来评定和测量员工在职务上的工作行为和工作效果。人员业绩考核决定着员工的地位和待遇，影响着医院能否稳定，人才能否留住，事业能否迅速向前发展的大局。

（一）绩效考核的主要原则

1. "三公"原则　绩效结果评价必须以客观事实为依据，公平、公正、公开地对员工的绩效做出评价。"三公"考核标准及程序，让员工理解考核目的，产生信任感。

2. 全员参与原则　绩效管理活动绝不仅仅是人力资源部门的职责，绩效考核应该是每个管理者，甚至是每个人的职责。因此，医院所有人员都对考核工作的推进负责，绩效考核工作必须贯穿于日常的管理工作中。

3. 有效沟通原则　有效的沟通行为将持续贯穿于绩效管理活动的全过程，从绩效目标的制定、绩效计划的形成、达到目标过程中的目标调整和任务变更，到对绩效表现的评估、绩效改进计划的形成及提出新的绩效目标，都会通过员工与直接上级的沟通来实现。

4. 反馈原则　使员工通过考核，找到工作中的不足，并努力改进。

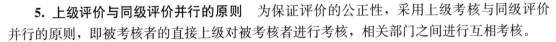

5. 上级评价与同级评价并行的原则　为保证评价的公正性，采用上级考核与同级评价并行的原则，即被考核者的直接上级对被考核者进行考核，相关部门之间进行互相考核。

（二）绩效考核的内容及方法

医院绩效考核一般从业绩、能力、态度和医德等四个方面进行考核，运用加权计分的方法对医学人才做出评价。基本考核项目有医德医风、理论水平、临床水平、科研能力、教学能力和工作业绩等，再加上一些加分或减分的项目，如荣誉加分、出现医疗事故扣分等。根据绩效考核指标要量化的原则，在各个考核项目下应该制定详细的考核办法，使考核过程结构化，减少人为因素。

360°考评能保证考核信息的全面性，也是现在普遍认可和流行的做法，即参加考核的人员包括考核对象自己及他的上级、下级、同事和客户。但是，目前医院考核信息的来源一般只包括员工自评和上级主管评价，所以在以后还应该进一步扩大参与考核的人员，特别是宠物主人参与考核。现在已经有医院非常重视宠物主人满意度在对医生评价中的作用。的确，要衡量医疗服务的质量，宠物主人的满意度应该是主要的因素。表 2-1 是某医院对医生进行考核的方法。由这个表可以看出，该医院对医生的考核更注重的是其技能提高的程度。

表 2-1　某医院住院医生绩效考核表

项　　目	评分办法	分值	得分
基础、专业知识水平	定期组织基础、专业知识理论考试	100	
专业技能	要求医生在规定的时间内掌握相应工作的诊疗技术，掌握常见疾病的诊疗规范，胜任本级手术，由上级组织考核	60	
病案质量	不及时接诊病例进行相应扣分，出现误诊此项不得分，累计扣分可以≥50 分	50	
工作和学习制度	结合日常工作，对工作制度和集中学习制度进行抽查，发现违反者作相应扣分，累计扣分可以≥30 分	30	
安全医疗	要求每位医生无医疗缺陷发生，发生医疗缺陷者进行相应扣分，累计扣分可以≥30 分	30	
学习、总结	要求医生定期书写工作笔记，撰写典型病例，达到这些基本要求者为满分。鼓励他们发表论文，发表论文者加分，累计得分可以≥30 分	30	

（三）绩效考核结果的应用

绩效考核结果的应用包括以下几个方面：

（1）考核成绩是员工岗位聘用的依据。通过日常考核积累的资料，使医院对每个员工岗位工作能力、潜力和岗位工作业绩有充分的了解，为人事岗位调整奠定基础。

（2）医院绩效考核的最终目的是要促进医院员工绩效的改进，应向员工反馈考核结果，帮助员工改进工作，通过提高员工素质而提高工作质量，创造更好的医院形象和经济效益。

（3）作为调整工作岗位、脱岗培训、免职、降职、解除或终止劳动合同等人事安排的依据。

（4）考核结果为确定员工岗位报酬提供依据，并与奖金分配、职称评定、培训安排等结合起来，保证绩效考核结果得到应用，要对医院工作成绩突出的员工进行奖励，利用正强化的原理激励他们取得更好的成绩。

🐾 拓展知识

医院薪酬是指员工因向医院提供劳动、技术或服务而从医院获得各种形式的奖励，包括内在奖励和外在奖励。内在奖励是雇员由于完成工作而形成的心理形式，外在奖励包括货币奖励和非货币奖励。

医院的薪酬包括工资、奖金、津贴、福利四个部分。薪酬是人们在社会上赖以生存的基本条件，也是员工自身价值的体现。医院薪酬制度是否合理，不仅会影响员工的生活质量，也会影响员工的工作积极性，进而影响医院的整体效益。

（一）医院薪酬管理的原则

1. 合法性原则 合法性原则是指医院的薪酬制度必须符合国家法律法规的要求。依法维护员工的合法权益，不能违反法律法规要求。

2. 竞争性原则 竞争性原则是指薪酬的制定要根据员工贡献的大小拉开差距，鼓励员工通过竞争去获取丰富的报酬；竞争性还表现在医院的薪酬标准在人才市场中要有竞争力，吸引更多的人才。避免医院人才流失。

3. 公平性原则 公平性原则是指员工与员工之间的薪酬标准、发放时间、发放形式等要公平。只有公平才能赢得员工的信赖，才能调动员工的积极性，但也不能把讲公平搞成平均主义。

4. 合理性原则 薪酬是一把双刃剑，一方面是激励员工的重要手段，另一方面对医院而言是其主要成本之一。医院的薪酬设计要充分考虑医院自身发展的特点，接受成本控制，严格核算人力资本成本在总成本中的比例及可变空间，根据医院经济能力对职工支付薪资。利用报酬系统的激动功能，调动员工的积极性，挖掘员工的潜力；将成本费用控制在适宜的水平。

（二）医院薪酬的功能

薪酬是医院对其员工贡献的回报，它是医院的费用支出，是劳动者的收入构成，代表医院和员工之间所形成的一种利益交换关系，其功能可从两方面加以理解。

1. 薪酬对员工的功能 对员工来说，薪酬具有保障、激励和信号功能三个方面：

（1）经济保障功能。薪酬是雇员以自己的付出为医院创造价值而从医院获得的经济上的回报。对于大多数员工来讲，薪酬是他们的主要收入来源。它对于劳动者及其家属的生活起到的保障作用是其他任何收入保障手段都无法代替的。

（2）心理激励功能。从心理学角度来说，薪酬是个人与组织之间的一种心理契约，这种契约通过员工对于薪酬状况的感知而影响员工的工作行为、工作态度及工作绩效，从而产生激励作用。

（3）社会信号功能。薪酬作为一种信号，既可以很好地反映一个人在社会流动中的市场价格和社会位置，又可以反映一个人在组织内部的价值和层次。可见，员工薪酬水平的高低除具有经济功能外，还具有信号传递作用，实际上反映了员工对自身在社会或组织内部的价值的关注。

2. 薪酬对医院的功能 对医院而言，薪酬的功能主要表现在以下三个方面：

（1）成本控制功能。薪酬构成医院的人工成本，过高的薪酬水平，会提高医疗服务的成本，进而提高其价格，影响其竞争力。

（2）改善经营绩效。薪酬对于员工的工作行为、工作态度及工作业绩具有直接的影响，薪酬不仅决定了医院可以招募到的员工的数量和质量，决定了医院中的人力资源存量；同时，它还决定了现有员工受到激励的状况，影响到他们的工作效率、出勤率、对组织的归属感及对组织的承诺度，从而直接影响到医院的经营效率。

（3）塑造和强化医院文化。薪酬影响员工的工作行为和工作态度，一项薪酬制度可能促进医院塑造良好的文化氛围，也可能与医院现有的价值观形成冲突。医院必须建立科学合理并具有激励性的薪酬制度，以对医院文化的塑造起到积极促进的作用。

（三）医院薪酬管理的步骤

医院薪酬管理是医院人力资源管理的一个重要方面，薪酬管理是对薪酬系统的完善与维护。医院薪酬管理有以下三个步骤：

1. 薪酬设计　医院薪酬管理的第一步就是建立一个有效的"对内具有公平性，对外具有竞争力"的薪酬体系。设计科学合理的薪酬体系和薪酬制度，包括六个步骤：制定薪酬策略、职位分析与评价、薪酬调查、薪酬结构设计、薪酬分级与定薪、薪酬体系的实施和修正。

2. 医院薪酬管理的目标确定　医院薪酬管理的目标是：发挥薪酬的激励功能，充分调动职工的工作积极性，建立稳定的医院职工队伍，吸引更多的优秀人才，实现医院整体奋斗目标和职工个人职业目标的共同发展。

3. 医院薪酬政策的制定、实施和修订　医院薪酬政策是医院在薪酬管理目标、方法、任务上的选择和组合。主要包括：确立合理的医院薪酬制度，确立医院薪酬水平，设计医院薪酬结构，控制医院薪酬成本等。医院薪酬政策直接关系到医院薪酬体系运作的成败，医院管理者在制定薪酬政策时，要有战略的眼光，高瞻远瞩；把握市场行情的变化，审时度势。在实施过程中，医院要定期对薪酬政策进行调整和修正，保证薪酬制度的适用性。

🐾 思 与 练

1. 模拟制订一份宠物医院员工绩效考核表，并讨论其优点与不足。
2. 探讨并制订一份员工薪酬的管理办法。

任务二　宠物医院文化建设

子任务一　宠物医院文化的内容和功能

🐾 相关知识

医院文化的内容主要包括八个方面：

1. 医院精神文化　是指医院在一定的社会制度、生产力水平和文化背景下，在长期的医疗服务实践活动中，逐步孕育起来并经过总结、提炼、升华所形成的理想信念、价值观念、道德规范和行为准则的综合体现，是医院员工群体意识的集中反映。医院精神是医院文化的核心内容。

2. 医院道德文化 是指医院职工个体或群体的品质在医疗实践中应遵从的规范。它是通过社会舆论、内心信念和传统习惯来调整医患之间、医务人员之间和医务人员与社会之间关系的行为准则文化。

3. 医院心理文化 是以医院特定的心理领域为对象，从文化学角度研究医院管理者及员工、宠物主人及相关人员的心理现象、心理规律、心理作用。它是将心理学与管理学、医学社会学及哲学等学科运用文化学理论进行交叉研究而形成的一种边缘学科的理论，是医院文化的重要组成部分，属于深层次的医院文化。

4. 医院服务文化 是指医院对服务客体提供医疗实践过程中的物质服务和精神服务的总和。它是在医疗、护理、保健和康复等实践活动中产生的，并伴随这些活动不断发展。

5. 医院科技文化 是医学技术观念、医学技术手段、医学技术方法的总和。科学技术的发展是社会发展和社会改革的推动力量，而医学科技进步则是生命科学及医院发展的推动力量。

6. 医院管理文化 是指关于研究医院管理理论、管理模式、管理体制、管理者类型、管理手段和领导艺术的文化。这一文化还涉及管理要素、管理哲学的研究和实践。

7. 医院制度文化 是指精神文化和物质文化的明文化，是通过规章制度展现的。它是以规章制度的形式对某一文化加以肯定或否定。医院制度的健全与否、科学与否关系到院内秩序是否正常运行和院内外人际关系是否协调，因此医院制度文化是关系到医院大局的保证性文化、支柱性文化。

8. 医院环境文化 是指医院在医疗活动中所处的一切外部条件，分自然条件和社会环境两大类，具体包括医院人际环境、医院工作环境和医院生活环境。

🐾 拓展知识

文化是社会政治和经济在观念形态上的反映，同时，也会深刻地影响它所赖以形成的政治生活和经济生活。因此医院文化必将影响医院的发展和建设的各个方面，从而充分调动和发挥医院整体为社会提供医疗保健服务的最佳效能。医院文化的主要功能有八个：

1. 凝聚功能 文化有极强的凝聚力量，一个民族如此，一个医院也是如此。医院文化注重研究的是人的因素。如何把员工的个人目标统一到医院的整体目标上来，是医院文化的重要功能。医院文化是通过医务人员的知觉、信念、动机、期望等文化心理，沟通人们的思想，产生对医院目标的认同感。医院文化像一根纽带，把员工与医院的利益与追求紧紧地联系在一起，使每个员工对医院目标、原则产生"认同感"，对集体产生一种稳定的"向心力""归属感"，形成院兴则荣、院衰则耻的荣誉感，不断培养员工对医院的忠诚感，从而使员工对医院产生一种"向心力"，自觉地把自己的理想、抱负与医院的整体利益联系在一起；当个人利益与医院发生冲突时，能以大局为重，以医院利益为重。医院文化的这种凝聚作用，对医院的长远发展将发挥巨大的作用。

2. 管理功能 医院文化是在医院管理实践中产生的文化管理现象。它的兴起是现代医院管理学逻辑发展的必然结果，也是对原有医院管理理论的总结和创新。过去的管理思想及其管理制度，其核心是医院以医疗为中心，建立与健全与医疗有关的各项制度与常规，以避免错误发生，强调的是管制的功能。它对于建立规则和秩序起到了积极作用，保证了医院运行处于稳定状态。现代管理学认为，管理实际上是对人的管理，但人从本质上说是主动的，过多的管制在一定程度上束缚了人的个性和创造性，这也是传统管理学的一大缺陷。新的医院文化理论以人为本，以调动人的潜能和创造性为出发点，以创新文化、创新机制为手段，从一个全新的视角来思考和分析医院的运行和管理，把医院管理和文化之间的联系视为医院发展的关键性因素。医院管理从制度、经济层面上升到文化层面，无疑将给医院管理带来勃勃生机和活力。

3. 导向功能　医院文化反映的是医院整体共同的追求，既是医院行为的再现，又是医院行为的完善和发展。一旦医院形成具有自身特色的文化，就具有一种特定的文化定势，具有相对的独立性。这种强有力的医院精神和行为准则自然而然地就成了医院行为的方向。医院文化的导向功能就是通过暗示或明示等不同方式渗入人们的灵魂，渗透到人们的心里，聚集于人们的观念中，取得人们的共识。当医院整体价值观念和目标的形成融于医院文化建设过程后，医院全体成员便在参与医院文化创造的过程中以主人翁的姿态对其加以认知、评判和认同，实现自我价值观念和目标与医院整体价值观念和目标的协调统一。

4. 调节功能　医院作为一个整体，虽然医院的每个职工由于医院文化的激励、凝聚、约束等功能能够团结一心，形成良好的精神风貌，但由于每个职工的个体差异，如职务、职称、文化程度、技术水平、观念、思维、思想、性格等有差异，要使医院达到更高的目标，必须具有协调的团队精神和文化，必须具有对很多问题趋于一致的认识和看法。这就需要通过医院文化进行调节，使职工的观念统一到自觉为实现医院总目标而奋斗。优秀的医院文化支配着员工的行动和相互之间的沟通，使医院的各项工作及各项活动更加协调，使员工自觉地为实现自我价值和医院总目标而奋斗。

5. 激励功能　激励就是通过外部刺激，包括精神的和物质的，使人们产生高昂的激情和奋发进取的精神。共同的理想和共同目标可以增强职工的荣誉感和责任感，具有强大的激励作用。医院文化从心理学角度强调共同目标、共同利益、共同意愿，强调尊重人、关心人、激发人的动机，鼓励人充分发挥内在的动力，朝着期望目标采取积极行动。这种文化激励作用能最大限度地、持久地调动员工的积极性，使员工从内心深处自觉地产生为医院拼搏的献身精神。

6. 规范功能　医院文化中的观念、意识、道德、准则等意识形态对员工的行为具有无形的约束力。这种无形的约束力并非来自有形的规章制度，它往往是自然而然约定俗成的，经过潜移默化形成的一种群体道德规范，使员工的行为尽可能符合医院的要求，并实现自我控制、自我约束、自我规范。医院文化规范性深刻影响着医院中的每一件事，大至决策、医、教、研活动，小至员工的行为举止、衣着爱好、生活习惯等。正是这一非技术、非经济的因素，可能导致医院的兴衰。

7. 推动功能　我国宠物医院的发展实践表明，资本无疑是医院发展中最重要的推动力。过去医院一般靠物资资源来建立自身发展优势，主要以扩大医院规模和增加设备投入创造经济效益。随着知识经济时代的来临，这种以扩大外延为主的发展方式将不是最好的发展模式。物资资本虽然是经济发展的重要动力，但已不是最重要的推动力，知识与文化担起了这一重任。因此，知识经济时代医院发展推动力一个确定的因素是"知本"，或称为"文化力"。"文化力"是一种潜在的内在驱动力。目前，国际著名企业普遍采用的企业形象战略和企业文化建设的实践，都是以"文化力"推动经济发展的积极尝试。这些尝试已取得了引人瞩目的成果，证明了文化力是获得经济增长的有效手段，是取之不尽、用之不竭的财富和智

慧之源。因此，未来成功与卓越的医院在于不断创造新知识，不断创造新文化。

8. 保障功能 医院作为社会上客观存在的实体，它不仅追求繁荣与成功，还要着眼于长期的稳定和发展。医院文化在医院长期的稳定发展中，在深层次上持续地发挥了巨大的作用。医院文化为医院的持续稳定发展提供了保障，这是文化的相对稳定性决定的。同时，这种保障作用也建立在医院文化的时代性上，医院文化如果不能随着医院内外环境的变化而变化，必将成为医院发展的障碍。

🐾 思 与 练

1. 宠物医院的道德文化包括哪些内容？
2. 宠物医院文化包含哪些功能？

子任务二　宠物医院文化建设

🐾 相关知识

医院文化对一个医院的生存和发展有巨大的作用，是现代医院管理的新趋势和新发展，也是现代医院管理理论体系中的一个重要组成部分。现代医院管理将管理的核心、管理的出发点与落脚点归结到对人的管理上，并创造出一种崭新的管理模式和精神。医院文化的实质就是把"人"作为现代医院管理活动的主体，并积极主张大力利用和开发医院的人文资源，从而实现医院建设发展的目标。因此，应充分发挥医院文化的作用，最有效地利用医院的人力、物力、财力资源，提高医院的社会效益和经济效益。

（一）医院文化建设的原则

1. 坚持以人为本、全员参与的原则 调动全体员工的积极性，让每一个员工自主、自觉、主动地参与医院精神文明建设和文化建设，共同打造强大的企业文化力。要以尊重人、关心人、爱护人、培养人为基础，坚定员工信念，提高员工素质，重视人的价值，开发人的潜能。坚持以人为本的共识原则是指坚持以人为本的共同价值观，即将人作为医院管理的根本出发点和归宿，将调动人的积极性作为医院文化建设的重要任务。"以人为本"是医院文化的精髓，其内容包括：正确看待人，将员工看成是医院的主人，是医院文化和医院管理的主体；充分重视人，在医院管理中，由只重视建制度、定指标、搞奖惩等行政和经济手段转移到注重发挥人的主观能动性，调动员工的积极性、主动性和创造性上来；有效激励人，确保员工在医院管理中的主体地位，为员工创造良好的工作环境和成才条件，满足员工物质和精神方面的各种需求。

2. 坚持理论联系实践的原则 应用先进的精神文明和企业文化理论，把医院的各项工作提升到精神文明和企业文化建设的高度，以先进的企业文化理论指导实践，将全体员工认同的企业文化理念用制度确定下来，渗透到医院经营管理的全过程。医院文化不只是对外宣传的工具，文化理念只有融于实践才能真正发挥实效并形成医院文化竞争力，两者在医院文化的建设中应统一协调、全面发展。

3. 坚持全面发展的原则 医院文化建设的目标是提高医院员工的素质，全面地发展人，努力把员工培养成自由发展的人。知识经济时代，医院员工队伍的素质是医院竞争力的主要标志，决定了医院的生存和发展。高素质知识型员工的素质应该是事业心、责任感、忠诚、守纪律以及技术性、创造性等的统一。因此，建设医院文化应以提高员工全面素质，促进员工全面发展为目标。

4. 坚持兼收并蓄的原则 医院文化具有民族性、继承性的特征，因此，建设医院文化要吸收一切优秀文化的合理性，包括吸收中国传统文化、社会其他行业文化和国外先进文化的合理性。医院文化作为社会文化的一部分，不可能离开传统文化的根基而存在，早期先哲们就已提出"人本"的思想，传统文化中的进取精神、道德修养、人际协调、"天人合一"等合理性内容是中国特色医院文化建设的基础。此外，日本民族文化的注重团队精神，欧美文化中注重个人发展的精神等都是建设医院文化的有益借鉴。

5. 坚持创新发展的原则 医院文化需要不断地随着社会、医院和人的发展而不断创新发展。医院所处的文化环境中，存在着社会文化、其他行业文化、群体文化、个体文化以及传统文化和外来文化等。医院内部还存在着主流的、非主流的，正统的和"异端"的文化，如正式组织文化和非正式组织文化。这些文化之间不可避免地存在着冲突，需要对各种文化进行有效的整合，以形成适应医院发展的医院文化。广泛借鉴先进企业优秀文化成果，充分体现现代医院新文化、新思想、新观念中的先进内容，用发展的视野和创新的思维，不断调整和丰富医院文化内涵，提高和升华医院文化境界，在继承中创新、在弘扬中升华。创建具有医院鲜明特点和时代特征的精神文明和医院文化，使其成为医院活力的源泉。

（二）医院文化建设的目标

各医院在制订文化建设蓝图时，要根据国内外竞争环境和本医院的现状及发展战略等，确定医院文化构建的目标，使医院文化构建的目标与医院的战略目标一致，并通过实现医院文化构建的目标来促进医院的发展。各医院在建设医院文化方面，要逐步实现以下目标：

1. 进一步丰富医院文化体系 在医院文化建设实践中进一步深化和丰富文化体系，确立适应医院改革与发展要求的新观念。

2. 进一步完善制度建设 根据建立现代企业制度的要求，引入先进的管理理念、管理方法、管理模式，明确医院的共同行为准则，规范医院员工行为，建立规范的决策机制、权力制衡和监督约束机制，完善相关管理制度。

3. 进一步加强执行文化建设 制定员工行为规范，建设一流团队。员工自觉遵守行为规范，恪守职业道德，敬业爱岗，职业素养进一步提高，团队凝聚力、执行力、学习力不断增强。

4. 进一步塑造医院形象 建立鲜明独特的医院品牌形象，追求诚信卓越的内在品质，提高医院知名度、信誉度，形成医院的无形资产。

5. 进一步增强医院公正度、员工忠诚度 医院关心员工全面成长，发挥员工创造潜能，鼓励创新，宽容失败，让员工对医院的发展、个人的成长和实现自身价值感到满意。实现员工对医院价值、理念、精神的认同，员工对医院热爱、忠诚，分担医院责任和风险，员工全面成长与医院持续发展相互促进，形成"人院合一"的局面，推动员工价值与医院价值的共同实现。

（三）医院文化建设的基本步骤

医院文化建设是一个系统工程，要经历一个由浅入深、循序渐进的过程，医院文化犹如一幢大厦，在建设之前必须确定好目标，设计一张建设图纸，然后搭建框架，接着再添砖加瓦，确保现代医院文化构建有计划、有步骤、有重点地逐步展开。医院文化的构建流程大体分为以下四个阶段：

1. 分析准备阶段　统一医院领导班子对文化建设的意见，在职工中做好思想宣传，把分散在职工中的、隐藏在医院日常经营管理活动里的优良传统发掘出来，作为提炼设计的基础和依据。主要分析客观形势的发展趋势，对医院文化有关的方面进行调查，包括医院发展过程、经营思想、领导决策、员工素质、规章制度以及现代医院文化构建现状，做到心中有数。初步确定现代医院文化构建的目标，成立医院文化调研小组，成员应包括医院各个层级员工，真正做到全员参与。

全面深入考察医院文化现状，可以使用调查问卷、座谈访谈进行普遍性的信息收集；也可以设计和安排一些试验，观察员工在对待工作和问题时的表现，通过个案进行了解，由特殊到一般地进行分析。

认真区分医院现实文化中的优良文化和不良风气，并分析其出现、形成的原因，对于其中的不良风气，医院应针锋相对地提倡良好文化来加以克制，这是设计医院文化的关键。对于优良文化，则要大力鼓励倡导。

借鉴其他企业、医院，尤其是成功知名企业、医院的文化，取其精华、弃其糟粕。另外，考察社会发展趋势，挖掘出本医院应该具有却尚未形成的良好风尚和文化，并结合前面两步，制定出适合本医院发展的文化建设目标。

2. 设计铸造阶段　文化具有传统性，首先要从历史中提炼，在医院十几年，甚至几十年的发展中，一定会沉淀一些支撑员工思想的理念和精神。这些理念和精神，包含在医院创业和发展的过程之中，隐藏在一些关键事件之中，把隐藏在这些事件中的精神和理念提炼出来，并进行加工整理，就会发现真正支撑医院发展的深层次精神和理念究竟是什么。

另外，现代医院文化构建还要考虑医院未来的发展规划，对环境进行分析，对竞争对手进行分析，对自己的发展目标进行定位，找到现状与目标的差距。进一步回答：要想缩短差距，实现目标，医院必须具备什么精神，应该用什么理念。指导自己按照这些要求，把医院文化目标与医院发展战略规划结合起来，建立适合自己的独具特色的文化目标。

3. 实施固化阶段　首先，加大对医院理念的宣传力度，开展形式灵活多样的宣传方式，可以通过会议、报告、演讲或对新员工及在职员工进行培训等方式宣传医院的理念体系，提高各级管理者和广大员工对医院理念的认同度，在政策导向、管理行为、制度建设、文化活动及日常工作中，自觉践行医院理念，使医院理念深入人心。在改革和发展实践中，坚持与时俱进，进一步完善、创新和发展医院理念体系。其次，进一步修订完善医院规章制度，使之真正体现医院价值观和经营理念。最后，在实践中，一方面检验医院文化是否符合客观形势和医院实际，及时加以完善；另一方面要加强管理，开展思想教育，使医院文化落实在行动中，发挥应有的作用。

4. 监测完善阶段　医院文化是否被员工接受和认同，医院文化是否对员工发挥作用，首先需要很好的诊断。诊断的方法和原理是：把医院文化构建研究组成员集中起来，把医院的理念逐句念出来。请大家把听到理念后所想到的能代表这种理念的人物、事件说出来或写出来。如果大部分人都能联想到代表人物，且事件相对集中，就说明医院的文化得到大家的认同。反之，如果大部分人不能说出或写出代表性的人物或事件，就说明医院文化和医院理念没有得到员工的认同，也就更谈不上它对员工行为的指导作用，这时需要对医院文化进行重新构建，直到得到认同。

　　各医院要根据本医院的实际情况，对本医院文化构建进行准确定位，使医院文化的构建能够科学、有序地进行。一般应采用先行试点，以点带面，滚动发展，整体推进方略。也就是要紧密联系实际，实事求是地根据自己单位的历史、现状和最优发展趋势来培育、提炼出符合自身的医院精神、职工道德、行为规范和规章制度等，形成具有特色和个性的现代医院文化。这样建起的大厦才有根基，才更坚实，这样的文化才有血有肉，更有底蕴，更加经久不衰。

拓展知识

　　医院形象是医院通过自身的存在形式和行为向公众展示的本质特征，进而给公众留下关于医院整体性的印象和评价。医院形象是医院文化的表现形式，医院文化是医院形象的内在基础。医院形象通常用知名度和美誉度两个基本指标来衡量。知名度是指一个医院被社会公众知晓的程度，是评价医院社会影响的广度指标。美誉度是指一个医院获得社会公众赞美、满意的程度，是评价医院社会影响力的核心。

（一）医院形象包含的内容

1. 医疗质量形象　医院主要是向社会提供医疗服务，而医疗质量的高低直接决定了宠物的生命和健康，它是医院建设永恒的主题，也是广大宠物主人最关心的和最敏感的话题。医疗质量的优劣决定医院的生存和发展，以最小的痛苦、最合理的花费、最短的时间治愈疾病和康复是对医院永无止境的要求。因此，只有不断提高医疗质量，才能得到社会公众的认可与信任，医院也才有了生机和活力。

2. 医院环境形象　是医院形象的外在表现，主要包括医院的建筑、环境的美化和绿化、门诊病房的布置等院容院貌，是医院仪表的具体体现，是人们对医院的第一印象，并直接影响到医院形象的树立。医院环境形象要处处体现"以宠物和宠物主人为中心"的理念，随着生活水平的不断提高，医院的环境建设不仅仅满足上述内容的要求，甚至还很重视就诊环境是否有空调、电视和通信等条件，由此可见，人们已经越来越重视医院环境建设的质量水平。

3. 医院管理形象　科学化、现代化的管理，是面向新世纪医院形象塑造的关键，在医院形象的塑造中起着重要的构建和组合作用。管理水平看似无形，但人们可以在诊疗各个环节中充分感受到医院的管理水平。一个医院内部机制运转是否有效，诊疗流程是否便利，学科设置是否合理，医院标识是否方便宠物主人，员工的言行举止是否有亲和力等，都能体现医院管理水平与形象的高低。

4. 医院员工形象　员工是企业文化建设的主体，也是医院形象塑造中最有活力和决定性的要素，医院形象的优劣常常通过员工的言行举止折射出来；另外，医院职业道德水平的高低、行业风气的好坏直接反映了医院的办院方针和办院宗旨，是社会评判医院形象的重要指标。由此看来，医院的员工是一个特殊的群体，不仅要求其具有更高的职业道德与职业素质，还要求对宠物和宠物主人充满爱心、同情心、耐心、细心，具有强烈的爱院意识和忧患意识，自觉地把医疗事故发生率和医疗人力成本降到最低限度，从而为医院赢得良好的信誉。

5. 医疗服务形象　是医院在医疗活动中向客户提供服务时，给客户留下的服务质量的

印象。医疗服务形象一般通过员工的言行举止反映出来，也是医院各级人员服务意识及整体素质的表现。医疗服务不是简单的"服务"，它和医疗技术相互融合，既有诊断、检查和手术等有形的手段，也有微笑、倾听和建议等无形的方式。

（二）塑造医院形象的作用

1. 增强员工凝聚力 良好的医院形象可以赋予员工一种荣誉感、自豪感和自信心，增强医院的凝聚力。良好的医院形象可以引导员工的行为向医院目标努力，另外也可以起到吸引人才的作用。

2. 吸引客户 通过良好医院形象的展示，宣传了医院，也增强了医院的知名度、美誉度，从而增强了对宠物主人的吸引力，影响宠物主人的择医行为；另一方面，增加了人们对医院的理解和对医院工作的支持，得到人们对医院的信赖。

3. 促进医院发展 在市场经济条件下，塑造良好的医院形象是医院主动适应新世纪社会发展的需要，在激烈的医疗市场竞争中求生存、求发展的手段。在当今国际企业界，有人已将"形象力"同人力、物力、财力相提并论，称之为企业经营的第四种资源。可以说，良好的医院形象是医院长盛不衰的保证和条件，是医院极其宝贵的无形资产。

（三）CIS 战略导入原则

企业形象设计是一个系统工程。医院形象是由多要素组合的系统，这些要素包括医院的各个部分，它们之间相互联系、相互作用，形成一个完整的形象体系。CIS 又称企业识别系统，是医院形象设计的重要方式。所谓 CIS 战略是指 Corporate Identity System，即"企业的识别系统"，一般由三大要素组成：理念识别 Mind Identity（MI）、活动识别 Behavior Identity（BI）、视觉识别 Visual Identity（VI），三个要素是相互联系的统一整体。企业理念是企业的精神和灵魂。理念就是指企业的经营管理的观念，也是 CIS 战略的核心。活动识别是企业动态的识别形式，企业的各种活动要充分体现出企业的理念，这样才能塑造出良好的企业形象。视觉识别是企业的静态识别形式，企业的标志、标准色是通过视觉系统将企业的形象传递给大众的。而活动识别和视觉识别只有具备了正确的思想内容，充分反映了企业的精神和理念时才能发挥更大的作用。

在当前的市场竞争中，企业形象的塑造至关重要，它已成为推动企业发展的一种动力。这种动力的大小取决于企业理念识别（MI）、活动识别（BI）、视觉识别（VI）三个要素的高度一致。而实施 CIS 战略的目的就在于进一步加强这一动力，使企业通过完整的系统创意将企业的经营观念、企业的个性，通过动态和静态的传播方式，引起大家的注意，树立良好的形象，使广大消费者产生对企业及其产品的信赖和好感的心理效应，这就是 CIS 战略的根本任务。

引入 CIS 的目的是将医院文化外化为医院形象。CIS 导入是一个涉及范围广、综合性强、投入量大、时间持久的系统工程。要实现其既定目标，需要遵守以下五项原则：

1. 个性化原则 定位科学、个性鲜明是医院形象的本质要求，精心选择和确立适合自己的个性特征和风格，是医院形象塑造的根本保证。在整个 MI、BI、VI 系统中都要突出医院特质与个性，用鲜明生动、简单明快、寓意深刻、易于识记的各种标识设计，在社会公众中成功地塑造富有个性魅力的医院形象。

2. 战略性原则 医院识别系统如何实施，属于战略管理范畴。医院领导必须站在战略的高度亲自抓，通过全面系统的调研、定位、策划、设计和实施，发掘和传播医院的资源优

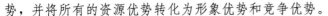

势，并将所有的资源优势转化为形象优势和竞争优势。

3. 创新性原则 创新是医院发展的动力，要发展必须创新，无创新就无发展。富有活力和成效的医院识别系统战略与创新性的策划和设计密不可分。没有意境新、构思新、形式新、行为新的医院识别系统战略策划、设计、实施，就很难在社会公众中形成印象深刻、耳目一新的医院形象。

4. 系统性原则 医院识别系统战略是一个复杂的系统过程，在设计与实施中，注重MI、BI、VI功能的统一性，使三者相辅相成、有机结合、共同作用，以系统功能的作用塑造完整的、富有个性的医院形象。如果CIS战略系统的三大要素缺乏统一性，甚至相互矛盾，就会使社会公众对医院整体形象理解困难，甚至产生偏差。

5. 合理性原则 医院文化建设要健康有序地进行，医院管理者应当充分认识到，医院的内部条件（包括医疗设备、技术、人员、环境设施等）是医院文化赖以生长的土壤，医院的外部环境（包括国家的政治经济环境、社会文化环境、医疗市场环境等）则是医院文化生存的气候条件。只有播种上适应它们的文化种子、文化才能生根发芽，长成参天大树。因此，CIS战略策划与实施，不是策划人或决策者的主观想象和个人行为，整个过程必须符合客观环境要求和医院经营发展战略的需要，并要求有人、财、物等方面的保障。

(四) CIS 战略的导入程序

为提高CIS战略导入的效率和质量，必须建立和遵循一套科学的程序和步骤。具体地说，CIS战略的导入可分为以下五个阶段：

1. 提案立项 提案立项是CIS战略导入的最初阶段，这一阶段的主要任务是制订CIS战略导入计划，其主要内容有统一目标，明确作业项目、主要内容、时间安排、责任，编制"CIS战略作业日程表"，编制资金预算报告，确定从调研、筹划、设计到实施所需资金总额，投资的具体项目、使用范围和管理方法，草拟CIS战略导入的报告书或整体筹划方案，经所有员工讨论通过。

2. 调查研究 CIS战略调研是一项基础性工作，必须有计划地统筹安排，扎扎实实地进行。周密、准确、有计划的调查研究，全面、系统的分析判断，是成功导入CIS战略的重要保证，是确定CIS战略总体方案、创造性地塑造企业形象的必要条件。制定切实可行的调研方案是调研阶段的基础性工作。调查对象主要是客户和本院员工。调查方法可采用发放满意度调查表或意见征求问卷的形式。调查应详细、周密，调查内容主要围绕着医院的知名度、美誉度、认可度，具体包括医院的服务设施、医疗质量、合理收费、院容院貌、名声信誉、医疗质量、技术设备、医院员工的服务态度、仪表举止、医德医风以及公众对各方面的期望，等等。根据以上调查，确定医院的实际形象。

3. 开发设计 在充分调研并对调研报告深入分析的基础上，策划人员开始对医院识别系统进行策划和设计，主要任务是编制CIS战略导入与实施方案，即编制富有创意、完整详尽的CIS手册（或CIS战略导入与实施的规划）。该手册囊括CIS战略的总体构思和各个具体环节的设计。

在进行医院形象设计与开发时，重点要解决好医院形象的定位问题。医院形象定位就是对目前医疗市场的实际情况、客户的需求情况和本院的具体条件进行详细周密的分析，制定出期望达到的、目标明确、切实可行、可操作性和灵活性强的战略方案。医院形象定位准确与否，直接影响医院的知名度、美誉度和对公众吸引力的大小。

医院形象定位取决于两个因素：一个是对调查结果进行分析，找出医院实际形象与公众心目中的形象和医院期望形象的差距；另一个是医院形象的设计要遵循"有效形象"的原则，要以客户为中心，满足客户的要求，维护客户的利益，以解决客户关注的热点问题为出发点，真正做到公众利益与医院利益的统一。

4. 实施管理　高效率的实施与管理，是策划方案实现应有价值的根本保障，实施管理阶段是 CIS 战略管理的实质性阶段。该阶段的主要任务是，在全员参与的基础上，通过对物、事、人的运作管理，全面推进 CIS 战略计划的实施，实现预期目的，并对 CIS 战略实施效果进行评估，进一步改进或修正原有方案。主要方法有：规范践履法——发动群众定规范、学规范、执行规范；形象评价法——通过自评、互评和客户评论的方法促使医院形象的形成；楷模示范法——通过模范的示范，有利于美好形象的效仿和达成；环境熏陶法——把一些形象较差的人放到先进集体中去熏陶，帮助其思想、行为的改善；群众自我教育法——开展各种学习、讨论，进行互相提高。

5. 评价修正　要对实施效果进行测定与评估，了解方案的实施是否达到预期目的，综合评价实施效果及存在的问题，总结经验，修正错误，改进工作，调整方案。

🐾 思 与 练

1. 分组讨论宠物医院文化建设的重要作用有哪些。
2. 应用 CIS 战略设计一份提升宠物医院形象的方案。

项目三　宠物医院营销与财务管理

任务一　宠物医院营销策略

子任务一　宠物医院营销市场策略

🐾 相关知识

市场信息指的是市场上商品在交换过程中所产生的各种情报、消息和数据资料的总称。语言文字、符号与数据、凭证与报表以及商场和广告等都是市场信息的表现形式。指市场上的有关商品的交易量和价格方面的信息。由于在商品经济下，这类信息对企业的经营和决策的影响较大，因此它是国家和企业都十分关心的信息。按其地域，可分为国内市场信息和国际市场信息。

(一)市场信息收集原则

1. 准确性原则　信息收集要做到真实，可靠。这也是信息收集工作的最基本的要求。

2. 全面性原则　信息收集要做到广泛、全面、完整。只有广泛、全面地搜集信息，才能完整地反映管理活动和决策对象发展的全貌，为决策的科学性提供保障。当然，实际所收集到的信息不可能做到绝对的全面完整，因此，如何在不完整、不完备的信息下做出科学的决策就是一个非常值得探讨的问题。营销活动的效果受多种因素的影响，作为营销对象的消费者其个体差异也非常大，收集的信息如果不能全面反映这些因素和差异，就可能形成错误的决策。所以，在调查活动中非常强调样本的代表性。

3. 时效性原则　信息的利用价值取决于该信息是否能及时地提供，即它的时效性。信息只有及时、迅速地提供给它的使用者才能有效地发挥作用。特别是决策对信息的要求是"事前"的消息和情报。所以，只有信息是"事前"的，对决策才是有效的。

4. 经济性原则　市场信息收集是为提高企业经济效益服务的，所以必须考虑成本与收益的关系。信息收集的成本除了实际的货币支出外还包括机会成本，如时间、精力等用于其他用途所能得到的收益。此外，信息处理的难易程度也会影响到成本。除了考虑自身的成本外，还应考虑信息提供者所付出的成本。比如在调查中，如果问题复杂则被调查者需要花更多的时间和精力，使他们提供信息的成本增加，这必然影响问卷的回收率和调查质量。

5. 针对性原则　在选择收集对象和收集内容时应注意针对性，这样不仅可以减少收集工作的费用，还有助于提高信息整理工作的效率，对于排除无关信息干扰，提高信息分析的质量也有帮助。

(二)宠物市场信息收集

1. 宠物市场信息的概念　宠物市场信息是指有关市场商品销售的信息，如宠物商品销

售情况、消费者情况、销售渠道与销售技术、产品的评价、售后服务等，也包括多方面反映宠物市场活动的相关信息，如社会环境情况、社会需求情况、流通渠道情况、产品情况、竞争对手情况、科学研究和应用情况及科技动向等。

2. 宠物市场信息的类型

信息的类型包括产品信息、渠道信息、消费者信息、竞争对手信息和行业信息。

（1）宠物产品信息。产品信息是市场信息的基础，包括行业内的产品品牌、产品品名、形状、包装、规格、价格体系、产品特点、独特性及未来发展趋势等。例如，犬粮企业需要了解的产品信息有：目前市场上主要的犬粮产品有多少个品牌？有多少个品种？有多少种包装形式？大体都是什么价格定位？不同的产品种类有什么特点？每个品种有什么独特的优势？未来消费者会有什么需求？未来会出现什么样的产品？哪些品种会被淘汰？哪些品种会成为主流？只有掌握了上述信息，决策者才能够作出准确判断，决定未来的产品战略。

（2）渠道信息。渠道信息包括：行业的渠道结构、渠道成员的特点、利益分配方式、如何避免渠道冲突以及进入渠道成本等。

（3）消费者信息。企业需要对市场内消费者构成和购买心理、消费心理及消费行为习惯进行调查和分析。调查方法可分为理性调查和感性调查。一般理性调查需要聘请专门的调查公司通过科学的调查方法进行数据统计和分析。理性调查结果比较准确，对决策借鉴意义较大，但这种方法耗费资金及时间过多，所以多数企业以感性调查为主，即通过市场调查人员对消费者询问、观察及座谈的方式，凭借知识和经验对消费者行为进行分析。

（4）竞争对手信息。通过判断竞争对手的市场行为，分析其所使用的市场策略，即做到"知己知彼，百战不殆"。深入了解竞争对手的想法和行为，制订准确的市场策略；竞争对手信息往往是靠分析得来的，因为市场竞争本身就是"兵无常势，水无常形"，只有正确地选择对手、了解对手、定位自己，才能做到"立于不败之地"。

（5）宠物行业信息。主要指宠物行业内重大变化，可分为三个方面：第一方面是国家的政策、法律调整给整个行业带来变化，例如有关动物保护与福利、宠物疫病防控对行业产生的巨大影响；第二方面是行业内企业重大战略的变化，如破产、兼并、重组和上市等；第三方面是行业危机及机会把握，如国内兽药企业宠物药品研发严重不足，药品结构单一，因而作为竞争对手的国外兽药企业，其市场占有率一直居高不下，也推高了宠物医疗的成本。所以说，行业信息获取给企业决策层提供了一个应对市场和把握机遇的前提，给企业制订战略和规划发展带来深远的影响。

3. 宠物市场信息的来源　一是市场人员对市场进行调查及消费者的反馈，这是信息来源的主要途径，市场信息的收集也是市场或销售人员的主要职责；二是相关电视报道和报纸、杂志，专业的报纸、杂志等公共媒体能够在最大限度上提供行业内的有效信息；三是权威部门的信息披露，国家主管部门及行业组织披露的信息主要是行业规划、政策约束及相关发展前景的展望和数据公布；四是互联网发布，但由于互联网信息泛滥，所以要对其真实性进行甄别和验证；五是业内人士的言论及其交流和传播，这里更多的是指私下的交流和传播，由于业内人士最了解内情，信息往往比较真实，但要防止由于其个人好恶而带来的信息歪曲。

4. 宠物市场信息的管理　要实现市场信息的科学化管理，就必须有一个信息收集系统，才能使收集的信息有效使用，成为参考决策的依据。

首先，市场信息的管理是市场部的职能之一，虽然市场部主要承担了市场信息的收集与管理工作，但是好的企业要建立"全员皆员"的意识，把企业内部所有人都发展成为信息情报人员。

其次，不同部门和人员收集信息的分工要明确和细致，如市场人员提供行业信息和政策信息，销售人员提供竞争商品信息、消费者信息和新产品信息，技术人员提供新技术信息等。此外，要明确要求什么部门、什么时间、提供什么方面信息、通过何种方式传递，以及信息负责人要怎样处理信息、怎样进行信息汇集与分析，谁负责得出结果并呈报决策者等。

（三）评估市场

1. 了解顾客

（1）了解顾客的意义。顾客是上帝。要满足顾客的需求，甚至为顾客带来增值效果，就要在充分了解顾客消费心理的基础上，以合理的价格提供令人满意的产品和服务。这样他们不仅能成为企业的忠实顾客，还会向亲朋好友推荐企业的产品和服务，为企业带来更大的利润。

（2）了解顾客的有关信息。通过全面、详尽的市场调查，收集、了解顾客的情况，对企业非常重要。要了解顾客，可以提出以下问题：企业准备满足哪些顾客的需要；顾客愿意为每个产品或每项服务付多少钱；顾客一般在什么地方和时间购物；他们多长时间购物一次，每年、每月还是每天；他们一般购买的数量是多少；顾客数量是在增加还是在减少，能否保持稳定；是什么吸引顾客购买某种特定的产品或服务；是否有顾客在寻找有特色的产品或服务，产品或服务的具体内容。

（3）收集顾客信息的方法。一是通过抽样访问；二是了解行情，进行推测；三是通过行业渠道等途径收集顾客信息。

2. 了解竞争对手

（1）了解竞争对手的意义。确定并了解竞争对手有助于决策者摸清对手的情况，并从中学习竞争对手的优点，从而提高企业的竞争能力。

（2）了解竞争对手的有关信息。可以通过回答下列问题来了解竞争对手的情况：他们提供的商品或服务的质量如何；他们的产品或服务的价格怎样；他们如何推销商品或服务；他们提供什么样的增值服务；他们的企业所在地环境如何；他们的设备先进程度；他们的工作人员是否受过培训，待遇如何；他们的分销渠道情况；他们的优势和劣势是什么；他们的推销方式。

（四）识别竞争对手

在激烈的市场竞争中，识别出真正的竞争对手对企业来说是非常重要的。那么，企业如何确定真正的竞争对手呢？

1. 企业规模接近 企业规模越接近，就越有可能成为最主要的竞争对手。双方由于成本趋同，生产和服务能力接近，为扩大市场占有率而进行的争夺也就会更激烈。因此，当一个投资者的投资规模接近自己的时候，企业就应当特别警惕。

2. 产品形式接近 产品形式（包括性能、名称、使用价值、生产工艺、包装工艺等）接近的企业，通常会成为竞争的企业。

3. 产品价格接近 市场零售价格接近的产品，会成为竞争性产品。市场零售价格一般

是市场的终端价格，终端价格总是直接面向消费者，它不但反映着产品的价值，也反映着顾客的接受程度。

4. 产品销售界面相同 产品销售界面相同的企业，会成为竞争者。一般企业面对的销售界面有三种，即中间商、零售商和消费者。

5. 产品定位档次相同 定位档次相同的产品会成为真正意义上的竞争性产品。产品的定位在顾客心目中通常是档次的定位。一般的产品定位分为三种，即高档产品、中档产品和低档产品，也有分为豪华型产品和普通型产品的。总的来说，产品的定位档次应由以下四个要素来确定：一是产品的品质；二是使用价值或功能；三是产品包装；四是价格。需要特别清楚的是，不在同一档次的产品，不会有激烈竞争。

6. 目标顾客相同 目标顾客相同，也会引起竞争。

🐾 拓展知识

（一）市场细分

1. 市场细分的概念 市场细分就是根据消费者明显不同的需求特性，把市场区分为两个或更多消费者群，从而确定企业目标市场的过程。市场细分的依据是消费者需求的差异性。

2. 细分市场的基本要求 一是细分市场的标准必须是可以衡量的；二是细分出的小市场必须是企业能够接受的；三是细分市场的规模必须是适当的；四是细分市场的时间必须有一定的稳定性。

3. 市场细分的主要标准

（1）消费者市场细分的标准。一是地理细分标准，主要变量包括国界、区域、气候、城市规模和人口密度等；二是人口细分标准，主要变量包括年龄、性别、文化程度、民族、宗教、职业和收入等；三是心理细分标准，主要变量包括社会阶层、生活方式和个性等；四是行为细分标准，主要变量包括追求利益、使用时机、使用者状况、使用频率、品牌忠诚度、待购阶段和态度等。

（2）生产者市场细分的标准。

①按用户的需求特征来细分市场。企业按生产者市场上产品最终用户的不同，制订不同的营销策略，以满足不同用途生产者的需要和提供相应的售前、售中和售后服务。

②按用户的地理位置来细分市场。每个国家和地区都在一定程度上受自然资源、气候条件和历史文化传统等因素影响，形成了若干工业区，因此，生产者市场往往比消费者市场更为集中。

③按购买者地理位置细分市场，使企业目标放在用户集中的地区，有利于节省推销人员往返于不同客户之间的时间、费用，有利于节省营销成本，提高企业经济效益。

④按用户的规模大小来细分市场。购买者经营规模的大小决定其购买能力的大小。

⑤按用户的利益追求来细分市场。企业按生产者市场上产品最终用户对利益追求的不同标准来提供服务。

4. 评估细分市场 细分出的子市场作为企业的目标市场，应具备下列基本条件：具有足够的市场需求；市场上具有一定的购买力；企业必须具有进入该市场的能力；本企业在所选定的目标市场上具有竞争优势。

（二）市场定位

企业在选定了目标市场后还面临着如何在目标市场定位的问题。

1. 市场定位的概念　市场定位就是根据竞争者现有产品在市场上所处的地位和顾客对产品某些属性的重视程度，塑造出本企业产品与众不同的鲜明的个性或形象并传递给目标顾客，使该产品在细分市场上占有强有力的竞争位置。

一般而言，管理者在市场定位时应注意以下三个方面：确立产品或服务特色；树立市场形象；巩固市场形象。

2. 市场定位的方式

（1）避强定位。避强定位是一种避开强有力的竞争对手进行市场定位的模式，即管理者避开竞争强手，瞄准市场"空隙"，发展特色产品，开拓新的市场领域。

（2）迎头定位。迎头定位是一种与市场竞争者"对着干"的定位方式，即管理者选择与竞争对手正面市场冲突，争取同样的目标顾客，彼此在价格、产品、分销和渠道等方面差别不大。

（3）重新定位。重新定位是指企业为已在某市场销售的产品重新确定某种形象，以改变消费者原有认识，争取有利市场地位的活动。

3. 市场定位战略

（1）产品差别化。产品差别化可通过以下途径实现：特色、形式、性能、一致性、耐用性、可靠性、可维修性、风格和设计等。

（2）服务差别化。服务差别化可通过订货、交货、安装、客户咨询、客户培训、维修保养等服务手段实现。

（3）人员差别化。企业可通过雇用和培训来提高员工的整体工作能力，从而拥有比竞争对手更强的竞争优势。

（4）渠道差异化。企业尽可能开辟多个渠道进行销售。

（5）形象差异化。形象差异化的具体途径包括媒体宣传、标志、活动、气氛、员工行为、名称、颜色等。

（三）市场预测

虽然企业对未来不可把握，但是企业要做到努力认识和利用"规律"（包括顾客的、市场的、技术的、企业发展的），以提高经营的胜算把握。

1. 市场预测的内容

（1）预测市场容量及变化。市场商品容量是指有一定货币支付能力的需求总量。市场容量及其变化预测可分为生产资料市场预测和消费资料市场预测。消费资料市场预测重点有以下三个方面：

①消费者购买力预测。包括人口数量和数量变化预测以及消费者货币收入和支出的预测。

②购买力投向预测。消费结构由消费者收入水平的高低决定，即消费者的生活消费支出中商品性消费支出与非商品性消费支出的比例。消费结构规律是收入水平越高，非商品性消费支出越多，如娱乐、劳务费用、饲养宠物费用支出增加；在商品性支出中，用于饮食费用支出的比重大大降低。另外，还必须充分考虑消费心理对购买力投向的影响。

③商品需求的变化及其发展趋势预测。根据消费者购买力总量和购买力的投向，预测各

种商品需求的数量、花色、品种、规格和质量等。

（2）预测市场价格的变化。企业生产中投入品的价格和产品的销售价格直接关系到企业的赢利水平。在商品价格的预测中，要充分研究劳动生产率、生产成本和利润的变化，以及市场供求关系的发展趋势。

（3）预测生产发展及其变化趋势。对生产发展及其变化趋势的预测是对市场中商品供给量及其变化趋势的预测。

2. 成立新企业常用市场预测方法

（1）专家会诊法。专家会诊法是指组织有关方面的专家，以会议形式，对产品的市场发展前景进行分析、预测，然后在专家判断的基础上，综合专家意见，得出结论。

专家会诊预测法包括三种形式：

①交锋式会议法。与会者围绕一个主题，各自发表意见并进行充分讨论，最后达成共识，取得比较一致的预测结论。

②非交锋式会议。该法也称头脑风暴法。会议不带任何限制条件，鼓励与会者独立、任意地发表意见，没有批评或评论，以激发灵感，产生创造性思维。

③混合式会议法。该法也称质疑式头脑风暴法，是对非交锋式会议的改进。它将会议分为两个阶段：第一阶段是非交锋式会议，产生各种思路和预测方案；第二阶段是交锋式会议，对上一阶段提出的各种设想进行质疑和讨论，也可提出新的设想，相互不断启发，最后取得一致的预测结论。

（2）购买意向调查预测法。购买意向调查预测法用问卷形式征询潜在的购买者未来的购买意愿，由此预测出市场未来的需求。由于市场需求是由未来的购买者实现的，因此，如果在征询中潜在的购买者如实反映购买意向的话，那么，据此作出的市场需求预测将是相当有价值的。

例如，在某市区进行泰迪犬需求的市场调查中，访问 500 个样本，被访者表明购买意向见表 3-1。

表 3-1 对于泰迪犬的购买意向调查

购买意向	人数	所占比例
一定会买	150	30%
可能会买	75	15%
不能决定是否购买	125	25%
可能不会买	100	20%
肯定不会买	50	10%
总计	500	100%

对于上述的调查答案必须进行加权处理后才能得出符合实际情况的结论（表 3-2）。被访者回答一定会购买或可能购买往往包含夸大购买倾向的成分。原因有两方面，一方面是为了给访问者一种满足；另一方面是因为回答时往往没有慎重考虑，仅仅是脱口而出。类似的，即使是回答可能不会买或肯定不会买的被访者也有成为最终购买者的可能。根据这种分析，在实际处理时，应对每一种选择赋予适当的购买权重，如对一定会购买赋予权数 0.9，可能会购买赋予权数 0.2，肯定不会购买赋予权数 0.02 等。

表 3-2　被访者购买意向加权处理

选择答案	回答百分比	指定权数	加权百分比
一定会买	30%	0.90	27%
可能会买	15%	0.20	3%
不能决定是否购买	25%	0.10	2.5%
可能不会买	20%	0.03	0.6%
肯定不会买	10%	0.02	0.2%

平均购买可能性＝27％＋3％＋2.5％＋0.6％＋0.2％＝33.3％

未来市场需求量＝家庭总户数×平均购买可能性

假设这一地区共有家庭 1 000 户，则该地区泰迪犬的未来可能购买量为：

1000 ×33.3％＝333 只。

(四) 盈利模式

企业赚钱的渠道就是赢利模式，分为自发的赢利模式和自觉的赢利模式两种。

自发的赢利模式：企业对如何赢利、未来能否赢利缺乏清醒的认识；企业虽然赢利，但对赢利模式不明确、不清晰，其赢利模式具有隐蔽性、模糊性的特点，缺乏灵活性。

自觉的赢利模式：是企业通过对赢利实践的总结，对赢利模式加以自觉调整和设计而成的，具有清晰性、针对性、相对稳定性、环境适应性和灵活性的特征。

在市场竞争初期和企业成长的不成熟阶段，企业的赢利模式大多是自发的，随着市场竞争的加剧和企业的不断成熟，企业开始重视对市场竞争和自身赢利模式的研究。那么，什么样的赢利模式才是成功的呢？

由于各行业宏观和微观经济环境处于不断变化的状态中，没有一个单一的特定赢利模式能够保证在各种条件下都产生优异的财务结果。美国一家咨询公司对 70 家企业的赢利模式所做的研究分析中，虽然没有发现一个始终正确的赢利模式，但却发现成功的赢利模式至少具有以下三个共同特点：

第一，成功的赢利模式要能提供独特价值。这种独特的价值可能是一种新的思想，而更多的时候，它往往是产品和服务独特性的组合。这种组合不仅可以向客户提供额外的价值，而且使得客户能用更低的价格获得同样的利益，或者用同样的价格获得更多的利益。例如，美国的大型连锁家用器具商场 Home Depot，就是将低价格、品种齐全以及只有在高价专业商店才能得到的专业咨询服务结合起来，作为企业的赢利模式。

第二，成功的赢利模式是很难被模仿的。企业通过提高自身的实力，以及强大的实施能力，来建立利润屏障，提高行业的进入门槛，从而保证利润来源不受侵犯。例如，人人都知道直销模式如何运作，也都知道戴尔公司是此中翘楚，而且每个商家只要自己愿意，都可以模仿戴尔的做法，但能不能取得与戴尔相同的业绩，则完全是另外一回事，这说明好的赢利模式是很难被人模仿的。

第三，成功的赢利模式是实事求是的。实事求是就是脚踏实地，就是把赢利模式建立在对客户行为的准确理解和假定上，也就是说，企业要做到"量入为出、收支平衡"。这看似简单，要想年复一年、日复一日地做到，却并不容易。现实当中的很多企业，不管是传统企业还是新型企业，对于自己的钱从何处赚来，客户为什么看中自己企业的产品和服务，乃至有哪些客户不但不能为企业带来利润，反而会侵蚀企业的收入等关键问题，都不甚了解。优

秀的赢利模式是丰富和细致的，并且它的各个部分要互相支持和促进，改变其中任何一个部分，它就会变成另外一种模式。

思 与 练

1. 模拟宠物医院，讨论并选择本医院的目标客户群。
2. 模拟员工，讨论市场预测的方法。

子任务二 核心竞争力分析

相关知识

（一）核心价值曲线

1. 蓝海战略概述 蓝海战略是由 W·钱·金和莫博涅提出的。蓝海战略认为，聚焦于已存在的激烈竞争的红海市场，等于接受了商战的限制性因素。运用蓝海战略，企业视线从供给一方移向需求一方，也就是说，为买方提供价值飞跃的是价值创新而不是技术突破。红海战略、蓝海战略比较见表 3-3。

表 3-3　红海战略、蓝海战略比较

红海战略	蓝海战略
在已有市场空间竞争 打败竞争对手 开发现有需求 在价值与成本之间取舍	开创无人争抢的市场 甩脱竞争 价值创新 打破在价值与成本之间的取舍

2. 蓝海战略——价值曲线 价值曲线是由顾客所需的某种产品或服务包含的若干要素点构成的（图 3-1）。

3. 蓝海战略——四步动作框架 为了重新构建买方价值因素，塑造新的价值曲线，打破差异化和低成本之间的对立局面，有四个核心问题对挑战行业现有的战略逻辑和商业模式至关重要（图 3-2）。

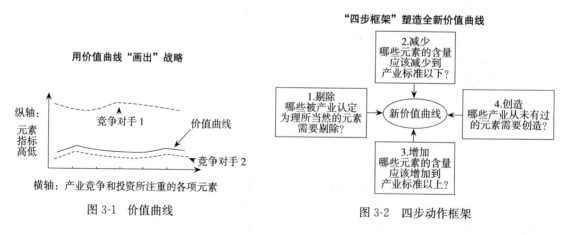

图 3-1　价值曲线　　　　图 3-2　四步动作框架

第一个问题促使企业考虑剔除在行业长期竞争中攀比的因素。这些因素通常是想当然的，但其实已降低了价值，甚至不再具有价值。有时候，购买者所重视的价值发生了变化，但公司只顾相互竞争，而没有采取任何行动应对变化，甚至对变化毫无察觉。

第二个问题促使企业考虑产品或服务是否过度设计，减少提供给消费者的那些超过实际所需的项目，以降低成本，增加收益。

第三个问题是企业为发掘更多的消费者、增加或提高已有的产品或服务项目而不得不作出的妥协。

第四个问题帮助发现买方价值的新源泉，以创造新需求，改变行业的战略定价标准。

前两个问题（剔除和减少）可以帮助企业将成本降低到竞争对手成本水平之下。后两个问题启发企业如何提升购买者所需的价值，创造新的需求。

4. 蓝海战略——遵循合理的战略顺序 遵循合理的战略顺序，建立强劲的赢利模式，确保将蓝海创意变为战略执行，从而获得蓝海利润，合理的战略顺序为：买方效用→价格→成本→接受（表 3-4）。

表 3-4 蓝海战略顺序

买方效用	问题	产品和服务是否具有突出的作用，是否有令人信服的理由促使买方购买
	方法	测试买方体验周期的购买、陪送、使用、补充、维护和处置六个阶段，评估六个阶段中顾客、生产率、简单性、方便性、风险性、环保性、趣味和形象等效用指标
价格	问题	价格是否能够为买方大众轻松承受
	方法	列出其他可选择的产品或服务，找出大众价格走廊，在价格走廊内考虑法律、资源保护、模仿程度，确定价格走廊的上、中、下三段定位
成本	问题	成本结构是否能够满足目标成本要求
	方法	简化运营，寻找合作伙伴和改变产业定价模式
接受	问题	创意付诸实施会遇到哪些接受上的障碍，是否从一开始就解决了这些障碍
	方法	雇员、商业伙伴和公众，开诚布公地讨论为什么采用蓝海创意

（二）企业核心竞争力

1. 核心竞争力的概念 核心竞争力是企业获取持续竞争优势的来源和基础，是企业具备的应对变革与激烈的外部竞争，并战胜竞争对手的能力的集合。

核心竞争力是企业竞争力中最基本的、能使整个企业保持长期稳定的竞争优势、获得稳定超额利润的竞争力，是将技能资产和运作机制有机融合的企业自身组织能力，是企业推行内部管理性战略和外部交易性战略的结果。

现代企业的核心竞争力是一个以创新、知识为基本核心的企业某种关键资源或关键能力的组合，是能够使企业、行业和国家在一定时期内保持现实或潜在竞争优势的动态平衡系统。

2. 核心竞争力的特征 独特性：不易被竞争对手模仿；价值性：为消费者带来较大的最终用户价值；延展性：为企业提供了一个进入多种产品市场的潜在途径；稀缺性：这种能力必须是稀缺的，只有少数的企业拥有它；叠加性：两项或多项核心能力一经叠加，可能会派生出一种全新的核心能力。

3. 打造核心竞争力 打造一个企业的核心竞争力可以从以下八个方面考虑：

（1）企业的规范化管理。企业首先应对自身的基础竞争力进行规范管理，基础管理差、管理混乱往往使得企业的运营成本居高不下。

（2）资源竞争分析。通过资源竞争分析，明确企业有哪些有价值的资源可以用于构建核心竞争力，以及具体如何运用。

（3）竞争对手分析。对竞争对手的分析能够让企业知道自己的优势和劣势，企业平时要留意收集竞争对手的信息和市场信息，及时掌握对手的动态。

（4）市场竞争分析。对市场的理解直接影响企业的战略决策，如果对市场把握不准，就会给企业带来很大的危机。

（5）无差异竞争。所谓无差异竞争，是指企业在其他方面都不重视，只强调一项，那就是价格，也就是打价格战。我国很多企业经常使用这种竞争方法，但是有实力、有基础的大企业轻易不用这一方法。

（6）差异化竞争。差异化竞争与无差异竞争相反，是指企业不依靠价格战，而是另辟蹊径，出奇招取胜。

（7）标杆竞争。标杆竞争就是企业找到自己有哪些地方不如竞争对手，在超越竞争对手的时候设立标杆，每次跳过一个标杆，再设新的标杆，这样督促自己不断进步。

（8）人力资源的竞争。人力资源的竞争直接关系到企业的核心竞争力，人才最重要，企业必须重视人才、培养人才、留住人才。

🐾 思 与 练

1. 运用核心价值曲线对宠物医院进行分析。
2. 模拟宠物医院，讨论并分析本院的竞争对手。

子任务三　宠物医院成本预算与营销策划

🐾 相关知识

（一）成本费用预算

1. 成本与成本预算的概念　成本是企业生产和销售产品或提供服务所产生的所有费用。无论何种类别的企业，都有材料、人工、水电、运输等项成本。

商界有句至理名言是"利在于本"，即企业利润获得的关键在于成本控制。成本决定利润，降本才能增效。在产品质量相同的条件下，产品价格的高低是决定企业市场竞争力的主要因素，而决定产品价格高低的主要因素是产品成本的高低。

成本预算是计算生产或销售一件产品或提供一项服务的总成本的方法。成本预算一般有四个步骤：步骤一，计算直接材料成本；步骤二，计算直接人工成本；步骤三，计算间接成本；步骤四，合计总成本。

成本预算可以帮助你的企业制订价格，降低和控制成本，作出更好的决策，为未来制订计划。

产品销售成本预算是关于公司年度产品销售成本的预算，是为编制年度损益表服务的。编制产品销售成本预算须以产品成本预算和期末产品存货预算为基础。

2. 如何计算成本

总成本＝直接成本＋间接成本

如果是商业企业，则无需考虑直接成本和间接成本的划分，成本就是产品采购成本。

（1）直接成本。直接成本是与企业生产或销售的产品或提供的服务有直接关系的所有成本。

直接成本＝直接材料成本＋直接人工成本

直接材料成本：企业花在零部件和材料上的所有费用。这些零部件和材料构成了生产和销售产品或提供服务的一部分，或与此有直接关系。对于零售商或批发商而言，为转销而购买商品的成本是直接材料成本。

直接人工成本：企业为生产产品或提供服务的工人或企业主支付的工资、薪金和福利等。如果企业可以分清哪些人工对应哪些产品，则直接计入该产品成本；如果不能分清，则使用产品工时分配成本。

（2）间接成本。间接成本是除直接成本外用于经营企业的所有其他成本，如租金和水电费等，一般与一个特定的产品或服务没有直接关系。间接成本有时被称为管理费用或费用。

3. 费用预算　根据预先编制的成本费用预算表控制费用发生。根据费用是否可控，可将费用划分为可控费用和不可控费用。通常根据实际发生的成本与成本费用比率确定可控费用，不可控费用以可控费用为基数，在 5%～10%的幅度内超支或节约。

（二）市场营销计划

企业市场营销计划是企业在市场调研分析的基础上，制订有关营销目标，为实现营销目标准备实施的策略、措施和步骤的计划。市场营销计划的主要内容包括：

（1）阐述市场调研结果，作为制订市场营销计划的依据。

（2）制定 STP 营销战略：进行市场细分（Market Segmentation）；选定目标市场（Market Targeting）；明确市场定位（Market Positioning）。

（3）制定 4P 营销策略：顾客所需要的产品（Product）；有竞争力的适当价格（Price）；最有利于方便顾客、扩大销售的渠道（Place）；力所能及的有力促销活动（Promotion）。

所谓 4P 营销策略，也称 4P 营销组合或 4P 营销理论，简单地说，就是指以什么产品（Product），按照什么价格（Price），通过哪些销售渠道（Place）和怎样的促销活动（Promotion），实现企业营销战略，达到企业营销目标。产品、价格、地点、促销这四个英文单词的第一个字母都是 P，故称 4P。在 4P 营销策略的指导下实现营销组合，成为企业市场营销的基本运营方法。4P 营销理论认为，如果一个营销组合中包括合适的产品、合适的价格、合适的分销渠道以及合适的促销策略，那么，它将成为一个成功的营销组合，企业的营销目标就可以实现。

（4）确定所要达到的销售目标（预测销售）。

（5）确保计划实现的必要措施及计划实现的步骤。

（三）产品策略

1. 产品的概念　产品是为满足消费者需要而提供给市场的各种商品或服务，是市场营销最基本的要素。随着科学技术的快速发展，社会的不断进步，消费者需求特征的日趋个性化，以及市场竞争程度的加深加广，有形物品已不能涵盖现代意义上的产品，产品的内涵已从有形物品扩大到服务（美容、咨询）、人员（体育、影视明星）、组织（保护消费者协会）

和观念（环保、公德意识）等。

2. 产品策略的概念 所谓产品策略，是指企业制订经营战略时，首先要明确企业为谁，提供什么样的、多少的产品或服务，去满足消费者的要求。它是企业市场营销组合策略的基础和重要组成部分，是企业为了在激烈的市场竞争中获得优势，在生产、销售产品时所运用的一系列措施和手段，包括诸如产品组合策略、产品差异化策略、新产品开发策略、品牌策略、产品的生命周期策略等，在此不一一列举。从一定意义上讲，企业成功与发展的关键就在于产品满足消费者需求的程度以及产品策略正确与否。下面简要介绍其中几种策略：

（1）产品组合策略。

①产品组合的概念。产品组合就是销售者卖给顾客的一组产品，它包括所有产品线和产品项目。

产品项目即产品大类中各种不同品种、规格、质量的特定产品，企业产品目录中列出的每一个具体的品种就是一个产品项目。

产品线是许多产品项目的集合，这些产品项目之所以组成一条产品线，是因为它们具有功能相似、用户相同、分销渠道相同、消费上相连带等特点。

产品组合就是企业生产经营的全部产品线、产品项目的组合方式，即产品组合的宽度、深度、长度和关联度。产品组合的宽度是企业生产经营的产品线的多少。例如，某企业经营宠物消毒剂、宠物香波、宠物牙膏、宠物尿垫及宠物零食，有5条产品线，表明产品组合的宽度为5。产品组合的长度是企业所有产品线中产品项目的总和。产品组合的深度是指产品线中每一产品有多少品种。例如，该公司的宠物香波产品线下的产品项目有三种，A宠物香波是其中一种，而A宠物香波有三种规格和两种配方，此种宠物香波的深度是6。产品的关联度是各产品线在最终用途、生产条件、分销渠道和其他方面相互关联的程度。产品组合的四个维度为企业制订产品战略提供了依据。

②产品组合优化。企业进行产品组合的基本方法是增减产品线的宽度、长度、深度或产品线的关联度。而要使各种产品项目之间质的组合和量的比例既能适应市场需要，又能使企业赢利最大，即企业产品组合达到最佳状态，就需要采用一定的评价方法进行选择。评价和选择最佳产品组合的标准有许多选择。从市场营销的角度出发，按产品销售增长率、利润率、市场占有率等几个主要指标进行分析。

（2）品牌策略。品牌策略决定产品是否使用品牌。品牌对企业有很多好处，但建立品牌的成本和责任不容忽视，故而，不是所有的产品都要使用品牌。

第一，不使用品牌。市场上很难区分的原料产品、地产、地销的小商品等，消费者不是凭产品品牌决定是否购买的，可不使用品牌。

第二，如果企业决定使用品牌，则面临着使用自己的品牌还是别人品牌的决策。对于实力雄厚、生产技术和经营管理水平俱佳的企业，一般都使用自己的品牌，使用其他企业的品牌则需要结合企业的发展战略来决策。

第三，使用一个品牌还是多个品牌。对于不同产品线或同一产品线下的不同产品品牌的选择，有四种策略，即个别品牌策略、单一品牌策略、同类统一品牌策略、企业名称与个别品牌并行制策略。

（3）产品生命周期策略。产品从投入市场到最终退出市场的全过程称为产品的生命周期，该过程一般经历产品的导入期、成长期、成熟期和衰退期四个阶段，呈S形曲线。在产品生命周期的不同阶段，产品的市场占有率、销售额、利润额是不一样的。导入期产品销售量增长较慢，利润额多为负数。当销售量迅速增长，利润由负变正并迅速上升时，产品进入成长期。经过快速增长的销售量逐渐趋于稳定，利润增长处于停滞，说明产品成熟期来临。在成熟期的后一阶段，产品销售量缓慢下降，利润开始下滑。当销售量加速递减，利润也较快下降时，产品便步入衰退期。

研究产品生命周期对企业营销活动具有十分重要的启发意义。

导入期是新产品首次正式上市的最初销售时期，只有少数创新者和早期采用者购买产品，销售量小，促销费用和制造成本都很高，竞争也不太激烈。这一阶段企业营销策略的指导思想是，把销售力量直接投向最有可能的购买者，即新产品的创新者和早期采用者。让这两类具有领袖作用的消费者加快新产品的扩散速度，缩短导入期的时间。具体可选择的营销策略有：快速撇取策略，即高价高强度促销；缓慢撇取策略，即高价低强度促销；快速渗透策略，即低价高强度促销；缓慢渗透策略，即低价低强度促销。

成长期的产品，其性能基本稳定，大部分消费者对产品已熟悉，销售量快速增长，竞争者不断进入，市场竞争加剧。企业为维持其市场增长率，可采取以下策略：改进和完善产品；寻求新的细分市场；改变广告宣传的重点；适时降价等。

成熟期的营销策略是主动出击，以便尽量延长产品的成熟期。具体策略有：一是市场改良策略，即通过开发产品的新用途和寻找新用户来扩大产品的销售量；二是产品改良策略，即通过提高产品的质量、增加产品的使用功能、改进产品的款式和包装、提供新的服务等来吸引消费者。

衰退期的产品，企业可选择以下几种营销策略：维持策略、转移策略、收缩策略、放弃策略。

（四）产品定价

定价是市场营销组合中一个十分关键的组成部分。价格通常是影响交易成败的重要因素，同时又是市场营销组合中最难以确定的因素。企业定价的目标是促进销售，获取利润。这要求企业既要考虑成本的补偿，又要考虑消费者对价格的接受能力，从而使定价策略具有买卖双方双向决策的特征。此外，价格还是市场营销组合中最灵活的因素，它可以对市场作出灵敏的反映。

产品定价一般需要考虑几方面问题：明确定价目标、明确市场需求、估计成本、选择定价方法、分析影响定价的因素。

1. 明确定价目标　当企业给产品定价时，必然要考虑定价的目的，是维持生存、当期利润最大化、市场占有率最大化还是产品质量最优化，这就是企业的定价目标。企业的定价目标由企业总目标、企业的营销战略决定，是企业确定价格策略和选择定价方法的依据。

企业的定价目标一般可分为以下几类：

（1）利润导向的定价目标。通过定价实现利润最大化或确保一定的利润。而当企业初创时期或遇到生存危机时，则可能会选择通过定价确保不亏损（零利润）或者确保亏损额（负利润）不超过一定限度，因为此时企业以维持生存为目的。

（2）销量导向的定价目标。通过定价确保或提升一定的销售量、一定的市场占有率。当你选择分销方式时，必须通过定价体现对渠道商利益的考虑。

（3）竞争导向的定价目标。通过定价应对、避免或者发起竞争。但要注意，价格战容易

使双方两败俱伤，风险很大。

（4）质量导向的定价目标。通过定价确保产品质量，并维护企业及其产品的品位。

2. 明确市场需求 市场需求是指一定的客户群在一定的地区、一定的时间、一定的市场营销环境和一定的市场营销方案下对某种商品或服务愿意而且能够购买数量的总和。它由两个要素构成，一是消费者愿意购买，二是消费者的支付能力，两者缺一不可。

3. 估计成本 估计成本是指尚未实际发生的，根据一定资料预先估算的成本。一般有这样几种情况：根据经验和历史资料估算成本；没有历史资料，而根据技术资料测算的成本；由于历史资料和技术资料细目过多，所以采用估算的办法来预计成本。

估计成本的主要目的是揭示成本变化和发展的规律，为企业经营提供依据。

4. 选择定价方法 定价方法是指企业在特定的定价目标指导下，依据对成本、需求及竞争等状况的研究，运用价格决策理论，对产品价格进行计算的具体方法。定价方法主要包括成本导向、需求导向、竞争导向和顾客导向等类型。下面介绍其中两种常见的类型：

（1）成本导向定价法。

①成本加成定价法。即将产品的单位总成本加上预期的利润所定的售价。售价与成本之间的差额，即为加成（销售毛利）。其计算公式为：

单位产品销售价格＝单位产品总成本／（1－税率－利润率）

该法适用于产量与单位成本相对稳定，供求双方竞争不太激烈的产品。

②目标定价法。即根据估计的销售额和销售量来制订价格的一种方法。

（2）竞争导向定价法。

①随行就市定价法。将本企业某产品价格保持在市场平均价格水平上，利用这样的价格来获得平均报酬。

②产品差别定价法。指企业通过不同的营销努力，使同种同质的产品在消费者心目中树立起不同的产品形象，进而根据自身特点，选取低于或高于竞争者的价格作为本企业产品价格。

5. 分析影响定价的因素 产品定价必须考虑市场和企业自身多方面的情况。影响定价的因素有很多，主要包括：

（1）产品的成本、技术特征及质量。

（2）市场供应情况（同类产品的市场价格、供货、竞争情况及本行业平均利润率等）。

（3）市场需求情况（市场容量、需求弹性、顾客愿出的价格、顾客购买力、顾客心理等）。

（4）本企业的定价目标及产销量预测、利润预期、经营理念等。

（5）相关政策和法规。

拓展知识

（一）促销

促销即促进消费者购买的营销手段，一般包括公共关系、人员推销和广告。

1. 公共关系 主要指那些通过媒体发布的、起到促销作用的免费商业新闻，"就是向那些想影响到的人们——新闻媒体、潜在顾客、社区领导讲述企业的故事"。一家公共关系公司总裁说："这不是心血来潮，企业需要把公共关系作为一项常规性工作。"公共关系很有影响力。一项全国调查发现，出现在报纸或杂志上有关公司或产品的新闻，对消费者购买决策的影响甚至超过广告的效用。以下策略可以帮助创业者更有效地开展公共关系活动。

（1）撰写能引起顾客和潜在顾客兴趣的文章。一位投资顾问在当地报纸上开辟专栏，每月发表一篇诸如"退休计划""新世纪的投资策略"等的文章。这个专栏不但帮助作者树立了专业权威，也源源不断地带来新顾客。

（2）与当地电视台、电台联系，争取被采访的机会。许多电视新闻、脱口秀节目常常寻找嘉宾参与，对当前观众、听众感兴趣的话题进行评论。即使是当地的小节目，也可以为您带来不少新顾客。

（3）出版时事通信。只需要一台计算机及版面出版软件，企业家就可以出版非常专业的时事通信。自由撰稿人可以在设计和编辑方面提供建议，利用时事通信影响现在的和潜在的顾客。

（4）与当地商业和市民组织联系，争取与他们对话。一次强有力的、信息量大的演讲会能带来新业务。

（5）举办或赞助研讨会。传授专业知识，可以赢得潜在消费者的信任和赞扬。一家观光旅游公司经常免费向消费者讲授风景、建筑等知识，结果销售额节节攀升。

（6）为新闻媒体撰写新闻稿件。提供新闻稿件的关键是善于从独特角度看待企业和行业，以此打动编辑。新闻稿一定要短而精，独树一帜。

（7）主动为社区和行业协会服务。这样做不但可以创造一种良好的生活、工作环境，同时也提高了公司的知名度。

2. 人员推销　指销售人员与潜在消费者面对面接触进行的销售努力。有效的人员推销可以为企业建立个人关系，从而在大量竞争者中确立优势。人员推销依靠销售人员的个人能力将企业产品或服务推荐给适宜的消费者。成功推销员身上通常表现出共同的性格特质：

（1）对机会感觉敏锐，充满激情。销售明星往往敏感、精力充沛、积极上进。

（2）关注选择对象。他们专注于那些具有购买力的顾客。

（3）全面计划。优秀的销售人员对每一个销售电话都以达成交易为目的。

（4）采用直接途径，总是直接面对顾客。

（5）从顾客的利益出发，深知顾客的心思和需求。

（6）善于倾听。在一个销售电话中，60%～70%的时间在听顾客的谈话。这是解决顾客问题并且实现自己的销售目标的最好办法。

（7）了解顾客的真正需求，这是有价值的信息来源。能够从顾客拒绝的理由中判断出顾客担心的是什么。随之可以制订策略，排除顾客的担心。"销售中遇到挫折并没有什么大不了，这恰恰是成功销售的必经阶段。"一位销售专家这样说。

（8）在试图向顾客销售任何东西之前，着眼于建立长久的关系。

（9）不要急于推销。在一个销售电话40%的时间过去之后，再向顾客推荐产品或服务。

（10）在推销时，强调顾客利益，而非产品或者服务的特性。

（11）鼓励顾客说出难处，并且援引过去成功的案例，向顾客提供解决方案。

（12）将销售资料留给顾客。这些资料可以使顾客有机会更细致地研究公司和产品情况。

（13）将自己看成是顾客问题的解决者，而非产品或服务的兜售者。

（14）不仅要用销售额，而且要用顾客满意度来评价自己的成功。

3. 广告　是付费的、非人员的销售努力。最近一项对广告有效性的研究表明，广告对某些产品销售的影响要滞后6～9个月。一位研究者认为"广告能够增长长期的品牌资产"。

当企业主已经清晰地定义了自己所提供的产品和服务的利益，分析了目标市场的主要购买决策标准，并且确定了广告所需要传递的信息之后，面临的问题就是选择信息传递的载体——媒体。媒体的种类可谓五花八门，报纸、广播、电视、互联网、杂志、移动通信、展销会、特殊事件和促销活动等都属于媒体。企业所选择的广告媒体组合，应该既有影响力，又有感染力。

充分理解各种广告媒体的特性，能够帮助企业选择恰当的广告媒体。企业主在为企业信息选择传播工具时，应考虑以下几个问题：

（1）公司的业务领域有多大？企业能够吸引多大区域内的顾客？该区域的大小显然会影响企业的媒体选择。

（2）谁是目标顾客，他们具有哪些特征？对目标顾客特征的研究有助于选择最有效的媒体形式。

（3）目标顾客最喜欢看、听或阅读的媒体是什么？不了解谁是目标顾客，就无从选择恰当的媒体。

（4）有多少广告预算？每一位经营者都必须在自己的广告预算内开展广告活动，不同广告媒体的成本有很大差异。

（5）竞争对手采用何种媒体？小企业经理需要知道对手使用的媒体，但不能理所当然地认为竞争者用的媒体就是最好的，另辟蹊径往往能收到比较好的效果。

（6）广告信息重复和持久有多重要？总体说来，广告需要重复一定的次数才会有效，有些广告还要持续相当长的一段时间才会起作用。

（7）每一种广告媒体的成本是多少？企业经营者必须考虑绝对成本和相对成本这两种广告成本。绝对成本是某一特定时期内在某一特定媒体上刊登广告的实际支出，而相对成本则是分摊到每一位潜在顾客的成本。

（二）采购计划

采购计划通常以年度为单位来制订，即对企业计划年度内生产经营活动所需采购的物料的数量和采购的时间等所作的安排和部署。

采购计划分物料采购计划、资金需求计划和采购工作计划三大部分。供应商开发计划、品质改善计划等都包含在采购工作计划中。

1. 物料采购计划 是采购人员依据公司的生产经营状况及生产管理部门下达的物料需求计划拟订的。一般有季度的和月度的采购计划。

2. 资金需求计划 是采购人员根据与供应商约定的付款期、统计到期应付的款项和预计临时需要的资金（如紧急物料、设备采购）所作的计划。资金需求采用周计划进行调控相对准确，可使物料采购更为合理。

3. 采购工作计划 采购工作计划分年度计划（即采购人员在整年的一个工作方向的定位及要达成的成绩的展望）、月度计划和周计划。有的公司有季计划、月计划、周计划和日计划。在这些具体的采购工作计划中，要体现出采购人员的工作（如供应商开发、不良物料处理、订单下达、付款申请、内部培训等）。

（三）采购谈判

1. 采购谈判的概念 采购谈判指企业为采购商品，作为买方，与卖方厂商对购销业务有关事项，如商品的品种、规格、技术标准、质量保证、包装要求、售后服务、价格、交货时间与地点、运输方式和付款条件等，进行反复磋商，谋求达成协议，建立双方都满意的购销关系。

2. 采购谈判的重要性

（1）可以争取降低采购成本。

（2）可以争取保证产品质量。

（3）可以争取采购物资及时送货。

（4）可以争取获得比较优惠的服务项目。

（5）可以争取降低采购风险。

（6）可以妥善处理纠纷，维护双方的正常关系和效益，为继续合作创造条件。

3. 需要进行采购谈判的内容

（1）价格。

（2）供应商的成本开支范围协议。

（3）交货时间表与交货要求。

（4）预期的产品与服务质量水平。

（5）技术支持与协助。

（6）合同交易量。

（7）包装要求。

（8）损失赔偿责任。

（9）支付条件。

（10）付款进度表。

（11）运输方式、运输责任。

（12）特约条款。

（13）向采购方承诺的生产能力。

（14）对采购方需要的反应。

（15）物料前置时间。

（16）违约惩罚。

（17）合同期限与更新。

（18）业主信息的保护。

（19）知识财产的所有权。

（20）为合作顺畅，指定专人与供应商协调关系。

（21）对质量、送货绩效、前置时间和成本等的持续改进。

（22）合同纠纷的解决机制。

（四）采购价格

1. 影响采购价格的因素

（1）供应商成本。供应商生产的目的是获取一定的利润，因此，采购价格一般在供应商的成本之上，供应商的成本是采购价格的底线，是影响采购价格的最根本、最直接的重要因素。

（2）采购数量。采购数量是影响价格的重要因素。采购数量越大，供应商越会给予优惠价或折扣价，从而降低采购价格。

（3）质量和规格。一般来说，企业采购物品的质量越好，规格越复杂，种类越多，价格就会越贵。如果采购物品质量一般或较低，供应商会主动降低价格，以求尽快脱手。

（4）供应市场中竞争对手的数量。供应市场中竞争对手越多，越不易控制价格，越容易出现打价格仗的局面。供应商会参考竞争对手的价位来确定自己的价格。

（5）付款条件。一次性付款或分期付款，供应商给出的优惠条件是不同的。一般情况下，供应商会采取一些办法来使采购方尽早用现金付款。

（6）交货条件。交货条件主要包括运输方式、交货期的缓急等。如果货物由采购方承运，则供应商会降低价格；反之，就会提高价格。

（7）供需关系。当所采购的物品为紧俏商品时，供应商处于主动地位，就可能趁机抬高价格；当所采购的物品供大于求时，采购方处于主动地位，可以获得优惠价格。

（8）生产季节和采购时机。企业处于生产旺季时，对原材料需求紧急，因此不得不承受更高的价格。为了避免这种情况，应提前做好生产计划和采购计划，为生产旺季的到来做好准备。

（9）客户与供应商的关系。与供应商关系好的客户通常能拿到较优惠的价格。

2. 采购价格的种类　采购价格一般由成本、需求以及交易条件决定。依据不同的交易条件，采购价格可分为不同的种类。

（1）送达价。供应商的报价中包含将商品送达企业仓库或指定地点期间发生的各项费用。

（2）出厂价。供应商的报价中不包括运送的费用，由采购方雇用运输工具，前往供应商的仓库提货。

（3）现金价。采购方以现金或相等的方式支付货款。

（4）期票价。采购方以期票或延期付款的方式支付货款。

（5）净价。购销双方不再支付任何交易过程中的费用，是供应商实际收到的货款。

（6）毛价。供应商的报价中考虑折让因素后的价格。

（7）现货价。每次交易时购销双方重新议定价格，完成交易，买卖合同即告终止。

（8）合约价。购销双方按事先议定的价格进行交易。

（9）实价。采购方实际支付的价格。

🐾 思　与　练

1. 模拟宠物医院，进行成本费用预算。
2. 模拟宠物医院，制订促销计划。

子任务四　宠物医院销售管理

🐾 相关知识

（一）预测销售收入

1. 销售预测的含义　销售预测，就是预计企业在未来一段时间内的销售量和销售收入。

2. 销售收入确认的条件　销售收入同时满足下列条件，才能予以确认：

（1）企业已将所有权上的主要风险和报酬转移给购货方。

（2）企业既没有保留通常与所有权相联系的继续管理权，也没有对已售出的商品实施有效控制。

（3）收入的金额能够可靠地计量，相关的经济利益很可能流入企业，相关的已发生或将发生的成本能够可靠地计量。

3. 预测销售收入的步骤

（1）列出各个产品的名称及其单价。

（2）预测各个产品的销售数量。

（3）计算各个产品的销售收入（销售收入＝单价×销售数量）。

（4）汇总销售收入（计算各个产品的销售收入之和）。

4. 预测销售收入的方法

（1）**业主经验**。如果业主或业主的亲友有在同类企业工作的经验，对本行业相当了解，业主可凭经验预测。

（2）**与同类企业比较**。将企业资源、技术和市场营销计划与竞争对手的进行比较，基于他们的水平来预测企业销售收入。这是最常用、最简便的方法。

（3）**试销测试**。通过试销产品或服务，实地测试顾客对产品的反映。这是制造业企业和零售业企业最有效的预测方法。

（4）**销售预订单或意向书**。通过产品销售预订单或购买意向书的发放和回收，预测销售量。此法适用于出口商、批发商或制造商。注意，必须以书面形式，不能只凭口头承诺。

（5）**实地调查**。对拟定的目标客户以抽样调查等方法进行预测。

（二）商务谈判

1. 商务谈判的含义 商务谈判是指在经济领域中，各经济实体围绕标的物的交易条件，达到交易目的的行为过程。具体表现为，各经济实体间通过沟通、协商、妥协、合作等各种方式，进行协商协议，最终达成一致的过程。

2. 商务谈判的原则

（1）双赢原则。

（2）平等原则。

（3）合法原则。

（4）时效性原则。

（5）最低目标原则。

3. 商务谈判的作用

（1）商务谈判是企业实现经济目标的手段。

（2）商务谈判是企业获取市场信息的重要途径。

（3）商务谈判是企业开拓市场的重要力量。

4. 商务谈判的特征

（1）以经济利益为谈判目的。

（2）以经济利益为谈判的主要评价指标。

（3）以价格为谈判的核心。

5. 商务谈判的策略

商务谈判策略是谈判实践的经验概括，它指导谈判者在一种能预见和可能发生的情况下，应该做什么，不应该做什么。

（1）不同阶段的谈判策略。谈判可分为开局、报价还价和达成协议三个阶段。在不同的阶段，所采取的谈判策略是不同的。

①开局阶段的策略。开局是谈判双方正式接触、相互观察的阶段。双方的言行、表情、气度，甚至衣着打扮都对整个谈判产生一定的影响。

②报价还价阶段的策略。报价还价阶段的策略又分为报价策略和还价策略。报价策略如掌握报价时机、价格分割、价格优惠、比较价格、价格差异等，还价策略如摸清实价、挑毛病、最后通牒等。

③达成协议阶段的策略。通过中间阶段艰苦的讨价还价，取得一致意见后，即达成协议，进入成交阶段，也是谈判的最后关键阶段。该阶段的主要任务就是促成签约。无论何种谈判，只有签订协议才有实际意义。所以，谈判者为达成协议、促成协议签订必须采取一定的策略，如期限策略、优惠劝导策略、行动策略和主动提示细节策略等。

（2）不同地位的谈判策略。谈判者在谈判中所处的地位不同，采取的策略也不一样。谈判中的地位可分为平等地位、被动地位和主动地位三种，由此谈判策略也可分为平等地位的谈判策略、被动地位的谈判策略和主动地位的谈判策略三类。

①平等地位的谈判策略。首先双方要建立一种和谐的谈判气氛，才能融洽地进行工作。其次可以采用以下策略促成谈判：一是避免争论策略；二是抛砖引玉策略；三是留有余地策略；四是避实就虚策略。

②被动地位的谈判策略。被动方应避其锋芒，设法改变谈判的力量对比，保护自己，以达到保障己方利益的目的。其具体策略有以下四种：一是沉默策略；二是忍耐策略；三是多听少讲策略；四是情感沟通策略。

③主动地位的谈判策略。处于主动地位的谈判者，可以利用自己的优势，给对方造成压力，迫使对方让步，以使自己谋取最大利益。

（3）买方卖方的策略。

①买方在卖方市场条件下的谈判策略。买方的策略要集中在货源、数量、到货时间和商品质量上。

②卖方在买方市场条件下的谈判策略。在买方市场条件下，卖方进行谈判的难度很大，要求卖方谈判者不仅要有较强的谈判能力，还要具有正确的谈判策略，如引起兴趣策略、优惠政策策略、轰动效应策略、欲擒故纵策略等。

思 与 练

1. 预测销售收入的方法有哪些？
2. 分组模拟一次商务谈判。

任务二　宠物医院财务管理

子任务一　宠物医院收入与支出管理

相关知识

（一）收入与收入管理

1. 收入　指宠物医院在日常活动中形成的、会导致所有者权益增加的、与所有者投入资本无关的经济利益的总流入。收入由主营业务收入、其他业务收入和营业外收入等组成，主营业务收入包括销售商品收入、医疗收入；其他业务收入包括材料销售、技术转让、固定资产出租、包装物出租等取得的收入；营业外收入包括固定资产盘盈、处理固定资产净收益、罚款收入、确实无法支付的应付款项等。

2. 收入管理 收入管理主要涉及宠物医院的现销、应收账款催收、及时准备发票以及客户付款安排（赊账和支付期）等。

不同的业务有不同的收入方式，以下举例说明一些收入管理办法：

（1）有条件的宠物医院，应尽量使用允许前后台管理的 POS 收银机。

（2）如可能，收银员与售货员应当分开，售货员不能收取自己所售商品的款项，最好是售货员开销售小票，收银员收款后在小票上盖章，再将小票退回售货员，由售货员凭盖章的小票将商品交付给顾客。

（3）每一笔销售，收银时都必须打印小票，这样收银机里留有记录，便于检查。

（4）如果经常有大额收银，应当办理银联的 POS 刷卡收银系统，以降低因现金收入太多而可能带来的风险。

（5）对于大额销售或服务收入款，可鼓励客户使用转账支票、汇款或刷卡等方式付款，如使用转账支票，应首先帮助客户明确支票抬头，不应空白。

（6）可设专人负责应收账款的收取工作，收款员收到款后应立即入账，还可另外安排人员经常核对客户欠款的回收情况。

（7）由财务人员保管好发票，所有发票，包括尚未开出的发票和已开出的发票都应登记入册，开错、报废的发票也必须注意保管。

（二）支出与成本费用

1. 支出 支出是宠物医院经营活动的经常性业务，是为了达到特定的目的所发生的资产的流出。如宠物医院为购买材料、办公用品等支付或预付的款项，为偿还银行借款、支付应付账款或支付股利所发生的资产的流出，为购置固定资产、支付长期工程费用所发生的支出等。

2. 成本费用 成本费用是指宠物医院在日常活动中发生的、会导致股东权益减少的、与向股东分配利润无关的经济利益的总流出。

为了正确地进行成本和费用核算，必须对各种成本和费用进行合理分类。按经济用途进行分类，可分为生产成本和期间费用。

（1）生产成本。生产成本由直接材料、直接人工、制造费用（即间接成本）三个项目组成。

①直接材料。直接材料直接用于产品生产，包括构成产品实体的原料、主要材料、外购半成品、有助于产品形成的辅助材料以及其他直接材料。

②直接人工。直接人工是指生产工人的工资。以及按生产工人工资总额和规定比例计算提取的员工福利。

③制造费用（即间接成本）。制造费用是指宠物医院为组织和管理生产而产生的各项间接费用，包括管理人员的工资和福利费、折旧费、修理费、办公费、水电费、物料消耗、燃料费和动力费等。

（2）期间费用。期间费用指不能直接归属某个特定产品成本的费用。期间费用在发生

的当期就全部计入当期利润，而不计入产品生产成本，主要包括管理费用、销售费用和财务费用。

①管理费用。管理费用是指宠物医院为组织和管理医院经营所发生的管理费用，包括宠物医院在筹建期内发生的开办费、董事会和行政管理部门在宠物医院的经营管理中发生的或者应由宠物医院统一负担的经费（包括行政管理部门职工薪酬、修理费、物料消耗、低值易耗品摊销、办公用品和差旅费等）、董事会费（包括董事会成员津贴、会议费和差旅费等）、聘请中介机构费、咨询费（含顾问费）、诉讼费、业务招待费、房产税、车船税、技术转让费、排污费等。

②销售费用。销售费用是指宠物医院销售商品和材料、提供劳务的过程中发生的各种费用，包括保险费、包装费、展览费和广告费、商品维修费、预计产品质量保证损失、运输费、装卸费等，以及为销售商品而专设的销售机构（含销售网点、售后服务网点等）的职工薪酬、业务费、折旧费等经营费用。销售费用属于期间费用，在发生的当期就计入当期损益。

③财务费用。财务费用是指核算宠物医院为筹集经营所需资金而发生的筹资费用，包括利息支出（减利息收入）、汇兑差额以及相关的手续费、宠物医院发生的现金折扣或收到的现金折扣等。

相同的商品在不同的企业，其所发生费用的核算口径不同。例如，计算机生产商，生产的计算机是企业的产品，对应的产品成本就是计算机的硬件、生产工人工资等；贸易公司，购买计算机给工作人员使用，应作为企业的固定资产管理，属于支出；从事软件研发的公司，购买计算机用于研发测试，应作为生产成本核算。

相同的费用项目，根据不同的用途核算口径不同。从事宠物医疗、美容服务的宠物医院，医生、护士的工资应作为生产成本核算；咨询、物流公司的总经理，工资应作为管理费用核算。

3. 常用支付管理规定

（1）制作开支计划和预算。

（2）人数和资金规模不大的宠物医院，应坚持"老板一支笔"审批开支的做法，也就是说，一切开支的支付都必须得到医院所有者或医院经营最高决策人的同意。

（3）宠物医院的款项支付，应严格按照规定的审批程序进行。

（4）对于有若干部门和主管的宠物医院来说，最高决策人可以授权一些主管审批小额开支项目。

（5）由财务人员保管好现金支票和转账支票，写错的支票应标明"作废"，在核销前应同样保管好。支票付款应单独设立明细账，其中列明每张支票的去向。

（6）大额开支尽量用支票和汇款方式支付。

🐾 **思 与 练**

1. 宠物医院收入应该如何进行管理？

2. 宠物医院支出应该如何进行管理？

子任务二　宠物医院利润与税务管理

相关知识

（一）利润与利润表

1. 利润　是宠物医院在一定会计期间的经营成果，是宠物医院收入减去有关的成本与费用后的余额。如果收入大于成本费用为赢利，反之为亏损。值得注意的是，净利润是指宠物医院确认的当期利润总额扣除所得税费用之后的利润。

2. 利润表　是反映宠物医院在一定会计期间经营成果的会计报表。利润表属于动态会计报表，其作用主要体现在以下四个方面：

（1）有助于分析企业的经营成果和获利能力。

（2）有助于考核企业管理人员的经营业绩。

（3）有助于预测企业未来利润和现金流量。

（4）有助于企业管理人员的未来决策。

3. 编制利润表（表 3-5、表 3-6）

表 3-5　月度利润表

单位：元

项　　目		本期金额
一、主营业务收入		
加：其他业务收入		
减：主营业务成本	生产成本/采购成本	
减：营业税金及附加		
减：变动销售费用（如销售提成）		
边际贡献率（%）		
减：固定销售费用（如宣传推广费）		
减：管理费用	场地租金	
	职工薪酬	
	办公用品	
	水、电、交通差旅费	
	固定资产折旧	
	其他费用	
减：财务费用（如利息）		
二、营业利润		
减：所得税费用		
三：净利润		

单位负责人：　　　　　　　　财务负责人：　　　　　　　　制表人：

注：边际贡献率（%）＝[（主营业务收入－主营业务成本－营业税金及附加－变动销售费用)/主营业务收入]×100%

表 3-6　年度利润表

单位：元

项　目		1月	2月	3月	4月	5月	6月	7月	8月	9月	10月	11月	12月	合计
一、主营业务收入														
加：其他业务收入														
减：主营业务成本	生产成本/采购成本													
减：营业税金及附加														
减：变动销售费用（如销售提成）														
减：固定销售费用（如宣传推广费）														
减：管理费用	场地租金													
	职工薪酬													
	办公用品													
	水、电、交通差旅费													
	固定资产折旧													
	其他费用													
减：财务费用（如利息）														
二、营业利润														
减：所得税费用														
三、净利润														

单位负责人：　　　　　　　　财务负责人：　　　　　　　制表人：

（二）税务知识

1. 与初创企业相关的税种　主要包括增值税、营业税、消费税、企业所得税和个人所得税。前三种都属于流转税。此外，企业还需要缴纳城市维护建设税和教育费附加，从事进出口业务的企业还要缴纳关税。作为企业的经营者，应当明确企业适用于哪个税种和税率，并根据不同税种，将税费开支列入企业的经营成本。

（1）增值税。增值税是针对企业生产经营活动带来的增值所征收的税，征税对象包括工业生产性企业，商业批发和零售企业，提供加工、修理修配劳务以及进口货物的企业。如果企业是商品生产或劳务提供者且年销售额在 100 万元以上，或者是商品批发或零售经营者且年销售额在 180 万元以上，都可申请成为一般纳税人，税率为 17％、11％、6％和 0％，享有进项税额的抵扣权。否则，企业就是小规模纳税人，不能抵扣进项税额，除商业企业外增值税征收率为 6％（商业企业小规模纳税人的增值税征收率为 3％）。多数初创企业都属于小规模纳税人的范畴。对月销售额不超过 3 万元或季度收入不超过 9 万元的小微企业，暂免征收增值税。

（2）营业税。营业税是针对一些服务企业的营业额所征收的税，征税对象包括从事交通运输业、建筑业、金融保险业、邮电通信业、文化体育业、娱乐业、服务业的企业。营业税的税率为 3％～20％。多数服务行业，如宠物店、饮食、旅游、租赁、咨询、广告等，都适用 5％的税率。

（3）消费税。消费税是对一些需要调节的消费品征收的税，征税范围包括烟、酒及酒精、化妆品、贵重首饰及珠宝玉石、鞭炮焰火、成品油、汽车轮胎、摩托车、小汽车、高尔夫球及玩具、高档手表、游艇、木制一次性筷子、实木地板14种产品，税率为3%～45%。如果企业经营的产品或商品不在这14种产品之列，就不用缴纳消费税。

（4）企业所得税。企业所得税是针对企业生产经营所得和其他所得征收的税种，征税对象包括依法在我国境内成立的除个体工商户、个人独资企业和合伙企业外的其他企业及其他取得收入的组织。企业所得税的基本税率为25%。这里所谓"企业生产经营所得"，是指经营所得的纯利润。税法规定的企业所得税优惠方式主要包括免税、减税、加计扣除等。

（5）个人所得税。个人所得税是针对自然人的收入征收的税种。个体工商户、个人独资企业和合伙企业生产经营所得的纯利润不必缴纳企业所得税，但必须缴纳个人所得税。

2. 如何报税和缴税

（1）报税。即纳税申报，这是每个企业的法定义务。申报内容主要有以下两个方面：

①纳税申报表，或代扣代缴、代收代缴报告表。

②与纳税申报有关的资料或证件。

企业主应该按照国家相关法规，按期安排财务人员（可以聘请公司会计，也可以委托会计公司）向国家税务机关报税。

（2）缴税。企业必须在税务机关规定的期限内按时缴纳流转税。有关缴税的具体事务可交由会计或会计公司办理。

企业主或经营者应当充分树立报税和缴税的观念，重视按时报税、缴税的工作，以免受到税务机关的处罚。同时，在合法的前提下，做好纳税筹划，可以适当节税，减少经营成本。

🐾 思 与 练

1. 如何编制宠物医院利润表？
2. 税务基本知识有哪些？

子任务三　宠物医院现金管理

🐾 相关知识

（一）现金管理

现金管理涉及对企业正常经营所需资金进行预测、收取、支付、投资和计划的活动。对小企业而言，现金是最重要也是最稀缺的资产，很多人把小企业的现金比作太空飘游时的氧气，可见，妥善管理现金非常重要。有效的现金管理者既能满足企业主对现金的需要，又能避免持有大量不必要的现金，保证公司的每一分钱都能创造更多的利润。现金已成为许多小企业成功的关键要素。

1. 分析现金流　分析现金净流量可以了解企业现金来龙去脉，从深层次分析企业哪些现金应该流入而没有流入，哪些现金不应该流出而已流出。企业在一个时期内（月、季、半年、年）按筹资、经营、投资活动编制现金流量表（表3-7）。

表 3-7　现金流量类别

项　目	现金流入	现金流出
筹资活动	(1) 接受外单位投资（包括溢价） (2) 向金融机构借入资金（包括短期借款和长期借款）	(1) 偿还债务 (2) 支付应付利息
经营活动	(1) 销售商品 (2) 提供劳务和租金收到现金	(1) 购买商品 (2) 支付租金 (3) 支付工资 (4) 缴纳税金 (5) 与经营活动有关费用的现金
投资活动	(1) 收回投资 (2) 分得投资收益 (3) 取得债券利息 (4) 处置固定资产、长期资产等收到现金	(1) 购置固定资产 (2) 购买无形资产和其他长期投资 (3) 企业对外投资（包括权益性和债券性投资等）支付现金

现金流量表是反映一家企业在一定时期（月、季、半年、年）现金流入和现金流出动态状况的报表。通过分析现金流量，企业可以看出现金流入量和流出量主要方面，同时也可以看出企业现金流量的潜力、风险和不合理性，从而更好地预测下一阶段的现金流量。例如，存在大量应收账款是现金流入量的潜力；企业存在大量将要到期的负债，尤其是银行借款，就存在偿债风险；企业当期赊销商品过多，造成现金流入较少，产生现金流量风险；原材料储备过多、购置暂时不需用的固定资产都是不合理现金流出。

2. 现金管理的具体办法

(1) 给出纳和收银员手头允许留存的现金规定限额。

(2) 大额现金收入款必须当天上交财务主管并登记入库（保险柜）。

(3) 企业现金库内现金达到一定数额时及时安排存入银行账户。

(4) 去银行办理大额现金存款或取款手续，应两人以上同行。

(5) 大额现金收入和现金支出须两人以上经手。

（二）编制现金流量表

编制现金流量按表 3-8 进行。

表 3-8　现金流量表

		1月	2月	3月	4月	5月	6月	7月	8月	9月	10月	11月	12月	合计
	月初现金余额													
现金流入	现销收入													
	赊销回款													
	股东投入现金													
	借贷现金													
	其他现金收入													

（续）

		1月	2月	3月	4月	5月	6月	7月	8月	9月	10月	11月	12月	合计
现金流入小计														
现金流出	生产成本/采购成本													
	销售提成													
	宣传推广费													
	营业税金及附加													
	场地租金													
	职工薪酬													
	办公用品													
	水、电、交通差旅费													
	固定资产													
	借贷还款支出													
	利息支出													
	其他支出													
现金流出小计														
净现金流量														
月底现金余额														
备注		净现金流量是指一定时间内，现金及现金等价物的流入减去流出的余额												

（三）现金流危机及其应对措施

1. 现金流危机 企业在生产经营过程中，现金循环因某些原因出现不畅甚至断裂，给生产经营造成困难，这就是现金流危机。现金流危机的产生通常有以下五种原因：

（1）营运资金不足。企业规模扩张过快，带来超过其财务资源允许的业务量，导致过度交易，从而造成营运资金不足。

由于存货增加、收款延迟、付款提前等原因造成现金周转速度减缓，若企业没有足够的现金储备或借款额度，就会由于缺乏增量资金补充投入，同时原有的存量资金周转缓慢，而造成无法满足企业日常生产经营活动的需要。

营运资金被长期占用，企业因不能将营运资金在短期内形成收益而使现金流入存在长期滞后效应。

（2）赊销坏账。对客户的账期管理是企业财务工作的重中之重。新客户必须现款现货，老客户也要有严格的信用期间，收款尽量接受银行转账和现金，商业汇票尽量不收，宁可失去客户也要控制风险。

信用风险主要分为两种：一是突发性坏账风险，由于非人为的客观情况发生了不可预见的变化，造成应收账款无法收回，形成坏账；二是大量赊销风险，企业为适应市场竞争，采用过度宽松的信用政策大量赊销，虽能在一定程度上扩大市场份额，但也潜伏着引发信用风险的危机。

（3）流动性不足。大多见于两种情况：其一，增加流动负债弥补营运资金不足，企业为弥补营运资金缺口，用借入的短期资金来填充，造成流动负债增加，引发流动性风险；其二，短资长用，企业运用杠杆效应，大量借入银行短期借款，增加流动负债，用于购置长期资产，虽能在一定程度上满足购置长期资产的资金需求，但造成企业偿债能力下降，极易引发流动性风险。

（4）投资失误。企业由于投资失误，无法取得投资回报而给企业带来风险。投资风险产生的原因有两个方面：一是投资项目资金需求超过预算；二是投资项目不能按期投产，导致投入资金成为沉没成本。

（5）企业应付账款过大。一直以来，很多企业家认为占有上家资金是最便利的融资方式，但要知道任何行为都是有度的，过度的应付账款需要企业强大的现金流量来支持，从企业长期战略来看，过大应付账款的企业营运质量并不高。

2. 现金流危机的应对措施

（1）编制稳定的财务预算。是否由于将投资以及规模的扩张放在了首要目标而忽视了对利润质量的管理？或者，当营运现金流出现负值时仍不断追加投资？或者，太过依赖于单一的融资渠道？所有这些问题的根源在于一个太过乐观和激进并且失去监控的财务预算。

（2）改善成本。对于已经处于现金流危机边缘的企业而言，最快速的解决办法是将现金从日常的营运中解放出来。裁员、减薪、关闭生产线或卖掉价值贡献率不高的项目都是企业常用的手段。

（3）盘活流动资产。通过折扣促销，清理积压的库存；抓应收款，尤其是销售款的回笼；出售或者出租部分设备或者其他资产。

（4）广开资金源。对于资金"饥渴"的企业而言，单一依靠银行贷款并不是明智的选择。要尽量广开财路，使资金来源多元化。可以让部分员工和骨干成员购买企业股份，也可以利用他们的工资等折算投资额。

（5）合理"瘦身"与逆势扩张。出售相关资产或者关闭生产线，在决定出售什么资产和出售多少之前，必须进行谨慎的价值贡献分析，抛弃长期对企业价值贡献为负值的资产，使优质资产得到保全，从而带来新生的机会。

思 与 练

1. 如何编制宠物医院现金流量表？
2. 现金流危机的应对措施有哪些？

项目四　宠物医院医疗实务

任务一　前台工作

子任务一　前台工作任务、特点及接待流程

相关知识

（一）前台工作任务

（1）做好就诊病患的接待和引导工作。

（2）负责医院往来的信件、资料、报刊的处理工作。

（3）负责医院文件、通知、决议、会议记录及各类物品的发放工作。

（4）负责日常文件的归档工作。

（5）完成院长交办的其他工作。

（二）前台工作特点

（1）前台工作内容庞杂。前台的工作范围较广，项目多，通常包括接待、引导、登记、收银、问询、预约服务、回访等一系列内容，并且每项工作都有相应的规范与要求，在具体的操作过程中必须严格遵守，才能使宠物主人满意。

（2）前台工作涉及面宽。前台在整个医院的管理过程中有协调功能，必然与各个相关部门发生联系，有时不仅需要熟悉本身的业务，还要了解其他部门的情况，才能帮助顾客解决问题。

（3）专业要求高。随着时代的进步，现代科技不断用于各行各业的管理中，医院前厅也大都实行了电脑管理，员工必须经过专业培训才能上岗操作。另外，在帮助顾客解决困难，回答其提出的问题时，也需要员工具备相应的能力与业务知识背景，这就对员工的素质、专业技术水平提出了较高的要求。

（三）前台接待准备工作

准备工作有：将每天预约顾客的病历档案放置在预约登记本旁边；检查客户资料的更新情况；坚守自己的工作岗位。

1. 前台环境准备　检查前台区域环境卫生、灯光、空调及宣传杂志摆放情况；检查接待等候区域的环境卫生及物品摆放情况；打开电脑，登录宠物医院管理系统；准备好顾客饮品等。

2. 前台人员准备　工作时要统一工作服，并佩戴好工号卡，工作服要保持干净整洁，无明显折皱，充分展示医院精神风貌。准时上岗，不脱岗、不离岗；在服务过程中，如需离开前台位置，应告知前台同事；如需离开医院，需与科室主任请假；上班时必须精神抖擞、

朝气蓬勃、心情愉快，不能因心情不好、情绪低落而影响工作；仪容要以干净、整洁、大方为标准。发式要庄重大方，香水要以清淡为宜，上班不穿高跟响底鞋，走路要特别轻，用普通话询问和回答顾客；顾客一进门应将视线转向顾客，面带微笑，主动热情上前招呼，明确就诊目的；在空闲时间多向宠物主人介绍宣传门诊会员服务政策和医生技术水平，耐心专业解释宠物主人提出的各种疑问。

（四）前台客服基本要求

电话铃声响起三声之内接听电话，若接听延误先表示歉意；工作时间内不与院内员工大声说笑、议论、争吵；前台起立向顾客问好，提供导引、开门等帮助；安排顾客在候诊区域等候，为顾客提供饮用水、杂志；熟悉医院所在地理位置、乘车路线、电话、传真、网址及周边环境等。

（五）每日必做工作

早班会中通报前日治疗情况和当日预约情况；核对当日预约宠物的病历调出情况；系统准确划扣，及时将划扣单据送收费处；指引宠物主人在病历上签字确认本次治疗，在消费明细上签字确定本次治疗费用；与第二日预约宠物主人进行预约确认。

🐾 拓展知识

（一）前台接待流程

1. 接待与进入诊室流程 迎接并问候宠物主人，站立式服务，面带微笑，声音轻柔，音量适中；查看预约本，确认并通知治疗医生；称呼宠物主人姓名，以示尊重，注重眼神交流，呼唤患病宠物名字，以示关爱；询问有什么可以帮助他们的。在预约登记本上标记已赴约宠物主人。打开病历档案。

确定病历记录单上有足够用于记录患病宠物检查情况的空间。如果没有，则需添加一张新的病历记录单。在病历记录单上记录就诊日期。在日期右边记录主诉。在主诉下面合适的地方粘贴需要的图标符号和标签，留出足够的地方用于病历记录。将所有需要的表格和证明放入病历档案内，例如收费单或划价单、同意书、证明书、出院说明。通知医生及相关人员，宠物主人和患病宠物准备进入诊室接受检查。带宠物主人至接待区就座候诊。告知他们可能需要等候的时间。提供宠物类杂志和宠物护理手册供宠物主人阅读。如果患病宠物没有被拴上牵引带或被放在笼子里，给宠物主人提供牵引带或携带笼。宠物绝对不能在宠物医院或诊所内的任何地方自由活动。如果有儿童在场，除了准备适宜的读物外，还应准备一些图画书和蜡笔。诊室一旦可以使用，陪同宠物主人和患病宠物一起进入。

2. 治疗结束后 主动询问宠物主人下次治疗时间，并及时填写预约登记；签字确认本次治疗；及时划扣并将划扣单递送至收费处。

3. 接听电话预约 电话铃声响起三声之内按标准接听电话；记录患病宠物信息、治疗项目、固定医生，为宠物主人查询后进行预约；时间不能符合宠物主人需求时，在征得宠物主人同意后，根据当日预约情况，调整治疗医生；主动与医生及其他相关科室做好配合。

接听电话标准语音：

"您好，××宠物医院，前台××为您服务。"

"×女士，如果您不介意的话，我们帮您的宠物安排其他专业的治疗医生可以吗？"

"您好，×女士，我是××医院，打扰您了，明日×点为您预约了××治疗，您没有问题吧？那好，明天见。"

注意事项：接听电话语气要和蔼，面带微笑，即使客人在电话里看不到你的微笑，通过对话也可以听出你的表情；对客人提出的各项问题要耐心解答，如遇到不确定的，不要随意回答"应该是""可能吧"等不确定语言；对次日预约客人进行提前确认，如电话不通，可以通过短信形式进行确认。

思 与 练

1. 前台工作的任务和特点有哪些？
2. 前台每日准备工作有哪些？
3. 接听电话的技巧有哪些？

子任务二　客户交流

相关知识

面对面的交流是宠物医院内每天发生的顾客交流方式。顾客联络卡也是一种交流方式，它可增进宠物主人对宠物医院的了解，加强医生与宠物主人之间沟通和联系。

将一张"欢迎就诊"卡作为最开始的关系增强剂送给首次就诊的宠物主人，以欢迎并感谢宠物主人到本院就诊。随附一句声明，即宠物医院将永远关心宠物的健康和幸福。卡片上印有电话号码，即宠物主人有任何关于宠物健康问题时都可以打这个电话咨询。在这张卡片上填上宠物主人姓名和宠物名字。

对于推荐其他宠物主人到该宠物医院就诊的客户将得到一张"感谢推荐"卡。因此，新客户需要告知工作人员选择该宠物医院的原因。为便于本环节的进行，可以在客户资料单上设置推荐信息部分，这张卡片能使客户感受到他们的推荐受到了重视。

给失去宠物的宠物主人送去一张"慰问"卡。按惯例，每个工作人员都要在卡片上签名，工作人员可以写一些给宠物主人的私人慰问。当失去宠物对宠物主人造成极大的心灵创伤时，工作人员通常会在 24h 内致电宠物主人并询问其当前状况。宠物主人会感到十分欣慰，他们会确信自己为其宠物营造了幸福的生活，相信工作人员将会永远记住这只宠物。如果宠物主人需要，可以向宠物主人提供关于宠物葬礼的咨询服务。

交给宠物主人一张"提醒"卡，以提醒他们前来为宠物做定期检查，如年度体检、牙病预防、注射疫苗等。一般在宠物主人开始接受定期服务时填写此卡片，然后根据下次定期服务的年月将卡片存放于一个待邮寄箱中。每个月初，将记有这个月服务安排的卡片邮寄给宠物主人。有些宠物医院使用电脑制作的提醒卡，有些宠物医院使用提前印好的明信片。一旦有患病宠物去世，必须从待邮寄箱内撤出提醒卡，以免伤害宠物主人。

医生和相关工作人员应定期致电给那些宠物生病了但没有住院的宠物主人。通过这种方法不仅可以监测患病宠物，回答宠物主人的提问，还可以使医生决定是否让患病宠物在下次的预约前就来复诊。每家宠物医院都有此项工作的相关规定。最简单的方法就是把需要电话追访的病历档案放在医生的电话旁边。另一种方法是使用每日"追访电话提醒"表格，该表格包括以下内容：

①宠物主人的姓名和电话号码。

②患病宠物名字。

③疾病综述。

④患病宠物的出院时间和复诊时间。

⑤用于填写电话记录的空白部分。

做这份表格时，最好把病历档案放在桌上，这样其他人也可以用档案。在接待处有大量标有日期的单张表格，表上的每项条目都要标有相应的日期，用来记录患病宠物需要的此项前台服务以便实施。做好的表格放在做此项任务的人的电话机旁。每天更换一张表格，工作结束时将表格收到一个活页夹中，作为永久电话访问记录保存。如果有什么信息需要告诉医生，前台工作人员应立即告知。这些过程看似费时，但其实不是，它们是宠物医院日常工作的一部分，为提高满意度和服务质量做出了很大贡献。

拓展知识

在宠物医院，宠物主人不仅花费金钱，而且要消耗大量时间。如果该宠物被视为家庭成员，那么宠物主人面临的心理压力将更大。工作人员通常要安慰那些情绪容易起伏的宠物主人，有些宠物主人会提出不合理的要求。宠物主人在有的情况下会失去理智，要从宠物主人的角度来看待这种情况。你与他们不同，你不知道他们生活中的其他压力。应通过以下几种方式来处理这种情况：

（1）保持镇静。

（2）倾听，让他们说完想说的话。他们的话语中可能存在问题的线索。

（3）试着从他们的角度来分析这种情况，而不是以你的角度。

（4）不要争辩。不管宠物主人说什么，他们都不是针对你个人。

（5）如果可能，首先赞成宠物主人的看法；然后以你的角度劝慰。例如，"×先生，我能理解您的心情，小乖病得非常严重。虽然它在家里会更快乐，但如果让它留在医院并接受输液治疗，那么它会很快康复回家的，而不会使病情恶化。"

询问宠物主人是否需要你的帮助。这时宠物主人就会去思考需要怎样的帮助，整个紧张局面将会有所缓解。维持在这样的情形下，让有经验的员工继续询问，"×先生，您希望我们怎样做来让您和小乖觉得更舒服些？"这时他就会考虑他的要求，如果他的要求完全不合理，可给他其他的选择。例如，×先生要求道："我想在病房安置一张小床，这样我就可以睡在小乖旁边。"工作人员可这样回答："这的确是个好主意，但是病房内没有可安置小床的空间。您可以把昨晚穿的睡衣拿来，我们让小乖紧挨着睡衣，就如同您在它的身边一样。"

有些宠物主人永远也不会满意，这样的顾客最好交给医生来应付。将宠物主人和病历档案带至诊室，告知医生整个情况，并交其处理。这里用到了一些心理学知识，当宠物主人与权威人士（医生）交谈时，更听得进去。

如果宠物主人蛮横、吵闹、大喊、失控，那么应立即将其带离公共场所。可将其带入空闲的诊室，如果没有，办公室也可以，否则会对其他顾客造成负面影响。

有很多机会可锻炼应对棘手客户的技巧。对宠物医院来说，员工能成功应对棘手客户是很重要的。

思 与 练

1. 简述与客户沟通的重要性。
2. 与客户沟通的技巧有哪些？

任务二　门诊管理

子任务一　门诊工作的特点、布局及就诊流程

相关知识

（一）门诊的任务

当宠物的健康出现异常或为了早期发现疾病，到一个特定机构，由宠物医护人员检查宠物身体、诊断和治疗疾病，但不住院的诊疗方式称为门诊。宠物门诊部属宠物医院的一部分，也可以是独立的机构。门诊任务主要有以下五方面：

（1）负责本地区的宠物的门诊救治工作，对病情不适于门诊处置的宠物，要住院或转院治疗。

（2）急重患病宠物的抢救和治疗。

（3）负责本地区的感染管理，严格执行消毒隔离制度，及时认真做好传染病隔离消毒。

（4）承担宠物健康检查和医疗咨询任务。

（5）提供免疫接种工作。

（二）门诊工作的特点

1. 门诊工作是宠物医院服务的第一线　宠物主人带宠物到宠物医院就诊，首先要经门诊（或急诊）检查。不论病情如何，都需要认真检查，及早确诊和妥当的治疗。任何误诊、漏诊、处置不当，都会不同程度地影响医疗效果。

2. 门诊患病宠物多而集中　每日门诊患病宠物的数量往往是住院宠物的数倍。门诊患病宠物病情多样，有普通病还有传染病，甚至还有做保健的健康宠物混杂在一起，极易引起交叉感染。如果宠物主人对宠物看管不利，会导致患病宠物在宠物医院随意运动而将疾病四处传播，影响宠物医院就诊次序。

3. 门诊医疗能力有限　医生对患病宠物的诊疗时间是有限的，不可能一次完成，以至需要复诊。间断观察病情变化和有限的处置时间，使诊治能力限制在一定范围之内，不可能使不同病种、不同病情患病宠物都获得最佳诊疗，因此，仍有部分患病宠物需要住院治疗。

4. 门诊只提供部分医疗服务　门诊患病宠物治疗后回家，医院不必供给食宿。门诊和住院比较，门诊所需要的人员编制、建设资金和医疗成本都低，门诊患病宠物的经济负担也轻。

5. 现代宠物门诊工作是由组织良好的医务人员集体协同诊疗　医学的发展需要多专业的协同和先进仪器设备，改变了过去门诊医生个人单独进行医疗活动的形式。

（三）门诊布局

宠物医院由于面积有限，门诊布局要合理，以方便就诊。门诊大厅入口处应设有服务台，以回答询问、指引挂号及候诊等事宜。备有推车供患病宠物就诊时使用。入口处应有门

诊平面图，楼梯、电梯、路口处应标明到达的科室名称。门诊患病宠物集中，容易出现混乱。应尽量使工作井然有序。工作人员要注意不大声呼叫，不用扬声设备，动作轻巧，有助于保持安静环境。

门诊各科室布局要注意合理的患病宠物流动路线，以减少交叉感染，缩短患病宠物往返距离。门诊具有公共场所的特点，其大厅和通道应宽敞明亮，采光、通风良好，备有安全出口、饮水、洗手、厕所、果皮箱等设施。室内摆放花草，墙壁色调柔和。

(四) 门诊就诊流程

宠物门诊医疗服务质量的高低、主要看能否早期正确诊断，及时妥当处理，从而取得相当现代宠物医学水平的较好医疗效果。

完善的门诊工作程序和良好的就诊秩序是保证工作顺利进行的前提，是发挥医务人员作用和医疗设备效能的必要条件。同时要为门诊患病宠物创造良好的就诊环境，包括工作人员的热情耐心的服务态度，以及严肃认真的工作作风。要讲究工作质量，也要讲究工作效率。就诊过程力求简化，各部门工作相互之间要保持连续。在建立制度时，要方便宠物主人，方便患病宠物，力争使宠物主人和患病宠物不因非医疗原因在门诊停留时间过长，不因工作差错增加患病宠物痛苦，不因来门诊就诊而感染其他疾病。

门诊就诊流程为分诊、挂号、候诊、就诊、化验室的检查与治疗、离院、留观察室或入院诊断、治疗。

1. 分诊　宠物医院分科也逐渐细化，应有专人分流。避免宠物主人挂号选科不当而浪费时间，还可及早发现传染性患病宠物并予以隔离。

2. 挂号　为保持门诊秩序和必要记录，就诊前，宠物主人必须挂号和建立病历。挂号手续要简化而快速。不论用何种挂号形式，挂号速度要与患病宠物数量相当，以免宠物主人排队过长。预约挂号可以减缓当日集中挂号的压力。

3. 候诊　挂号后宠物主人带着宠物分别到各科候诊室候诊。宠物护理人员将病案按顺序与患病宠物查对并做预诊，简单了解病情，检测体温、脉搏或送查血、尿、便常规。宠物护理人员要经常巡视患病宠物，急重患病宠物优先就诊；传染性患病宠物要予以隔离。还要协助解答宠物主人有关诊疗中的问题。利用各种形式进行知识教育。

4. 就诊　宠物护理人员将病案分送到各诊室，医生询问病史、检查和予以诊断、治疗。医生要详细记录病历。必要时请其他临床或化验室协助诊疗。诊断证明书应由门诊部审核盖章，以免滥用。

5. 化验室的检查与治疗　根据需要将病例送至化验室、放射线科、超声波室、药房等进行诊断或治疗。较为复杂的处置，预约时应对患病宠物的主人讲清注意事项。

6. 离院、留观察室或入院诊断、治疗　完毕后，多数宠物主人带药回家；有的宠物要住院；还有少数病情发展趋向不定，需暂留观察室观察。宠物主人需带宠物再次复诊，如序进行。

🐾 思 与 练

1. 门诊工作的特点有哪些?

2. 简述门诊的就诊流程。

子任务二 门诊组织管理与质量管理

相关知识

（一）门诊组织管理

门诊组织体制是由临床、化验室和辅助科室所组成。

门诊管理有两种体制。一种是门诊部负责人和科室负责人双重领导。门诊部统一组织、管理门诊医疗活动，各科室承担业务领导。另一种是强调门诊部的领导。由各科派出人员，在门诊工作期间完全由门诊部管理。

二者相较，前者由科室统一安排门诊、病房工作，有利于发挥科室技术力量和设备作用，有利于对门诊、住院和出院患病宠物的连续观察与治疗，有利于技术队伍的成长提高。

当出席门诊医生的数量不稳定而无法完成门诊任务时，有的医院采取后者。这是一种不得已的例外情况，不能发挥科室领导的积极作用。

门诊人员构成主要是各科室派出不同层次技术能力的人员到门诊工作，并指定主治医生或主管技师以上人员任门诊组长。第一年住院医生或进修医生在门诊工作应由具有多年工作经验的医生指导。门诊医生要相对稳定，以半年为期轮换。主任要解决疑难患病宠物问题和检查门诊医疗服务质量。科室技术骨干有相应责任。各科各级人员之构成，因任务、专业设置、设备等不同，医院之间差别很大。由于大量新技术、新设备的引入，科室业务项目和工作量不断扩展，所需人员数量应根据具体情况相应增加。

辅助性人员如挂号、病案供应、收费、询问、清洁等，当人员不足时也将影响门诊工作。

（二）门诊质量管理

1. 门诊质量概念 门诊质量包括门诊服务质量和门诊医疗质量。

门诊服务质量受到挂号、收费记账、医技科室、后勤和护理服务质量的影响，它在很大程度上反映在医疗作风、服务态度、团结协作精神、执行规章制度和操作规程、环境卫生状况等各个服务环节上，因此它又是门诊医疗质量的重要保证。

门诊医疗质量主要反映在对疾病的诊断治疗质量上，包括诊断是否正确、及时、全面，治疗是否正确、有效、彻底，工作效率和经济效益高低，在诊疗过程中有无事故发生。另外，护理对于服务质量和医疗质量都有重要影响。

2. 门诊质量决定因素 决定门诊质量的主要因素有：医院领导对门诊管理的重视程度和门诊作为医院窗口的认识程度；门诊人员配备的数量和思想道德素质；门诊科室设置合理程度和能满足病例就诊需求的程度；医务人员的临床知识、经验和技术掌握熟练程度；医疗器械装备的合理、完好和先进程度；门诊规章制度、技术标准和操作规范贯彻执行程度；门诊诊疗过程的连续性、及时性、准确性、完整性、协调性的程度；门诊部对各科室的协调指挥能力，重视质量评价和质量控制的力度和措施。

3. 门诊医疗质量管理和检控 将每个病例的医疗质量内容和标准归纳为若干质量检控点，每个检控点应具备以下要求：所指质量内容要明确具体；所指质量特性要单一或判断范围很小，基本无伸缩性；要有明确判断依据和标准；可进行肯定或否定的定性或定量判断；

可进行单项管理。门诊医疗质量检控点共 6 项 30 点：

（1）诊察和病历质量。问诊是否抓住要点，记述是否准确完整；必要的体检项目是否认真完成，对体检情况的描述是否正确；初诊病历的主要项目如主诉、现病史、基本检查、诊断或印象诊断、治疗和处理意见、医生签字等内容是否完整；病历的一般项目如宠物主人姓名、宠物名字、宠物品种、宠物年龄、宠物性别、宠物主人联系电话或家庭地址等内容是否按要求填写齐全；病历用语、字迹和医学术语表达是否正确、恰当。

（2）诊断质量。必要的化验是否完成，报告是否及时；必要的医学影像检查是否完成，报告是否及时；必要的其他特殊检查项目是否完成，报告是否及时；上述各种医技检查项目是否有开展室内或室外质控；是否在三次门诊内确诊，对未能在三次门诊内确诊者是否有采取会诊或转院措施；诊断依据是否充分。

（3）处方质量。首选药物是否恰当合理；剂量是否正确合理，有无配伍禁忌；用法是否写全、正确；有无乱开方等不正之风现象；处方一般项目如宠物主人姓名、工作单位或家庭地址，宠物名字、年龄，就诊日期，医生和药剂人员双签字是否齐全。

（4）手术质量。门诊手术是否及时，有否拖延；手术是否有错误或过失；无菌手术有无感染；手术中有无超过正常限度的损伤或过量失血；麻醉是否合理、有效；手术是否成功。

（5）治疗处置质量。该做药物皮试的是否完成；注射、输液是否按操作规程进行；注射、输液有无严重静脉外漏，有无感染；换药和其他门诊治疗处置是否及时正确；对门诊传染病患病宠物是否及时作出隔离消毒处理，是否及时准确地做疫情报告；医护人员是否把与治疗疾病的其他有关注意事宜向宠物主人嘱咐清楚。

（6）疗效。有效或无效；转归如何，治愈、好转或加重。

按上述 6 项 30 点的检控制定标准来抽查门诊病例，每一点只有好差两种之分，即好者得 1 分，差者为 0 分，然后计算每项平均分值，综合计算病例质量分数。其中手术病例按 30 个质量检控点评分，非手术病例按 24 个质量检控点评分。通过对各项隶属度的处理，得出病例质量分数，百分数达 90% 以上者（含 90%）为优级，80% 以上者（含80%）为良级；70% 以上者（含 70%）为中级，60% 以上者（含 60%）为差级，50% 以下为劣级。

🐾 拓展知识

为保证宠物医疗质量，管理者除建立各种医疗常规、操作规程、质量管理和检控外，还应建立完善的管理制度。主要管理制度有以下几种：门诊部院长工作职责，门诊医生制度，门诊护士制度，药品验收及陈列管理制度，门诊巡视制度，处方调配程序制度，医生开方管理制度，门诊卫生管理制度（医疗废物），医护交班管理制度，门诊工作考核处罚条例。

🐾 思 与 练

1. 门诊医疗质量如何管理和检控？
2. 门诊管理制度有哪几种？

任务三　化验室管理

子任务一　化验室工作任务、流程及业务管理

相关知识

（一）化验室主要工作任务

（1）保管和维护各种化验设备。

（2）保管和及时补充各种化验耗材。

（3）开展各种检查项目。

（4）保证化验室安全。

（5）病理样品无害化处理。

（二）化验室布局

在宠物医院中要有独立的化验室，化验室要求布局合理，安排在独立的区域，并且要方便各科室的诊疗，减少宠物主人的往返，限制宠物在医院的活动范围，避免污染。

化验室应当配备的仪器设备有：血球分析仪、生化分析仪、尿液分析仪、各种病原微生物检测试剂盒、普通离心机、磁力搅拌器、生物显微镜、恒温培养箱、生化培养箱、超声波清洗器、纯水仪、酸度计、高压灭菌器、普通冰箱、冰柜、恒温水浴锅、干热灭菌器、通风橱、电子天平（0.001g）、多道移液器、单道移液器、紫外灯等。

（三）化验室工作流程

宠物主人应持医生开的化验单到化验室进行化验，医生开好化验单后应向宠物主人解释化验的目的、化验内容对疾病的诊断和治疗的价值、何时做此项化验、化验前宠物应有哪些准备、饮食和服药的禁忌等问题，以确保化验内容的准确可靠，宠物主人也可主动向医生询问化验前应注意的问题。

一般情况下各医院都采用先交费后化验的方式（住院病例除外），所以就诊宠物主人应先去收费处交费，之后将化验单交到化验室。化验室工作人员应首先查看化验单上的需检内容，再告知宠物主人如何进行该项检验，例如，何时留取标本、如何留取标本、标本送何处、几天出报告。宠物主人需要知道，有些化验内容是比较简单的，比如许多常规检查化验通常可以较快取得结果；而一些生化检查、免疫学实验、细菌培养和许多特殊化验内容都需要几天的时间；一些项目可以做急诊或加急，一些项目则不能加急，这与各医院的设备和条件有关。化验结果出来交给医生后，就可以去医生的诊室进行下一步的诊断和治疗。

（四）化验室业务管理

化验室要建立完备的管理制度，以制度来管理人。

1. 化验室各岗位业务管理

（1）化验室检验人员业务管理。检验人员要自觉遵守各项规章制度，遵守劳动纪律，坚守工作岗位，努力完成各项任务。

严格按照国家和地方动物疫病诊断、检验标准规定的方法检验，注意观察化验中出现的各种现象，及时做好记录，不得抄写和追记。做到记录原始真实、计算正确、字迹清晰、书写工整，并对各项检验结果及结论负责。

熟练掌握各种疫病的检验方法，熟练使用仪器设备，做相应化验时，应在指定区域内进行，并注意安全操作，严防差错和事故发生。爱护仪器设备，使用前要进行校检，使用后要进行登记，不使用未经鉴定和不合格的仪器，并做好仪器的清洁及保养工作。

复核人员复核检验记录时，要注意样品名称、规格、批号检验目的与委托书（检验卡）是否一致，有无遗漏；记录是否完整，计算是否有误，全部检验结果与报告结论是否相符。

（2）药品、器械、毒性药品、危险品保管要求。负责药品、器械、毒性药品、危险品的入库、登记、保管；负责药品、器械、毒性药品、危险品的领用和发放，编写药品、器械、毒性药品、危险品的购置计划，负责药品、器械、毒性药品、危险品的安全。

2. 化验室档案资料管理制度　原始记录是宠物疫病诊断检测工作各环节结果的真实记录，必须做到准确、完整。

（1）原始记录不得使用圆珠笔、铅笔填写。

（2）各环节诊断检测工作结束后，要认真、如实填写原始记录。填写要做到内容详细、项目齐全、格式规范、实事求是，要有检测人员的亲笔签字。

（3）原始记录由化验室技术负责人核对，不仅要对检测结果核对，也要对结果的真实性核对。

（4）检测工作结束后，工作人员要以原始记录为依据进行汇总并形成化验室检测报告。

（5）原始记录、检测报告必须由专人负责存档、保管，不准作为个人资料私自保存，更不准私自外借（传）。

（6）原始记录、检测报告等不允许无关人员和无关单位随意查阅，如确实需要，由领导审批。

（7）原始记录、检测报告等每年整理一次，归档保存，保存期应不少于两年。

3. 仪器设备使用管理制度　建立"仪器设备保养登记卡"，内容包括：设备名称、制造商、型号、产地、售价、购买日期、保修截止日期、提供零部件和维修保养单位、电话、传真、要求维护项目、使用地点、仪器保管人员等。每物一卡，长期保存。

仪器设备的使用和保管要实行"三定制度"，即定位（固定放置位置）、定人（固定管理人员）、定规（操作规范）。

使用、保管有关仪器设备的人员，必须熟练掌握有关仪器设备的操作程序和保养要求，按照规定的操作程序进行操作。

设立贵重仪器设备的使用登记簿。每次使用完毕，使用人员必须登记仪器使用情况。

各种仪器设备必须定期维护、校正，不能超负荷运行，有封印或标记的不可调部分不得擅自调动。

仪器设备故障时应立即组织维修，并填写"设备维修单"。所有维修情况均应有记录，凡属影响性能故障，在修复后应重新校正或检定仪器。

4. 药品试剂管理制度　化验室购进的试剂必须为有关部门注册、批准生产的产品。

所有购进、领用的试剂必须登记造册，其内容包括：名称（商品名、化学名、英文名及分子式）、规格、数（重）量、质量等级、有效期、购买/领取人、存放地点、供货单位名称与联系电话等。

所有试剂必须妥善保管。化学试剂应保存于干燥、避光、阴凉处并远离火源；生物制剂按其特定要求存放；易燃易爆药品、氧化剂、腐蚀性药品必须分别存放，并配备必要的防护用品及灭火器。

危险物品的管理：易燃、易爆、腐蚀性、放射性药（物）及剧毒药品均属危险物品，必须由专人专库专账保管，经批准后方可出入库。危险物品必须贴有完整清晰的警示标志，严防误用。危险物品的存放保管要按其理化性质采取相应的安全操作，严密封固。危险物品的领用须填领用单，领取后未用或用后剩余的未经污染的危险物品应注明数量、及时退回库房，使用后的有毒残液应进行无害化处理。试剂必须由专人保管。保管人员要定期核查，对过期、潮解、变质的试剂要及时清理并进行无害化处理。对贴有有毒有害标记的化学和生物试剂，在搬运和使用过程中要配备防护用品，做好个人防护。

5. 化验室废弃物及污染物无害化处理制度　化验室是病毒、细菌、寄生虫和其他致病原集中的重要地方，从事化验室工作的人员自始至终要有防止病原从化验室扩散的良好意识，为此必须遵守以下制度：

（1）废弃病料、化验动物应根据其危害性不同而采取销毁、高压消毒、煮沸消毒、加消毒药等措施进行无害化处理。

（2）采取病料、玻片染色等相关程序所涉及的污水应以专用容器或排入专门排污道内进行无害化处理。

（3）盛放过病原微生物的器皿及废弃的培养物，应先行消毒，再洗涤。污物和废弃物必须投入容器集中焚毁，禁止乱放。

（4）被病原微生物污染过的样品、物品等应严格高温消毒，以防扩散病原。当发生病原微生物污染屋面、地面、衣服和器械等时，应立即采取消毒措施。

（5）化验室排污处理系统工作运转正常，处理后排放的污水应符合国家要求。

思 与 练

1. 化验室工作流程有哪些？
2. 化验室管理制度有哪些？

子任务二　病理样本采集及保存

相关知识

（一）采集样本的基本要求

采集的样本必须是无菌的。如果样本不小心被污染了，无论是要进行染色还是培养，其结果都是不准确的。这就意味着，如果在采集样本过程中有可能发生细菌感染，那就要使用无菌棉签来采集样本。第一根棉签采集的样本用于培养，第二根棉签在相同病灶采集的样本用于革兰氏染色。用手抓住离棉签头最远的末端。

如果要将棉签浸入液体培养基来转移或培养，用拿棉签的手的第四个和第五个手指固定试管顶部，用空闲的手拧开试管盖子，将棉签头浸入试管内，注意不能接触到试管口。将棉签棒斜靠着试管口，在离棉签头 1/3 处折断棉签棒，然后将试管上的盖子拧紧。如果棉签头未掉入液体培养基中，那么振荡几下使其掉入。另一种转移棉签的方法是使用培养管装置，将无菌棉签放在无菌的塑料管中，将试管盖打开时下面连带着棉签，当棉签再次插入试管

后，再将盖子拧紧，在试管底部施加压力，碾碎底部，流出液体培养基，将棉签头浸润，然后将整个试管送至外送化验室。

如果使用棉签来接种血液琼脂培养基，用空闲的手抬起培养皿盖，只要将培养皿盖的一边顶起，足够把棉签塞进培养皿的上下部分之间而不会碰到任何部分即可。任何情况下都不能把培养皿盖完全打开，因为这样很容易使空气中的污染物进入培养基内。棉签头轻轻扫过培养基，从培养皿的最远端开始横向滑动，逐渐向中央接种。将培养皿旋转45°，在培养皿剩余的部分上重复刚才的步骤。再将培养皿旋转45°，给最后剩余的琼脂培养基接种。

（二）各种样本的采集方法

1. 创口　如果采集引流创口的样本，那么先将创口周围的区域剃毛，并使用酒精擦拭干净。酒精干了以后，用一把无菌镊子提起创缘，将棉签插入创腔内部，不能接触到创缘或酒精消毒过的区域。轻轻转动棉签，然后取出。

如果采集耳朵创口的样本，需对两只耳朵进行细菌培养以作对照，因为耳内本身含有正常菌群。用酒精擦拭耳道边缘，但不能让酒精流入耳道内。抓住耳翼，向上提起，将棉签插入耳道内，不能插得太深，会伤到耳膜，旋转棉签，然后取出。同样，棉签头不能接触到耳道的入口或者耳翼。根据来源（左右耳），标记琼脂平皿。

2. 尿液　尿液培养最好是通过膀胱穿刺采样。如果要培养排泄的尿液样，那么使用消毒液清洗阴茎包皮或阴门，将中段尿液收集在无菌试管中。

3. 粪便　粪便内含有许多类型的正常微生物，更复杂的是有些病原菌呈间歇性排泄。对于小动物，从尾巴根部朝上提起尾巴，清洗肛门周围的区域，然后消毒，使用无菌棉球或无菌纱布擦干。慢慢地将棉签头插入直肠，旋转后撤出。除了直肠入口，不能让棉签头接触到任何皮肤表面。

4. 眼睛　把下眼睑往下拉，沿着结膜轻轻旋转无菌棉签，不要接触到角膜或是睑缘。

5. 皮肤和被毛　对于疑似真菌感染的皮肤和被毛，其样本的处理方法与疑似细菌感染的皮肤和被毛样本不同。将伍氏灯照射在患病动物身体上，寻找被毛上散发的荧光。被毛不散发荧光，并不表示检查结果呈阴性，这只是说明了不存在可散发荧光的真菌，因为有些真菌不散发荧光。接下来是用钝的刀片刮取皮肤，将被毛以及皮肤细胞放置在干净、已标记的载玻片上，并与2滴10%的氢氧化钾混合。将载玻片加热20s，然后由医务技术人员或医生在显微镜下观察菌丝体和孢子的特征。真菌培养是确诊的最佳方法，但是要等待6周才能获得结果。使用浸了酒精的脱脂棉轻轻擦拭真菌感染区域，使用无菌镊子拔下皮肤病灶周围的一些被毛，将被毛放入含有皮肤真菌培养基的试管中。将拔出的被毛轻轻按在琼脂培养基的表面，拧上培养基的试管盖，但不要拧得太紧，保留一些空气的流通，也不能太松，不然盖子会掉下来。标记好容器，然后在室温下暗处培养，如抽屉内。间歇性地观察琼脂，至少6周。如果被毛周围的琼脂颜色发生改变，那么说明样本存在真菌，呈阳性结果。培养基包装内一般附有图表，用于解释颜色变化。

（三）采集注意事项

采集和处理任何具有传染性的病料时，要戴上手套。穿上化验室制服以防止污染自己的衣服。如果病料有飞溅和吸入的危险，应戴上护目镜和防护面罩。在与常规门诊活动隔离的地方进行这些工作并保持工作场所的干净和整洁。完成工作后，使用消毒剂进行全面消毒。

在弄干消毒液前，让其在物体表面停留至少 20min。

拓展知识

尸体剖检技术

1. 尸体剖检的基本要求 尸体剖检是用于描述对动物尸体的检查，其操作过程与人的尸体解剖相同。剖检目的是为了能使医生得出更完整的诊断结果。在患病动物死亡或安乐死后应尽快进行尸体剖检，耽搁时间过长会导致尸体自溶、组织分解，从而导致剖检结果不正确。

将尸体剖检时取下组织送至外送化验室做显微镜检查。组织的包装以及运输由医生助理负责，尸体剖检的准备工作也由医生助理完成。外送化验室通常会提供装组织样本的容器，如果有特殊要求，在剖检前先与该化验室联系以确定如何采集、处理和运输样本。

填写完整申请表格，该表格提供患病动物的简要病史和其组织的大体描述。为组织准备装福尔马林的小瓶，为细菌性样本提供转运培养基，在采集细菌性样本前先准备好酒精灯、火柴和刮铲用于烧焦组织表面，将载玻片、尸体剖检器械放置在要进行尸体剖检的地点附近。需要的器械包括一把用来剪骨骼的咬骨钳、一把大的尖刀、一把劈刀、一把手术刀、一把钳子、一把钝头剪、一把持针器、一根大的缝合针和不可吸收的缝合线。医生应穿上防水围裙，还要戴上面罩、护目镜以及厚的橡胶手套。

尸体剖检应该在远离普通门诊的地方进行。最好是在一个靠近自来水的水槽的架子上进行。使犬、猫尸体左侧卧，腹部面朝医生。

完整的尸体剖检是漫长而详细的。医生需要一个录音机通过自己的口述去记录在尸体剖检中的发现。最理想的是录音机配有脚踏板。剖检工作完成后，再将口述记录转至动物病历上。这就可以减少对重要观察结果的遗漏。

对疑似死于狂犬病的患病动物，在死后要立即将其整个头部送至公共卫生防疫部门做分析。这看起来似乎有点不近人情，但是因为狂犬病是一种人畜共患病，为了保障曾与该动物接触过的人类和动物的健康，这样做是有必要的。通知公共卫生防疫部门样本正在送出，确认送检的是整个头部还是只是大脑部分。确认标签、包装和运输。

剖检完成后，将所有组织和器官全部滞留在体腔内，然后将体腔缝合。将尸体放入尸体袋中密封，贴上写有死亡动物名字、动物主人姓名和动物死亡时间的标签，附上对安葬的特殊说明，如火葬完后是否把骨灰还给主人，是团体埋葬还是单独埋葬。尸体在被送到公墓、动物管理机构或动物主人（法律允许范围内）之前，要存放于专门用于储存尸体的冷藏柜内。

2. 尸体剖检工作流程

（1）准备工作。与医生商量在何时何地进行尸体剖检。确定要进行哪些特殊检查。如果要做特殊的检查，要向外送化验室做另外说明。准备好所有需要的材料。

①医生所需。防水围裙、护目镜或口罩、防护面具、厚橡胶手套、脚踏板控制的录音机（可选）、动物病历和笔。

②样本所需。申请单、拉链包、装有福尔马林的瓶子、转移培养基、酒精灯和火柴、平的刮铲和载玻片。

③步骤所需。大尖刀、劈刀、咬骨钳、手术刀、镊子、钝头剪、持针器、1～2 个弯的

缝针、尼龙线或丝线。

④尸体所需。尸体袋、身份证明或处理说明标签以及密封袋子的胶带。

（2）操作步骤。

①剖检前，将尸体左侧卧，四肢朝向医生。将所有要使用的材料放在尸体旁边。将所有采集样本需要的物品放在邻近的另一个台子上。将医生的装备也放在台子上。将动物病历放在旁边。将录音机放在台子上，其脚踏板放在医生将站立进行剖检的地方。

②尸体缝合后，将尸体放进尸体袋。用胶带将袋子封紧。贴上身份证明或处理说明标签。将尸体袋放进冷藏柜。

（3）注意事项。清理时戴上手套；用消毒皂清洗器械，冲洗干净；然后将器械放入消毒液中消毒20min，晾干，放好；用消毒液清理水槽和架子；联系外送化验室来取样。

思 与 练

1. 采集样本的基本要求有哪些？

2. 尸体剖检工作流程有哪些？

任务四　影像室管理

子任务一　影像室工作任务、布局及防护措施

相关知识

影像医学的发展使得影像诊断在宠物医院中占据越来越重要的地位，这主要表现在：临床对影像诊断的依赖性不断增加，尤其是需要各种先进的影像诊断设备如计算机断层扫描（CT）和核磁共振成像（MRI）等进行定位和定性诊断时；影像医学设备的不断增多和更新使得放射科在医院的固定资产中占有很大的比例，放射科在大型医院中已成为一个重要的科室；影像医学发展的结果是数字化的设备越来越多，这就决定了影像医学的资料管理必将由传统管理模式向数字化管理模式转变。因此，提高影像科的管理水平，使它更科学、更合理、更符合学科发展的规律，已经成为很多医院的当务之急。

（一）影像室工作任务

影像室负责保管和维护各种影像设备，开展各项影像检查与诊断，同时做好防护工作。在我国宠物医院中常用的影像设备有普通X射线机和数字X射线机，CT和MRI在我国宠物医院还很少应用。

在宠物医院中开展X射线影像检查可以用来诊断宠物临床中以下疾病：

1. 骨与关节疾病　如下颌骨骨折、下颌关节脱位、头颅骨骨折、颅骨肿瘤、四肢骨折、四肢关节脱位、犬髋关节发育不良、股骨头坏死、骨髓炎、犬全骨炎、犬肥大性骨营养不良、骨软骨炎、外伤性骨膜骨化、四肢骨肿瘤、肥大性骨病、桡骨和尺骨发育不良、犬肘关节发育不良、犬佝偻病、关节扭伤、感染性关节炎、骨关节病、犬类风湿性关节炎、滑膜性骨软骨瘤等。

2. 脊柱疾病　如颈椎骨折、颈椎脱位、颈椎间盘脱出、胸腰椎骨折、腰椎间盘突出、

脊椎炎、变形性脊椎关节硬化等。

3. 胸部疾病 如气管异物、气管塌陷、胸腔积液、气胸、小叶性肺炎、大叶性肺炎、异物性肺炎、肺气肿、肺水肿、肺肿瘤、心脏增大等。

4. 泌尿生殖器官疾病 如肾结石、肾肿大、肾肿瘤、肾积水、膀胱尿道结石、膀胱炎、膀胱肿瘤、膀胱破裂、膀胱麻痹、前列腺肿大、子宫蓄脓、难产、妊娠诊断等。

5. 消化系统疾病 如颈部食道异物、胸部食管梗塞、食道狭窄、食管扩张、犬巨食道症、膈疝、胃内异物、胃扩张-扭转综合征、胃肠穿孔或破裂、胃肿瘤、幽门流出障碍、肠梗阻、肠套叠、巨结肠症、便秘、肝肿瘤、肝肿大、肝脓肿、胆结石、胆囊炎、腹水、腹腔肿块等疾病。

(二)影像室特点

影像室是为宠物疾病提供影像检查，目前我国宠物医院主要用的是 X 射线检查，而 X 射线具有放射性。对宠物摄片时要注意对宠物性腺进行防护，以减少对宠物的放射损伤，同时射线对操作者及保定者也有危害，这就要求从事影像工作的宠物医生要掌握摄片技术，提高摄片成功率，提高摄片质量，减少重复摄片。影像室宠物医生也要具有扎实的影像技术基础，了解每个环节对摄片可能造成的影响，能够分析各种影响 X 射线质量的因素，能够对常见宠物疾病进行影像诊断。

(三)影像室布局

影像室开展的 X 射线诊断具有放射性，对周围环境可能造成影响，因此，影像室在医院的布局要考虑对周围诊室、住院部及环境的影响。影像室一般位于医院的一楼，分布于医院人流及宠物活动较少的一侧，并有提示语。

影像室的内部一般分为暗室、摄片操作室与摄片室，暗室和摄片室要分开放置，并有适当的隔离防护。摄片操作室主要放置 X 射线机的控制台，是操作机器曝光的场所；摄片室里有摄影台、X 射线机头等器材，是进行宠物摆位摄片的场所，摄片室的四周墙壁要有合适的防护；暗室是装卸胶片及冲洗已曝光的 X 射线片的场所。暗室技术关系到胶片影像质量，产生高质量的 X 射线片一方面取决于机器性能和合适的曝光条件，另一方面就是取决于胶片冲洗。X 射线操作者在工作中的一个重要目标就是尽可能的消除影响 X 射线片质量的各种因素，其中暗室胶片冲洗就是影响胶片质量主要因素。可以说，尽管 X 射线片质量不是起始于暗室，但却可能终止于暗室。暗室技术处理得好，便可弥补部分摄影中的不足，而获得较为满意的照片。随着科技的进步，自动洗片机已有更广的应用，但是大多数胶片冲洗仍采用手工在装有化学冲洗药品的桶内进行手工洗片，X 射线胶片冲洗的基本原则一直保持不变。

(四)影像室暗室布局

1. 暗室要求 好的暗室必须要防光、有序与干净。尽管每个暗室的设计各异，但都应该满足这些标准。暗室必须与摄影室隔开，仅作为装片与洗片所用。暗室的大小因地制宜，但一般不小于 $12m^2$。在暗室布局设计上应尽量减少胶片被损坏的可能性。

暗室内的大多数工作是在最小照明的条件下进行的。因此，要求暗室组织有序，这样所有的设备能够容易而快速地找到。当然，环境清洁是必须的。暗室是增感屏和胶片暴露于空气的唯一地方。如果操作台脏乱且被化学药品污染，在片盒打开时，污物很容易进入片盒，可能使增感屏损坏，影响摄片质量。

此外，胶片乳胶对热和湿度极度敏感，暗室做好良好的通风和温度控制是必须的。暗室应该相对凉爽和低湿度。

2. 暗室分区　暗室分为干区和湿区。

（1）暗室干区。暗室干区是装卸胶片的地方。操作台要足够大，能放下打开的最大片盒。

操作台应由容易清洁的材料做成，可以减少可能在 X 射线片上出现的暗室伪影源。化学药品不能污染干区。在任何时候，任何"湿"物都不能拿到干区。通常在干区操作台下的药柜或 X 射线胶片储藏箱内存储胶片，方便再装胶片。各种规格的胶片洗片架应该悬挂在干区操作台合适支架上。支架可以购买成品，也可用在任何五金店可以买到的廉价大钩子自制。洗片架可以设计成槽式洗片架和夹式洗片架。槽式洗片架容易残留水和化学药品，需要特殊的清洁和干燥，以免污染干区。胶片也必须从槽式洗片架上拿下来干燥。然而，夹式洗片架比槽式洗片架脆弱。一段时间内常用夹式洗片架时，它们将失去夹持胶片的能力。夹子刺透胶片的四个角，因此在存档时会刮擦同一封袋中的其他 X 射线片。X 射线片存档前剪除被夹式洗片架夹过的四角，可以避免发生这种情况。在洗片桶内同时冲洗多张 X 射线胶片时，洗片架的夹子可能会刮擦邻近胶片。

（2）暗室湿区。暗室湿区是进行化学冲洗的区域。

手工洗片的暗室通常有 3 个桶，分别盛装显影液、水和定影液。

桶的设计样式各异，可以买成品洗片桶，也可以采用玻璃材料制作。显影液桶和定影液桶可以放置在一个大的充满恒温水的槽内，这样，天气冷的季节可以维持显定、影液的温度，也可以采用市售的自动恒温洗片桶。水桶大小通常为显影液桶和定影液桶的 4 倍。中间的水桶应该为循环的水系统，在冲洗胶片期间可以调节温度和冲走胶片上的化学药品。温度计是冲洗桶内的必需设备，因为 X 射线胶片显影所需的特定时间取决于化学药品的温度。湿区内也应有一胶片干燥区域，备有干燥架或干燥箱。干燥架放置于没有灰尘的区域，防止黏到湿 X 射线片上形成伪影。干燥箱可以加快干燥过程。湿区也要有观片灯，用于评价 X 射线片质量。观看湿胶片，X 射线操作人员可以立即评价 X 射线片显影情况。

3. 暗室防光设计　暗室良好的一个最重要的标准是防光。

暗室光线泄露可引起明显的胶片灰雾，因此暗室必须采取恰当的防光措施。暗室的窗口应向北开，以防日光的直射。窗门应有两层，一层为普通玻璃窗，另一层为防光通风窗，这样既不漏光，又能改善室内空气，不至于使暗室内的空气过于污浊。暗室的门应有两个，一为迷路，能够随意进出而不影响室内工作；另一门为普通门，供换药及搬运东西用。迷路的建设以狭长为原则，它的宽度能侧身通过两个人即可。迷路的间隔墙可涂以亚光漆，装设红灯照明。

暗室一些小的光线泄露不易被察觉，在眼睛暗适应后，可以找到漏光的地方。人们通常错误地认为，暗室的墙壁应该是黑的。而事实恰好相反，暗室的墙壁应该用高质量的可洗涂料粉刷成白色或奶油色。把墙壁粉刷成浅色，可以产生更多的安全光反射，提供更可视的工作环境。如果光的性质和强度都是安全的，那么不管表面是什么颜色，从任何表面反射的照明同样也是安全的。

4. 暗室安全灯　暗室正确的安全照明也很重要。

安全灯即意味产生的光线对胶片没有影响。X 射线胶片对紫外光敏感。安全灯使用低瓦灯泡和特殊的滤光片，以去除蓝光和绿光光谱。灯泡为10W或更低。滤光片因生产厂家而各异。蓝敏胶片最常用的类型是棕色滤光片，绿敏胶片最常用暗红色滤光片。绿敏胶片和蓝敏胶片都可以使用暗红色滤光片。

安全灯可使暗室工作顺利进行。安全灯可分直接型和间接型。直接型安全灯是弥散型光线直接照射暗室干片区或湿片区的工作区。间接型安全灯是过滤光直接照向天花板，然后反射到整个房间。间接型安全灯常与直接型安全灯相结合使用。任何时候，安全灯都应该远离工作区，高瓦数灯泡或不当滤过的安全灯靠得太近可能引起胶片灰雾。胶片储藏箱只有在取出或重新放置胶片时才能打开。即使是安全灯，如果胶片储藏箱一直打开或胶片置于操作台上，都可引起胶片灰雾。

（五）放射防护的方法

1. 机房及机器的防护要求　X射线机房的防护设计，必须遵守放射防护最优化的原则，即采用合理的布局、适当的防护厚度，使工作人员、受检查者及毗邻房间和上下楼层房间的工作人员与公众成员的受照剂量保持在可以达到的最低水平，不超过国家规定的剂量限值。机房宜面积大，并有通风设备，尽量减少放射线对身体的影响。另外，机房墙壁应由一定厚度的砖、水泥或铅皮构成，以达防护目的。X射线球管置于足够厚度的金属套（球管套）内，球管套的窗口应有隔光器作适当的缩小，尽量减少原发射线的照射。X射线通过机体投照于荧光屏上，荧光屏的前方应有铅玻璃将原发X射线阻挡。

2. 工作人员的防护　从事放射工作人员及必须在机房内或曝光现场的操作者，均需选择0.25mm铅当量的个人防护用品。工作人员所用的防护用品能减少工作人员所受X射线的伤害。

防护用品有防护帽，保护头部；铅眼镜，保护眼晶状体；防护手套，保护双手免受直接射线照射；各种围裙，屏蔽胸部、腹部和性腺；各种防护仪，屏蔽整个躯干、性腺及四肢的近躯干端。工作人员不得将身体任何部位暴露在原发X射线之中，尽可能避免直接用手在透视下操作，如骨折复位、异物定位及胃肠检查等。利用隔光器使透视野尽量缩小，毫安尽量降低，曝光时间尽量缩短。透视前应该有充分的暗适应用，以便用最短时间，得到良好的透视影像。照片时也要避免接触散射线，一般以铅屏风遮挡。如照片工作量大，宜在照片室内另设一个防护较好的控制室（用铅皮、水泥或厚砖砌成）。参加保定和操作的人员应尽量远离机头和原射线以减弱射线的影响。在符合检查要求的情况下，可对动物进行镇静或麻醉，利用各种保定辅助器材进行摆位保定，尽量减少人工保定。为减少X射线的用量，应尽量使用高速增感屏、高速感光胶片和高千伏摄影技术。正确应用投照技术条件表，提高投照成功率，减少重复拍摄。在满足投照要求的前提下，尽量缩小照射范围，并充分利用遮线器。

3. 拍摄对象的防护　拍摄对象与X射线球管须保持一定的距离，一般不少于35cm。这是因为拍摄对象距X射线球管愈近，接受放射量愈大。球管窗口下须加一定厚度的铝片，减少穿透力弱的长波X射线，因这些X射线被拍摄对象完全吸收，而对荧光屏或胶片无作用。应避免短期内反复多次检查及不必要的复查。对性成熟及发育期的动物作腹部照射，应尽量控制次数及部位，避免伤害生殖器官。早期怀孕第一个月内，胎儿对X射线辐射特别敏感，易造成流产或畸胎，故对早期怀孕动物避免放射线照射骨盆部。对雄性动物，在不影响检查的情况下，宜用铅橡皮保护阴囊，防止睾丸受到照射。

一般情况下，一台 X 射线机器都配有一套铅制的帽子、围脖、背心、围裙。

4. 透视防护 透视检查是一种特殊的放射学诊断方法，可以"直视"机体内部的解剖结构。透视机的原射线束穿透动物直接投射到透视屏上。透视检查主要用于评估消化道功能。消化道功能的检查可以借用硫酸钡（一种阳性造影剂）在胃肠道内运行进行观察。由于镇定或全身麻醉影响正常肠管的运动功能，通常使用人工保定。在透视检查过程中，当机器启动时，发射出连续的 X 射线束。由于辐射水平高和需要人工保定，因此必须遵守以下特殊的安全规则。能做 X 射线摄影时，则禁止使用透视检查。始终使用防护服、手套和屏蔽物。保持遮线器的线束尽可能小。机器启动后，绝对不允许触摸被检查的解剖区域。遵守 X 射线机使用的所有规则。

🐾 拓展知识

我国放射卫生防护标准

我国现行标准为《电离辐射防护与辐射源安全基本标准》（GB 18871—2002）。将辐射实践正当化、放射防护水平最优化、个人剂量当量限值作为放射防护的综合原则，避免以剂量当量限值或最大允许剂量当量为唯一指标。辐射照射做到在可以合理达到的尽可能低的水平。

1. 放射工作人员的剂量当量限值 放射工作人员辐射剂量可以采用个人辐射剂量仪进行监测，使接受的射线剂量在控制范围内。

（1）防止非随机性效应的影响。眼晶体 150mSv/年，其他组织 500mSv。

（2）防止随机性效应的影响。全身均匀照射时为 50mSv/年；不均匀照射时，有效剂量当量（HE）应满足下列公式：

$$HE = \sum WT \cdot HT \leqslant 50mSv。$$

式中，HT 为组织或器官（T）的年剂量当量，mSv；WT 为组织或器官（T）的相对危险度权重因子；HE 为有效剂量当量，mSv。

在一般情况下，连续 3 个月内一次或多次接受的总剂量当量不得超过年剂量当量限值的一半（25mSv）。

2. 放射工作条件分类 年照射的有效剂量当量很少可能超过 15mSv/年的为甲种工作条件，要建立个人剂量监测、对场所经常性的监测，建立个人受照剂量和场所监测档案。年照射的有效剂量当量很少有可能超过 15mSv/年，但可能超过 5mSv/年的为乙种工作条件，要建立场所的定期监测，个人剂量监测档案。年照射的有效剂量当量很少超过 5mSv/年的为丙种工作条件，可根据需要进行监测，并加以记录。从业放射的育龄妇女，应严格按均匀的月剂量率加以控制。未满 16 岁者不得参与放射工作。

特殊照射：在特殊意外情况下，需要少数工作人员接受超过年剂量当量限值的照射，必须事先周密计划。有效剂量是在一次事件中不得大于 100mSv，一生中不得超过 250mSv，进行剂量监测、医学观察，并记录存档。放射专业学生教学期间，其剂量当量限值遵循放射工作人员的防护条款，非放射专业学生教学期间，有效剂量当量不大于 0.5mSv/年，单个组织或器官剂量当量不大于 5mSv/年。

3. 对被检者的防护 对被检者的防护包括以下内容：提高国民对放射防护的知识水平；

正确选用 X 射线检查的适应证；采用恰当的 X 射线质与量；严格控制照射野；非摄影部位的屏蔽防护；提高影像转换介质的射线灵敏度；避免操作失误，减少废片率和重拍片率；严格执行防护安全操作规则。

4. 对公众的个人剂量当量限值 对于公众个人所受的辐射照射的年剂量当量应低于下列限值，全身：5mSv（0.5rem）；单个组织或器官：50mSv（5rem）。

🐾 思 与 练

1. 影像室工作任务有哪些？
2. 暗室如何布局？
3. 如何进行射线防护？

子任务二 影像室业务管理

🐾 相关知识

（一）影像室管理制度

（1）影像室宠物医生每日上班开机前应先检查机房的温、湿度，环境允许方可开机。

（2）检查患病宠物前先作机器预热工作，禁止在未预热状态下摄片检查；发现机器出现故障时，应记录在案，维修情况也应记录。

（3）检查前应仔细核检查机器各部件的运转情况和安全性能；注意观察机器有无故障提示。

（4）宠物主人随身带的物品应有固定的存放位置，不可随意放置，以免丢失或影响设备运行。

（5）检查操作时注意周围有无障碍物；危重患病宠物或怀疑脊椎骨折病例应有临床医生陪同，协助指导移动和摆体位，以免因检查操作而加重病情，发生意外；限制室内人数并作好防护。

（6）非本机操作人员未经许可，严禁操作使用。

（7）保持机房内整洁，下班前要及时关机、关灯，并在机器复位切断电源后进行清洁卫生工作。

（8）检查结束离开检查室前，应仔细检查是否有物品遗落；及时清理污物，并做好检查室的消毒工作。

（二）资料存档保管制度

（1）X 射线片、X 射线检查申请单、报告单、存档光盘等资料要保存 2 年。

（2）X 射线检查资料要有专门储藏场地，专人负责，保证资料完整，不得遗失破损。

（3）及时查找，明确去向。

（4）每天整理，汇总，归类。

（5）遇有借阅，要办好借片手续。如遇遗失及时落实责任，做好记录。

（三）暗室管理制度

（1）每早清洁暗室、洗片机、打印机，检查自来水、红灯，备足胶片。

（2）检查清洁洗片机和打印机各部分结构，检查运转状况，包括循环、补液、显影和干

燥、温度。

（3）洗片机工作前先走废片数张，并记录走片时间是否正常。打印机每天工作前确定情况正常再进行日常工作，并装满胶片。

（4）定期检查、清洁暗盒；看看有无破损、污迹，并做好记录。

（5）暗室工作人员应随时关灯，非暗室人员无特殊情况不得入内。

（6）下班前进行安全检查，包括电源、水源、空调、洗片机和打印机等，并做好桌面卫生保洁工作。

（四）影像室辐射防护制度

（1）机房设计合理，面积应满足防辐射要求，墙壁、门窗施工安装后经检测（主、副防护应达铅当量 2.0mm 和 1.0mm），合格后方可正式投入使用。

（2）机房外安装醒目的防辐射警示标志及工作灯，提醒周围人员。

（3）医务人员和患病宠物的各种防辐射屏蔽隔离设备应齐全、充足，并保持完好、清洁、随时可以使用。

（4）操作人员在机房内曝光时应穿戴防护衣、帽、手套、面罩，积极采取措施，防止射线损伤。

（5）对检查对象注意防护，尽量缩小照射野，减少曝光量和曝光次数，对敏感部位应做屏蔽防护。

（6）注意周围人员的防护，曝光前注意关好门窗，防止漏射线对他人的损伤。

（7）使用移动式 X 射线机摄片时技术人员应作好个人防护，尽可能远离辐射源并注意周围人员的防护保护。

（8）无关人员不得随意进入机房内，确有必要者应作好周密的防护并尽可能远离辐射源。

（9）操作技术人员发现机器有异常辐射应立即关机、切断电源，并立即向负责人报告。

（10）操作技术人员应带个人剂量片监测辐射剂量；定期体检，及时了解辐射损伤情况。

🐾 拓展知识

（一）X 射线摄影技术操作规程

1. X 射线机的使用原则

（1）了解机器的性能、规格、特点和各部件的使用及注意事项，熟悉机器的使用限度及其使用规格表。

（2）严格遵守操作规则，正确熟练地操作，以保证机器使用安全。

（3）在使用前，必须先调整电源电压，使电源电压表指针达到规定的指示范围。外界电压不可超过额定电压的±10%，频率波动范围不可超过±1Hz。

（4）在曝光过程中，不可以临时调节各种技术按钮，以免损坏机器。

（5）在使用过程中，注意控制台各仪表指示数值，注意倾听电器部件工作时的声音，若有异常，及时关机。

（6）在使用过程中，严防机件强烈震动，移动部件时，注意空间是否有障碍物；移动式 X 射线机移动前应将 X 射线管及各种旋钮固定。

（7）X 射线机如停机时间较长，需将球管预热后方可投入使用。

2. X射线机的一般操作步骤

(1) 闭合外电源总开关。

(2) 接通机器电源,调节电源调节器,使电源电压指示针在标准位置上。

(3) 检查球管、X射线片暗盒中心是否在一条直线上。

(4) 根据检查需要进行技术参数选择。

(5) 根据需要选择曝光条件,注意先调节毫安值和曝光时间,再调节千伏值。

(6) 以上各部件调节完毕,检查对象投照体位摆好,一切准备就绪,即可按下手闸进行曝光。

(7) 工作结束,切断机器电源和外电源,将机器恢复到原始状态。

3. 摄影原则

(1) 有效焦点的选择。在不影响X射线管超负荷的原则下,尽量采用小焦点摄影,以提高照片的清晰度。

(2) 焦片距及肢片距的选择。摄影时应尽量缩小胶片距,如肢体与胶片不能贴近时,应适当增加焦片距。

(3) 中心线及斜射线的应用。在重点观察的肢体或组织器官平行于胶片时,中心线垂直于胶片,与胶片不平行而成角度时中心线应与肢体与胶片夹角的分角线垂直。倾斜中心线与利用斜射线可取得相同效果。

(4) 呼气与吸气的应用。呼吸动作对摄片质量有很大影响。根据不同的部位,可选择不同时期曝光。

(5) 滤线设备的应用。肢体厚度超过15cm或管电压超过60kV时,一般需加滤过板、滤线器。

(6) 四肢摄影时必须包括上、下两个关节或邻近一端的关节。

(7) 在同一张胶片上同时摄取两个位置时,肢体同一端应放在胶片同一侧。

4. X射线摄影步骤

(1) 明确检查目的和投照部位。病例多时要确认每个动物拍摄部位,以防混淆。

(2) 摄影前的准备。去掉一切影响X射线穿透力的物质,如发夹、金属饰物、膏药。投照腹部、下部脊柱、骨盆和尿路等平片时,应事先做好肠道准备。

(3) 暗室装片。根据动物大小与拍摄部位大小,选择合适的暗盒和胶片,在暗室进行装片。

(4) 摄影室摄片。进入摄影室前,穿好防辐射服,打开机器后调节焦—片距(按部位要求选择好球管与胶片的距离),调节投照范围,摆好投照体位,对准中心线,安放照片标记(照片标记应包括摄片日期、X射线片号、左右,标记应放在暗盒的适当部位,不可摆在诊断范围之内),测量体厚,选择合适的投照条件(根据投照部位、体厚、生理和机器条件),选择最佳千伏、毫安及时间。

(5) 曝光。以上各步骤完成后,再校正控制台各曝光条件是否有错,在动物安静不动时进行曝光。在曝光过程中,密切注意各仪表工作情况。曝光结束后操作者签名,特殊检查体位应做记录。

(6) 暗室洗片。曝光完毕的胶片送暗室经行冲洗,可采用人工洗片或者自动洗片机洗片。

（7）读片。冲洗好的胶片放于观片灯上读片。

（二）胶片冲洗技术

胶片冲洗包括手工洗片或自动洗片机洗片两种方法。手工洗片程序复杂，冲洗时间相对较长，但成本较低，而自动洗片机冲洗和干燥操作简单、快速，但仪器昂贵，适合大量洗片。两种方法都可以获得高质量X射线片，医院根据自己门诊量和经济条件选择洗片方式。

1. 手工洗片操作流程　手工洗片在操作上要做到规范统一。通过建立统一的规范，可以尽量减少不同人员操作的错误，减少同一操作者暗室操作错误，提高洗片速度。

通常将显影桶、清洗桶、定影桶按从左到右或者从右到左的顺序排列，清洗桶放在中间。这样操作者可以养成固定的操作习惯，避免出错。手工洗片操作不难，可以在较短的时间内掌握。

进入暗室洗片前要先关闭白灯，打开安全红灯。

在开始手工洗片前，要使化学药品达到合适的温度。因化学药品为悬浮液，易于沉积于桶的底部，要使用搅拌器进行搅匀。各个桶要配置专门的搅拌器，不可公用；显影液的搅拌器不应该进入定影液，定影液的搅拌器也不能进入显影液，因显影液进入定影液会使定影液药效下降，定影液进入显影液可使显影液无效。

当化学药品达到合适的温度后，关闭安全红灯，将胶片盒后盖旋钮打开，打开暗盒后盖，轻轻晃动顶部，用拇指和食指抓住胶片一角。指甲不能用作从片盒内取胶片的工具。这样做会破坏增感屏的敏感性。胶片应该从片盒内倒出，而不是用手指撬出来。

洗片桶洗片时，将胶片从暗盒拿出后，固定于洗片夹上，或者用止血钳夹于顶部或者用双手拇指食指捏住两角放于洗片液中。将胶片夹于洗片夹的方法是将胶片插入弹力夹洗片架的底部，首先固定夹子，然后旋转洗片架使右侧向上，再将胶片插入可移动的弹簧夹内。胶片应该伸展，拉得足够紧。张力性装片可以防止胶片与洗片桶内相邻的胶片或桶壁接触，减少摩擦对胶片的损伤。如果使用槽式洗片架，一只手抓牢洗片架，另一只手滑动胶片进入槽内。检查确保胶片所有的边和角都正确放置在槽内。一旦胶片到位，关闭顶端的铰链。洗片盆洗片时直接将从暗盒内取出的胶片平放在洗片盆内，使胶片完全浸没在洗片液内。

胶片浸入显影桶内，洗片架晃动2～3次，除去胶片表面的气泡。盖上显影桶的盖子，计算显影时间。在这段时间内，擦干手，片盒内重新装片。重新装片的过程要小心。片盒关闭之前，重新安装的胶片应该与片盒的四角接触，这样胶片就不会受到片盒边缝的挤压。

当定时钟铃响时，从显影液中快速取出胶片，为快速排掉显影液，洗片架应该倾斜，这样就可以使残留的显影液进入清水或停显液。防止使用过的显影液进入显影液桶内有助于准确补充桶内的显影液。

胶片浸入清洗液中搅动20s。胶片在清洗桶内放置20s后，沥干过多的水后浸入定影桶内。胶片晃动2～3次，去除胶片表面的气泡。设置合适的定影时间。定影时间通常是显影时间的2倍，直至胶片失去乳白色外观。乳白色外观是指存留在胶片上的未曝光的卤化银晶体。一旦除去卤化银，图像看起来清亮和透明。胶片定影1min后，可以取出观察，大致评价曝光和摆位的质量。评估后，再次把胶片放回定影桶内，总定影时间至少10min，这样可以使胶片表面达到最大硬化度。

胶片从定影桶内快速取出，残留化学药品（用过的定影液）进入冲洗桶内。与显影液一样，防止带出的定影液进入定影桶内可以准确补充定影液。胶片应该水洗20～30min。水洗时间取决于水流和水洗的交换率。水流应该每小时完全更换约 8 次。

有条件时，可用湿润剂加速干燥时间和防止胶片表面出现水痕。在干燥前，将胶片短暂地浸入湿润剂中即可。

胶片放置在没有灰尘的区域干燥，以防止异物黏附在湿的胶片表面形成伪影。如果使用槽式洗片架，胶片要从洗片架上取下来，用夹子悬挂在拉紧的金属线上。张力性夹式洗片架可以悬挂在干燥架上。

胶片应该很好地隔离开，不允许湿的时候彼此接触。胶片干燥后，那些用张力性夹式洗片架的胶片，在存档前必须对四角进行修剪。修剪锐利点可防止刮擦相邻胶片的乳胶层。此时胶片可以放入有合适标签的封袋内。

2. 自动洗片机洗片操作流程　曝光的胶片从机器托盘放入，然后通过滚轴装置在化学药品槽和干燥机间传递。为了加速冲洗，取消了显影和定影之间的清洗。当胶片通过放置在显影槽和定影槽之间的橡皮滚轴时，附带的化学药品被挤压除去。

新鲜的化学药品根据机器使用情况以预定速度补充，溶液始终保持在顶峰状态。同手工洗片一样，若没有补充，随着使用，冲洗液的活性将降低。

洗片机开机试运转之前，要用温水把显影槽、定影槽、水洗槽和所有滚轴清洗干净，然后加入水检查洗片机放置是否平衡，平衡后开机检查洗片机的运转、药液补充、烘干系统是否正常，检查各个管路是否有渗漏现象。确定无误后，将四张准备好的干净胶片放入通道进行走片，确定轮系咬合正常且将轮系内的污物带出。第一次使用尽量多的走片。在得到最干净理想的底片后，打开排污阀，把水放掉，加入按照厂家提供的方法配置好的药液，药液加入量要达到洗片机指示位置的标尺。加药要先加定影后加显影，如果有定影液溅到显影槽中，要将显影槽冲洗干净，以防混合后药液污染，影响底片质量。最后将轴架按照顺序放入相应槽内，显影槽、水洗槽、定影槽要保证循环系统正常运行。药液要标注明确以防混用。

传送胶片从显影到定影，再到水洗，最后到达干燥台。精确补充冲洗液是正确冲洗胶片和延长冲洗液寿命必不可少的。一般而言，当胶片放入洗片机时，补充泵就开始工作，把储存桶内的液体补充到机器内的洗片槽中。增加的补充液通过循环泵与存在的冲洗液混合均匀。显影液和定影液循环有两个功能：完全混合溶液，有助于维持合适的温度和化学活性。过量的冲洗液将溢过槽顶端进入溢流管。必须注意观察外面的补充液桶，以维持机器内有足够的药液量。

通过恒温给水系统，持续监测化学药品的温度并控制在精确范围内。同手工洗片一样，给水系统的目的不仅限于冲洗胶片。循环水也控制着冲洗液的温度。

水温控制的方法因洗片机设计各异。在水进入机器前，通过恒温混合阀，热水和冷水可以混合成合适温度。其他类型的洗片机将进入的冷水通过电加热到合适温度。

思 与 练

1. 影像室管理制度有哪些？
2. X射线摄影技术操作规程有哪些？
3. 简述胶片的冲洗技术。

任务五 手术室管理

子任务一 手术室工作特点及手术区管理

相关知识

（一）手术室工作特点与要求

手术室是为患病宠物提供手术及抢救的场所，是宠物医院的重要技术部门。手术室要抓好手术切口感染四条途径的环节管理，即：手术室的空气；手术所需的物品；医生、护士的手指及患病宠物的皮肤，防止感染，确保手术成功率。

要求手术室设计合理，设备齐全，医护人员工作反应灵敏、快捷，有高效的工作效率。手术室要有一套严格合理的规章制度和无菌操作规范。

手术室要做好手术区的管理、手术人员的管理、手术宠物的管理与手术器械的管理。

（二）手术区的管理的基本要求

手术区由不同功能的区域组成，它们可能单开或者共用，包括：

（1）患病宠物准备区。也可放在处置室，但决不能在手术室中准备。

（2）手术人员准备室。可以是个单独的房间，也可和手术包准备间共用，或放在处置室。

（3）手术室。这是一个仅用来做清洁（无感染）手术的封闭房间。门必须保持关闭，非室内工作人员和车辆不得入内。

（4）患病宠物恢复区。处置室或与手术室相邻的房间。

（5）手术包裹准备室。这是一单独的房间，或与处置室共用，或与手术人员准备室共用。

这些房间无论是单开还是共用，都必须比医院的其他区域更加卫生。手术室则需要最严格地清洁维护。地面的类型应适应不同的需要。操作步骤的重复实施是提高环境清洁的关键因素。谨记清洁操作要从高至低。

天花板清洁要做到以下要求：每天要清洗污点，每周使用海绵拖把和双桶法进行清洗。在清洗墙壁之前清洗天花板。一些天花板是由不可刷洗的材料制成且表面不规则，因此要使用真空吸尘器干燥。真空吸尘器选择有过滤系统的，最理想的过滤过敏原的装置是高效特殊空气过滤器。每次使用的吸尘器必须装有干净的过滤器和清洁袋。无论过滤器和袋子是否装满，都必须每周进行更换。如果袋子不是一次性的，在倒空后先冲洗再用消毒剂清洗。每周更换通风系统中的过滤器。

墙壁清洁要做到以下要求：同地板一样采用双桶法，但使用海绵类拖把，这种拖把只用来清洗墙壁和天花板。每天下班前用消毒剂和纸巾清洗墙上的污点，然后再拖地板。每周彻底擦洗一次墙壁。

台面、药柜和器械架清洁要做到以下要求：每天喷洒消毒剂，用纸巾和其他一次性材料进行擦洗。清洗台面和器械架的平面和边缘，还有药柜的末端和基部。两次手术间隔期清洗污渍。

水槽和废物箱清洁要做到以下要求：保持清洁。在每次手术后要进行清空、清洗、消毒并干燥。

设备清洁要做到以下要求：宠物医院所有设备的厂商资料都保存在一个文件夹内。在归档前仔细阅读并准备一份简要的维护和清洗说明。该说明保存在手术文件夹中，文件夹内还包括手术包的准备过程以及内容物的信息，每位外科手术医生爱用的缝线、手套的尺寸和手术室中其他辅助人员的手套尺寸。这个夹子放在手术包裹准备区。手术灯等固定设备需每周消毒，每天清洗污点。手术台面需每次手术完后清洁，不要忘记清洗其边缘，而其底座需每天清洗，这一点与器械托盘架相同。每周洗刷保定绳，而胸部固定器等保定设备每次用后需消毒。如果表面是由不透水材料制成的，可以使用喷雾消毒，然后擦拭；如果材料是透水的，则参考厂商的说明进行清洁。清洗要与患病宠物接触的物品时，应查阅消毒液的说明，决不能容许任何可能有刺激或损伤组织的药物残留在物品上。

地板要做到以下要求：在拖把和水桶上标明"手术室专用"。决不能在手术室中使用医院普通的拖把和水桶，也不能在手术室外的其他地方使用手术室专用的拖把和水桶。这些物品储存在手术包裹准备区。采用双桶法，第一个桶装有干净水，专用于清洗拖把，第二个桶装有消毒液，用于实际的擦洗。先将拖把浸入消毒液中，然后拧干开始拖地，擦完一部分地板后，在水桶中清洗拖把并拧干，然后第二次浸入消毒液并拧干拖地，如此反复进行。从手术室最远的角落拖向门口。拖完后要把拖把放在水桶中清洗，然后放在消毒液中清洗并拧干。用完后将两桶立即倒空，下次使用前再装满清水和消毒液。每周要用热水在洗衣机中清洗拖把头并漂白一次。清洁服务部门也可以提供干净的拖把头和干净的衣物。每天下班前要彻底拖地一次。从手术室最远的角落拖向门口。移动包括手术台在内的所有可移动的设备并拖洗它们下面的地面，拖完后将它们恢复原位。每天早晨在第一个手术开始前进入手术室，使用消毒剂和纸巾擦拭夜间可能落下尘土的表面。除了台面和水槽，还要清洗手术灯和设备（如麻醉机和器械托盘架）。在两次手术间隔擦拭污渍。下班前，当所有的手术都完成后再进行彻底清洗和擦拭。手术室内准备任务清单，分为每日清单、每周清单和更长时间清单。将清单放在手术室文件夹的前面或任务盒中。谨记：手术室文件夹和手术日志应分开。

（三）手术区管理工作流程

准备手术室文件夹，其内容包括以下几点：

（1）手术室维护清单：每日、每周和更长时间。

（2）设备维护清单：手术灯、麻醉机、监护仪和其他记录在手术室文件夹清单中的设备。

（3）文件夹后保留一个空白清单，用于复印新的清单。

（4）汇总设备的维护程序，包括型号、经销商和经销商的电话号码。

拖把和桶上标明"手术室专用"，保存在手术室附近且与其他常规的清洁用品分开。不能把医院常规清洁用品在手术室内使用。购买新的物品时也分开保存。

手术室台面上放一个装有消毒剂的喷壶和纸巾，且它们只能在手术室内使用。清扫时穿上专用大褂和戴专用手套。至少每周洗涤大褂一次，并与医院其他常规洗衣分开。

（四）手术区管理操作步骤

每天第一个手术前的 1 h 用消毒剂擦拭所有台面和手术灯。每次术后，把手术室内所有该清洁的物品拿出，并在准备室清理它们。倒空垃圾桶并更换垃圾袋。清理天花板、墙壁、

地面和设备上的血渍。每天下班时，用消毒剂清理台面、药柜和架子的门。清理墙壁和设备的污渍，用消毒剂拖地。查看维护清单。完成所有任务，并签名字。规定每周的某一天做彻底每周清洁，最好选择无预约手术的时间。清扫时，先用真空吸尘器，然后再使用消毒剂。始终保持手术室门关闭。

🐾 思 与 练

1. 手术室特点与要求有哪些？
2. 手术区管理的基本要求有哪些？

子任务二　手术人员管理

🐾 相关知识

（一）手术人员基本要求

手术人员应先戴上帽子、口罩并穿上鞋套，然后从打开的洗手包中取出灭菌的洗手刷开始刷洗，这些都要按标准模式操作。

洗手完毕后，用洗手包内的灭菌毛巾擦干双手，接着穿手术衣。

抓住手术衣颈上部提起手术衣，使整个手术衣展开，手术医生的手穿入袖子。如果医生采用封闭式戴手套方法，那么应先戴手套，后完成穿手术衣。如果医生使用开放式戴手套方法，那么应先穿好手术衣，后完成戴手套。

助理宠物医生应站在未穿好手术衣的医生后面，不能碰到手术衣的外表面。助理宠物医生双手同时伸至术者臂下手术衣背面和臂口接缝处，紧紧抓住手术衣，把袖子向上拉，使手术衣的两个袖口都到达术者的腕部，然后用手指抓住颈部上的飘带对拉并在术者背后打一蝴蝶结，最后是扎紧腰部的飘带。手指拉紧腰部的手术衣飘带并打蝴蝶结。腰部可以比较宽松，以不妨碍术者的操作为限。远离术者。任何情况下，任何人或任何未灭菌的物品都不能碰到手术衣。

完成戴手套和穿手术衣的过程后，术者准备进入手术室。同时，麻醉的患病宠物也已剃毛和清洗完毕。准备进入手术室。最理想的情况是患病宠物的准备和术者的准备同时完成。

（二）手术人员准备工作流程

在外科准备区施行手术准备。

手术衣包放在洗手包和手套包之间。几个包之间留一定的空间，无菌打开每个包。

（三）手术人员规范操作流程

如果术者穿手术衣时采用开放式戴手套：助手站在术者后方，抓住术者臂下的每个臂口接缝处，向上拉袖子，直至术者的手暴露出来，袖口位于腕部。用蝴蝶结扎颈部飘带。一定要用力拉手术衣，使背后的手术衣交叠。扎腰部飘带，松紧度以不妨碍术者操作为准。之后，助手退后远离术者。术者此时开始戴手套。

如果术者穿手术衣时采用闭合式戴手套：助手站在术者后方，抓住术者臂下的每个臂口接缝处，向上拉袖子，直至袖口略长于术者的手指末端，手指未暴露。用蝴蝶结扎颈部飘带。如前所述扎颈部飘带。术者此时开始戴手套。戴完手套后，助手扎腰部飘带，松紧度以不妨碍术者操作为准。之后，助手退后远离术者。

🐾 拓展知识

各类手术人员的配合

1. 器械护士的配合 直接配合是指直接参与手术，配合医生共同完成手术的全过程。直接配合的护士，其工作范围只限于无菌区内，如传递器械、敷料及各种用物等。因此，直接配合的护士被称为器械护士。因在无菌区内进行工作，必须要刷洗手和手臂、穿无菌手术衣及戴无菌手套，故又称洗手护士、灭菌护士或手术护士。

（1）器械护士的主要任务和要求：器械护士的主要任务是准备手术器械，按手术程序向术者、助手直接传递器械，密切配合术者、助手共同完成手术。器械护士要做到：具有高度责任心，对无菌技术有正确的概念，如发现违犯无菌操作要求，应及时纠正；掌握手术宠物的诊断、术式，充分估计术中可能出现的问题，密切与术者配合，保证手术顺利完成；术前要了解术者的喜好及病情需要，准备特殊器械和用品；熟悉手术器械的用法、目的及用途，以便准确无误地配合手术。

（2）器械护士的手术配合：手术开始前15～20min洗手、穿无菌手术衣及戴无菌手套，做好器械桌的整理准备工作，检查各种器械、敷料及其他用物是否完备。根据手术步骤、使用先后把各种器械、敷料等物品分类顺序排列；术前、术中缝合伤口时，与巡回护士准确细致地清点器械、纱布、纱垫、缝针等，核实后登记。术毕再自行清点一次，确保无误，以防遗留在体腔或组织内；手术开始后，按手术常规及术中情况，向术者、助手传递器械、纱垫等物，做到主动、敏捷、准确；保持手术野、器械托盘及器械桌的整洁、干燥。器械用后，迅速取回，擦净血迹。器械及用物按次序排列整齐。用于不洁部位的器械，要区别分放，浸入药液中或递给台下护士处理。防止污染扩散。随时注意术中的进展情况，若发现大出血、心搏骤停意外时，应沉着果断及时与巡回护士联系，尽早备好抢救器械及物品。保留切出的任何组织，需送检部分用10%福尔马林固定，术毕写上宠物信息、日期等并填好送留标本登记簿。术毕协助擦净伤口及引流管周围的血迹，包扎伤口及固定好各种引流物。处理术后器械及其他物品。精密、锐利手术器械分别处理，切勿损坏及遗失零件。并对手术间进行清理整顿。

2. 巡回护士的配合 巡回护士指虽不直接参与手术操作的配合，然而被指派在固定的手术间内，与器械护士、术者、助手及麻醉医生配合，共同完成手术的任务。间接配合护士的工作范围是在无菌区以外，在患病宠物、手术人员、麻醉医生及其他人员之间巡回，故称巡回护士。

（1）巡回护士的职责：巡回护士的主要任务是做好有关手术的准备；全面负责患病宠物出入手术室的安全；与手术组、麻醉人员密切配合，争取高效、安全地完成手术任务。要求巡回护士做到：为手术宠物创造最佳的手术环境及条件，作好护理计划，护理手术宠物；确保宠物舒适、安全，防止意外发生；坚持无菌概念，做无菌技术的"监护人"，谨防违反无菌操作行为，及时给予纠正；掌握病情、手术名称、术式，做到心中有数、有计划、有步骤地主动配合手术组人员及麻醉工作；熟悉各种手术前宠物的准备、术中体位及器械等物品的使用。

（2）巡回护士的手术配合：检查手术间内各种药物是否齐备，室内固定设备（电源、无影灯、吸引器等）是否完善、安全、适用。根据手术的需要，落实、补充及完善一切物品，调节好室温及光线。接手术宠物，一般术前30min宠物被送到手术室。并按手术通知单核对宠物姓名、年龄、性别、手术部位、麻醉方式等。详细清点病房送来的物品（病历、X射线照片、药物等）是否齐备。验证宠物血型、交叉试验结果，以做好输血的准备。检查宠物术前的准备工作，如皮肤清洁剃毛是否合乎要求。根据麻醉要求安置体位，全麻或神志不清的宠物，应专人看护，防坠伤。根据手术要求固定体位。帮助手术人员穿手术衣，安排各类人员就位，随时调整灯光，供应洗手护士一切需要用品，保证输血、输液的畅通，准确执行医嘱，病情变化时，主动配合抢救工作。及时补充手术间内手术缺少的各种物品。详细清点、登记手术台上器械、敷料等数目，分别在术前、术中关闭体腔及手术结束前和洗手护士、手术医生（第一助手）进行清点、核对，防止遗留体腔或组织内，切口缝合完毕再清点一次。要坚守岗位，不可擅离手术间，随时供给术中所需物品。密切观察病情变化，大手术应能充分估计可能发生的意外情况，做好急救准备，及时配合抢救。保持手术间清洁、整齐，监督手术人员无菌技术操作，如有违反，立即纠正。随时注意手术台一切情况，以免污染。关心手术人员情况，及时给予解决。手术完毕，协助术者包扎伤口。整理手术间，补充室内的各类物品，用物归回原处。进行空气消毒，切断电源。手术中途调换巡回护士时，须做到现场详细交班，包括病情、医嘱执行情况、输液、输血、用药等，在登记本上互相签名，必要时告知手术者。

🐾 思 与 练

1. 手术人员有哪些基本要求？
2. 各类手术人员如何配合？

子任务三　手术宠物管理

🐾 相关知识

（一）手术宠物麻醉前的准备

1. 手术宠物麻醉前的基本要求　理论上来说，进行预约手术的患病宠物需要提前一个下午到宠物医院来，住院前先办完相关手续，包括签署手术同意书和手术费预算单。

患病宠物在手术前提前一个下午来住院，可以有时间完成病史调查、临床检查、根据需要注射疫苗和手术前血液学检查，方便医生随时进行手术。特别脏的患病宠物要提前一天用温和的香波洗澡，以确保术部清洁。

临床检查包括测定重要的生理参数，助理宠物医生负责进行测量并记录。助理宠物医生还应查看一下患病宠物的所有文件，以确保麻醉前和给药之前均完整正确填写。

让患病宠物提前一天住院，可确保术前12h禁食。住院前宠物主人常忘记让宠物禁食，甚至还有些宠物主人在住院前饲喂患病宠物。一些患病宠物如果搜索垃圾箱觅食，则可能造成更严重的后果。对一些幼年或体重小于3kg的患病宠物，由于肝糖原储备比成年和体重较大的患病宠物少，所以为了安全起见，术前禁食时间应更短。水可一直供给到麻醉前给药为止，这对于脱水和肾衰竭的患病宠物尤为重要。

随着宠物医院内化验设备的增加，术前血液化验也增多。化验结果有助于麻醉前对患病宠物的情况进行分类。患病宠物的年龄和临床检查可以作为选择化验项目的依据。患病宠物越老，所需做的化验就越多。宠物医生根据能提供的化验项目和化验结果的及时性决定需要做的化验项目。

每一个宠物医院都有自己的麻醉前药物记录。宠物种类、品种、年龄、手术步骤、预期手术所需时间和宠物医生的偏好都可以影响麻醉前用药的选择。给药剂量按宠物每千克体重来计算。通常需注射给药，为了加快作用效果，多数也采用静脉给药。这些药物的作用是镇静患病宠物、减少疼痛、减小其他药物的不良反应、辅助诱导麻醉和苏醒。一些药物是管制药物，如果使用了管制药物，记得要在管制药物日志中记录所抽取的量。

2. 手术宠物麻醉前的准备工作流程　查看医院关于手术前的工作安排表。预约手术时间、日期以及通常安排的类型和数量。需要核实的内容包括：

预约手术的患病宠物住院时间是手术前 1d 还是当天？

谁、何时和怎样对宠物主人交代的麻醉前禁食情况？

何时进行术前血液检查？

患病宠物应做的常规化验有哪些？

何时进行术前临床检查？

知道用患病宠物的常规麻醉前药物和剂量。

知道所有麻醉前用药的存放地点。知道哪种麻醉前用药是管制药品及管制药品日志的位置。

3. 手术宠物麻醉前的工作步骤

（1）确认患病宠物的身份。

（2）确认所需的手术文件（手术同意书和费用预算表）是否在患病宠物病历档案中。

（3）确认免疫状态，注明药物过敏和查看当前的健康状态，因为这些都会影响手术过程。把生命体征和体重记录在病历上。

如果提前一天住院：进行术前血液化验；术前 1d 禁食，但不禁水，幼年或十分小的宠物除外；如果宠物十分脏，需要洗澡并吹干。如果患病宠物手术当天住院，确认宠物主人是否将其术前 12h 禁食，将情况写进宠物病历档案。对患病宠物进行采血，做术前常规化验。所有化验结果都应记录在病历上，同时在治疗记录板上做标记。拿出患病宠物的麻醉前用药和注射器。如果有管制药物，在日志上做记录。

拿出患病宠物的留置针和补液用的液体。液体的选择受手术过程及其持续时间的影响。通常选择等渗晶体液如林格氏液。对于十分小的或幼年宠物，可选择 5% 葡萄糖或把葡萄糖加在林格氏液中。在非常规情况下，需要询问宠物医生的选择。普通患病宠物的输液速度：10～20 mL/（kg·h）。但脱水和血压低的患病宠物需要更快输液，心脏或肾损伤的患病宠物需要更慢的输液。

（二）手术宠物的摆位和最后的备皮

1. 手术宠物的摆位和最后备皮的基本要求　患病宠物的摆位由手术操作决定，理想的体位可以提供最佳的手术通路。无论选择哪种摆位，体位的保持都要用到各种 V 形固位器、沙袋、泡沫楔、筒状毛巾、固定体位真空吸袋和软棉绳。

手术台不是平坦的不锈钢台子。在手术台下面有个手柄,松开手柄可以使手术台倾斜。有些手术台有一小孔,孔下有一牵引钩,用于悬挂不锈钢小桶。手术台表面并不是全平的,在它的周边有一圈浅凹槽。这种设计可使手术台表面的液体流到下面的小桶里。在接近地面的地方有两个脚踏板,可根据手术医生的需要踩脚踏板来调整手术台的高度。

患病宠物进入手术室前,应先准备好手术台。其表面和边缘应喷洒消毒液,台面上放上循环热水垫、厚折叠毛巾或其他一些保暖设施,这些物品用于维持手术台上患病宠物的体温。将干净的毛巾盖在循环热水垫上,然后把患病宠物放在毛巾上,其四肢用挂在手术台上的软棉绳保定。该绳的一端有一个小绳圈,用于绕成大环,游离端可拴在手术台下的 4 个保定栓上,保定栓一般处在手术台的 4 个角上。有些手术台下的保定栓可以移动。

患病宠物的手术保定通常有 3 种体位:侧卧(左侧卧和右侧卧)、仰卧和俯卧。仰卧是最常采用的方式,因为它提供了各种类宠物的腹腔和犬阴囊的通路。俯卧主要是用于尾部和会阴部手术,这也是猫去势时常用体位,但也有一些术者喜欢采用侧卧。胸腔手术可以仰卧也可以俯卧,脊椎手术通常采用俯卧,四肢手术一般都采用侧卧。

患病宠物摆位完成后,用绳子保定四肢。把绳的末端穿过另一端的小绳圈以形成一个大环。这个大环用于套在四肢的近端部分,如肘部上方或跗部上方。绳的游离端做成另一个环,套在四肢的远端如靠近腕骨或跗骨。最后将游离端向较近的手术台一端拉紧并用一系列半挽结拴在邻近的栓子上。绳应拉得足够紧以保持宠物的体位,但也不能太紧,以免影响血液循环。如果手术涉及四肢远端,该肢不要用绳保定,其他肢正常保定。当患病宠物侧卧时,四肢拴在较近的手术台的栓子上,而靠近患病宠物背部的对侧栓子不必使用。

调整手术灯,使尽量多的灯光照射在术部。在最后备皮之前,先调好灯大致的位置,等盖上创巾后还需调整手术灯最后的位置并调整灯光直射在创巾的窗口上。最后调整时,手术医生可将一个带无菌手柄的磁铁吸附在手术灯侧面,调整最后的手术灯照射方向。如果没有这种器械,也可以叫助理调整但必须在铺上创巾前调整,且助理身体的任何一部分都不能处于切口的上方。

患病宠物摆位和灯光初步调整完毕后,开始最后的备皮。它与初始备皮相似,起于切口位置,然后逐渐向外做圆圈运动直至剃毛区边缘。此时只能用抗菌的外科消毒液且用镊子夹持棉球,不能用手直接取出棉球,夹持棉球在切口的位置上开始擦,重复擦拭 3 次,每次之间不需要清洗消毒液。铺创巾前应让皮肤上的溶液自然干燥。

这时,手术医生进入手术室,开始铺创巾。助理宠物医生谨记不要堵在手术医生行走的路线上,也不要进入灯光或术野内,与所有无菌物品保持距离。

谨记无菌操作。

2. 手术宠物的摆位和最后备皮的准备工作流程　准备手术台,包括:消毒;放置保温设施;盖上干净的毛巾;按手术医生需要调整手术台高度;如果手术医生要求,倾斜手术台,一般都是轻度倾斜。

拿出保定辅助器具。回想怎样打半挽结,以把绳游离端拴在栓子上。知道所需的患病宠物体位。调整手术灯。

3. 手术宠物的摆位和最后备皮的操作步骤　把患病宠物按所需体位放在铺好的毛巾上,用保定辅助器具使患病宠物保持合适的体位,把绳套在四肢上,把绳拴在栓子上。

进行最后备皮：使用浸入抗菌消毒液中的棉球；用镊子夹持棉球；把抗菌溶液涂抹在切口位置，并逐渐向外做圆圈运动，直至剃毛区的边缘，每次涂抹不能返回已涂过的地方；抗菌消毒液必须涂 3 次。

（三）手术宠物的监测

1. 手术宠物监测的基本要求 患病宠物的监测需要一个机敏、注意力集中、手脚麻利的助理宠物医生来完成，同时还需要配合监护仪的使用。各种监护仪可以提供各种信息，助理宠物医生一旦发现异常，应马上告知宠物医生。监测的生命体征：包括心脏功能和血压、呼吸的频率和深度、中枢神经系统反射和体温。如果患病宠物在术中输液，还要监测其输液速率和液流畅通情况。

虽然在通常情况下患病宠物多出现恶性体温过高，即体温快速升高，但手术中患病宠物更易出现低温。维持体温可用循环热水垫。电子直肠探头温度计是监测体温的最佳方法，因为它可快速反映体温并在屏幕上显示出来。

毛细血管再充盈时间（CRT）是最易操作的评价方法之一。翻开患病宠物的唇部，暴露犬齿上的牙龈，该区域应当无色素，因为色素会妨碍评价。手指用中度力量按在牙根的后部，按压 2s 后，松开手指，计算牙龈从苍白恢复至周围牙龈正常颜色的时间。颜色的正常恢复时间应小于 1s。如果患病宠物休克或其他原因引起循环受阻，恢复时间会延长。

机体正常黏膜颜色为粉红色。如果患病宠物贫血或休克，黏膜会呈苍白色。蓝色黏膜表明存在严重的问题。蓝色黏膜称发绀，这表明血液中缺氧，颜色越蓝，病情越严重。黏膜还可呈褐色或混浊色，高铁血红蛋白血症时出现，这见于中毒，如亚硝酸盐中毒。一氧化碳中毒时血呈鲜红色。任何黏膜颜色异常都必须马上告知宠物医生。

呼吸功能评价可通过观察或呼吸监护仪来完成。助理宠物医生可把一只手伸到创巾底，触摸胸部，检查呼吸的频率和深度或者观察麻醉机上呼吸气囊的运动。呼吸监护仪有环形带可缠在患病宠物胸部。宠物每次呼吸时，环形带被拉紧，以此测定每次呼吸频率和深度。听诊器可收集呼吸音和心音。声音强度、频率和节律发生变化都表明存在问题。

心脏功能监测可通过听诊器、脉搏测定仪、心电图和触诊脉搏来进行。触诊脉搏一般选择宠物的股动脉。测定血压一般可用脉压计。像人测定血压一样，也需要一个袖套，袖套的型号多种多样，适用于不同的患病宠物。有时还用脉搏血氧计，这个装置可用夹子夹在舌上、指（趾）间或肋腹部，它显示患病宠物当时的血氧含量，正常值是 98％ 左右，当值小于 90％ 时表明即将出现发绀，需马上告之宠物医生。心电图测定的是心脏收缩时心肌产生的电脉冲。对于手术监测，常用 Ⅱ 联。在放电极之前，先确认宠物医生偏好的导联。使用听诊器时，把听诊头沿创巾下滑至心脏处听诊心音。当测定值不在设定的范围内时，许多监护仪都可发出提示音。

麻醉深度的评价主要依赖于监测患病宠物的不自主反射。手术是否开始主要取决于助理宠物医生对反射的监测，因为没有机器可以测定麻醉深度。可用手指轻拍眼睑表面以评价眼睑反射，如果存在强烈眨眼反射，说明患病宠物的麻醉深度较浅。当麻醉水平加深时，眼睑反射减轻或消失。

掐脚趾间的皮肤检查足底反射，正常有意识的宠物会收缩腿部。随着麻醉的加深，反射减弱消失。

宠物处于麻醉期至翻身俯卧的整个过程都需要监测。在整个麻醉期每 5min 监测一次是最理想的，对重症宠物的监护应更频繁。如同使用其他设备一样，使用前阅读说明，再按说明操作。记住所有的维持操作并始终坚持去做。将设备制造商的说明保留在文件夹内。定期查看操作指南，熟悉设备。在实际运用前先练习操作机器，知道为什么这样用，知道患病宠物各参数的正常值。当监测患病宠物时，必须知道哪些是不正常的，哪些信息是无效的。

如果宠物医院有麻醉表，把监测的数据记录在表上，该表分为3部分：手术前期包括麻醉前用药，手术期包括所有用过的药物，手术后期从切口闭合至患病宠物恢复意识为止。手术前期信息包括宠物主人的姓名和患病宠物的名字、种类、品种、年龄和性别。该表上标有手术日期和所做的操作，还记录着术前的检查数据，包括体重、生命体征和所有化验结果，麻醉前用药时间和剂量。

麻醉期包括诱导期和维持期。诱导期所有药物的使用时间和剂量必须记录，还包括所用的气管插管型号。生命体征、麻醉程度和麻醉气体含量需每5～15min记录一次，另外还应包括输液量和大概血液丢失量。

手术后期至切口的闭合。每5～15min监测一次生命体征，直至拔管后吞咽和咳嗽反射出现为止。拔管后，生命体征应每15～30min记录一次，直至宠物站立为止。如其他期用的药物一样，记录药物的剂量和使用时间。

手术完成后，可把所有的记录点用线连起来。它展示了按时间记录的信息图。开始运用时，仔细查看该表，比较空白表和填写完毕的表。像其他表一样，麻醉记录随宠物医院和宠物医生偏爱不同而不同，可简单也可复杂。

在尝试监测患病宠物又同时记录数据前，先练习监测患病宠物是非常重要的。

2. 手术宠物监测的准备工作流程

（1）找到患病宠物监护仪。查看制造商的信息；知道为什么要用这些仪器；知道怎样用这些仪器；知道如何维护这些仪器，特别注意消毒和校准；用健康宠物练习监测（如可用常规牙科护理时麻醉的健康宠物）。

（2）知道正常的生命体征值。

（3）知道怎样评价患病宠物的反射。

（4）知道如何调整麻醉深度。

（5）明确助理宠物医生在急诊病例中的职责。

3. 手术宠物监测的操作步骤

（1）患病宠物麻醉前：找出手术室内所有的监护仪，确证所有的仪器能正常工作。

（2）患病宠物进入手术室后：按说明使用监护仪。打开监护仪，如果监护仪是可听的，调整音量，使之能够被听到，但声音不要太大，以免干扰说话。按常规方式监测患病宠物。主要监测内容包括：

①心脏功能：脉搏（脉律和节律）、CRT、黏膜颜色、ECG、用听诊器听诊心脏（不能破坏无菌操作）。

②呼吸功能：频率和节律、深度、特征（腹式和胸式）。

③反射：足底反射、肛门反射、眼睑反射、角膜反射、咳嗽和吞咽反射、肌张力。

④体温。用麻醉表记录结果。每5～15min重复一次。持续监测直至患病宠物离开手术室，恢复吞咽和咳嗽反射。

（四）麻醉苏醒期患病宠物的护理

1. 麻醉苏醒期患病宠物护理的基本要求　患病宠物清洗干净后就可以离开手术台，最理想的安置环境是温暖安静的地方，而且还要能随时监护其情况。患病宠物必须待在一个安全的足够大的空间里，确保它的头和脖子能够伸展开，不要使颈部弯曲，否则气管会被堵塞。由于手术中宠物要到达麻醉的外科手术期，因此宠物在苏醒时也要经历与此相反的各个麻醉期和阶段。当宠物的反射恢复时，表示其意识也恢复了。

监测患病宠物的吞咽反射很重要，吞咽反射暗示着什么时候可以拔管，拔管过早易导致患病宠物气道不畅造成呼吸困难甚至窒息，拔管过晚易导致患病宠物嚼咬插管甚至将管咬断。当患病宠物苏醒时舌头会舔，下颌力量增大。解开头上固定气管插管的绷带，抽出插管上膨胀气囊中的气体，此时可以很容易地将插管从喉部拔出。

在苏醒期，患病宠物的呼吸频率加快、呼吸加深，逐渐恢复运动能力，开始试图站起来。通常先从侧卧转向俯卧，最终能够勉强站起来，但可能还会摔倒。由于身体丧失了很多热量，患病宠物会发抖。麻醉药物还会引起患病宠物在苏醒期暂时的兴奋，在此期间患病宠物可能会出现神经症状，有可能会伤害到自己，所以要小心仔细地照顾它，使它待在一个安全的不会伤到自己的地方。

在麻醉药物未代谢完期间继续监测患病宠物的生命体征，记录下相关信息。此期间还可根据处方给予患病宠物镇痛药物。为了使患病宠物在术后感觉温暖舒适，要提供一个温暖安全的地方。在患病宠物只能侧卧期间，要每隔 10～15min 将其翻身一次，这样能够预防实质性肺炎的发生。保持患病宠物头部伸展，直到宠物以俯卧。一些宠物医生喜欢把患病宠物安置在手术室或处置室内，直到患病宠物能够俯卧为止。这时可把患病宠物放到有厚垫子的大笼子里，可以使用加热灯或循环温水毯来保温。按处方要求继续静脉补液。

不能将患病宠物从热源处移开。在维持正常体温的同时要防止患病宠物被热源烫伤，要随时监护患病宠物。

2. 麻醉苏醒期患病宠物护理的准备工作流程　将麻醉苏醒期表准备好，如果苏醒期信息与麻醉记录写在一起，那么接着麻醉记录书写。为患病宠物恢复准备一个安全的地方。可准备垫子；注意保温，热源可使用循环温水毯、加热灯或者毛毯；有足够的空间使患病宠物头颈能够伸展，能随时监护宠物。

3. 麻醉苏醒期患病宠物护理的操作步骤　把患病宠物安置在温暖有垫子的地方，伸展颈部，解开系气管插管的绷带，继续监测患病宠物生命体征，观察宠物的吞咽反射，放掉气管插管上膨胀气囊的气体。有吞咽反射时立即拔掉气管插管。给予宠物指定药物。继续观察患病宠物并监测生命体征。当患病宠物恢复俯卧时，把它放到笼子里继续术后观察和护理。

补充要求：完成麻醉记录和麻醉苏醒期记录。在治疗记录板上标明患病宠物手术已完成。继续监测患病宠物，进行术后护理。

谨记：在麻醉苏醒期间患病宠物仍然处于危险状态。要把患病宠物的安全和舒适放在第一位。

🐾 拓展知识

患病宠物的术后护理

1. 基本要求　麻醉后期是术后护理的第一部分。麻醉后期和术后患病宠物的护理是助理宠物医生在术后必须做的。注意观察有无出血、疼痛和休克迹象。CRT 是监测休克的最好办法。如果齿龈变得苍白并且 CRT 超过 1s，应立即通知宠物医生。如果患病宠物在麻醉中出现呕吐，保持气管插管的正确位置和膨胀气囊充气状态，并迅速抬高患病宠物的后躯，使液体被迫从口中流出。用湿布或纱布擦掉黏液和颗粒物质。如果患病宠物太重不能抬起，把患病宠物放在一个倾斜的台子上比如手术台，使头尽量放低，后腿尽量抬高。如果从切口处有血流出，压迫伤口并通知宠物医生，如果必要可以使用压迫绷带。

一旦切口缝合后，撤掉手术创巾，暴露出缝合的创口。患病宠物不再连接麻醉机呼吸，并逐渐从麻醉中醒过来。用酒精棉球擦掉患病宠物身上所有的血迹，但不要擦到切口上，只需接近切口边缘向其周围的皮肤擦。用干的棉球擦干。宠物医生可能会要求给患病宠物注射抗生素和术后止痛的药物。遵照医嘱，在治疗记录板上和患病宠物的病历档案中写上治疗说明。

清理干净患病宠物后，移去保定绳和监护仪，准备把宠物移到地板上的厚垫子上或进入重症监护病房（ICU）。出现咳嗽反射时，可拔去气管插管，记住要先放去气管插管膨胀气囊内的气体。等患病宠物能够俯卧后，可将其放在笼子里，但仍需要定时监护。患病宠物恢复用的笼子中要有循环温水毯或暖和的垫子。此时不要放食盘和水盘，在笼舍门上放上笼卡。如果患病宠物一直在静脉输液，那么需要有人辅助转移患病宠物。当患病宠物进入恢复室，将输液瓶适当悬挂。患病宠物需要俯卧着继续休息，用毛毯或毛巾盖在患病宠物身上，关上房门。

患病宠物是否疼痛是很难确定的。不安静、不愿运动、嘶叫、咬自己（尤其是切口部位）、厌食或任何行为改变都可能是疼痛的表现。发现疼痛的原则是"如果这种情况会伤到人，那么同样会伤到宠物"。在患病宠物恢复期，外周疼痛抑制是十分必要的。严重的疼痛可能会引起死亡。在做手术之前，应给予患病宠物抑制疼痛的药物，这样患病宠物在麻醉醒来时就不会感到疼痛。像其他的药物一样，这些止痛药需要重复定时给予。注意处方中每种止痛药的使用频率，使用前仔细阅读说明。一些做完手术的患病宠物在回家后的几天内还需要服用止痛药。

在患病宠物完全清醒并且能站立起来以前不要给水和食物。最初仅给患病宠物少量的食物和水。如果采食没有问题，1h 后再给一些。如果患病宠物没有任何异常，能够站立，并正常地行走，可将其放回常规病房。除了进行了胃肠、下颌或口腔手术的患病宠物，否则一般应该在 24h 内正常采食和饮水。

当患病宠物回家后，术后护理的说明单需要寄给宠物主人。可能的话，最好在医院口头告诉宠物主人，然后护送患病宠物和宠物主人到接待区，在此时可以预约患病宠物下次复诊时间，通常是安排拆线日期。

在患病宠物出院后的第二天，助理宠物医生要打电话给宠物主人询问患病宠物的情况，并确认下次复诊时间。伤口拆线可由宠物医生、宠物医生技术人员或助理宠物医生来做。宠物医生首先要检查伤口的愈合情况。如果愈合良好，其他人员可以拆线。用蚊式止血钳和一把手术剪拆除缝合线。先用酒精棉球或蘸有其他消毒剂的棉球清洁皮肤，包括伤口处和缝合线。用止血钳夹住游离的线结向上拉，剪刀的一侧放到结的下面，在结和皮肤之间剪断缝合线。缝合线被剪断后，用止血钳将缝合线从皮肤中拉出。

2. 准备工作　知道宠物医院（诊所）关于常规手术的规定和操作步骤。手术室要有酒精棉球。为正做手术和做完手术的患病宠物准备有毯子或垫子的笼子和恢复室。

3. 操作步骤　术后立即要清洁切口周围。去掉监护系统。把患病宠物移到恢复室；如果不能用重症监护病房（ICU），可以将其放在手术室或处置室的地板上。

患病宠物头颈要伸直；把患病宠物放到有循环温水毯或加热灯周围，注意：不要使宠物过热或烫伤宠物；给患病宠物盖上毛毯或毛巾。拔掉气管插管，方法是先解开患病宠物头部的绷带，膨胀气囊放气，等待出现吞咽反射，拔出插管。

把患病宠物放在能随时观察的地方，比如处置室。继续观察，直到患病宠物能俯卧。按医生的处方给予抗生素、输液和止痛药。

一旦宠物能俯卧，把宠物放在有垫子的笼子里，继续观察。一旦患病宠物能站立，给予少量的食物和水；如果吃喝没问题，1h 之后再给一次。

一旦患病宠物能站立并能正常活动，带它到常规病房。正常提供食物和水。

出院：好好梳理患病宠物。检查伤口的清洁情况。告诉宠物主人关于患病宠物在家里的护理要求和喂药情况。告诉宠物主人欢迎来电咨询关于患病宠物的任何问题。护送患病宠物和宠物主人到接待区。方便的话让前台人员为宠物主人预约复诊时间。

出院后 24h 给宠物主人打电话。询问患病宠物的情况；询问是否有问题；确认预约复诊的时间和日期。

复诊：问候患病宠物和宠物主人。宠物医生检查切口的愈合情况。如果愈合良好，拆除缝线。

🐾 思 与 练

1. 手术宠物麻醉如何监测？
2. 手术宠物术后如何护理？

子任务四　手术器械管理

🐾 相关知识

（一）手术室器械的准备

1. 基本要求　器械在使用之后准备灭菌之前必须清洗干净。外科手术器械的连接处是最容易生锈的地方。含氯的水会使手术器械产生伤痕，所以清洗手术器械要用蒸馏水或去离子水，这样可以延长它们的使用寿命。新器械在使用之前要清洗，清洗程序与清洗用过的器械相同。

手术做完后要立即将手术包内的所有的器械，包括用过的和没用过的，放到消毒液中。不允许有机物质在器械表面干燥。助理宠物医生清洗器械前，器械可以浸泡在保存液中，但浸泡的时间不要超过制造商规定的时间。保存液可以是 pH 中性的清洁剂或消过毒的蒸馏水。

一般采用手工清洗。手工清洗要用无菌的硬毛刷子清洗器械的所有表面，尤其应该注意器械的缝隙和连接处，或者它涉及的器械盒。手工清洗即使再仔细仍会使一些残留物遗留在器械上。经过清洗和漂洗之后，器械需要彻底干燥，之后再把它们在器械保护液中浸泡

30s。器械从保护液中取出来之后放到一条能够吸水的毛巾上，使其自然晾干，然后再把它们打包保存。器械保护液可以在器械表面形成一种保护膜，防止器械被腐蚀、生锈、变钝，以及被剪刀、刀片等尖锐的东西划伤表面。

在清洗过程中要小心拿放这些器械，不要让它们垂落、折弯或粗暴拿取。处理好的器械肉眼看上去会很干净，功能连接处很平滑，并且没有污点。

2. 操作步骤　每一个手术完成后都要做以下工作：

（1）把所有器械按包放入含保存液的各容器中，各器械不要重叠放置。使带铰链的器械松开；把手术刀片从刀柄上卸下，丢掉；把缝合线从手术针上取下来；仅用 pH 中性的溶液、消毒液或者去离子水；溶液必须没过所有器械；浸泡的时间不要超过生产商推荐的时间；清洗以后，在一个盛有去离子水的容器中漂洗。

（2）人工清洗过程。用灭菌硬毛刷和 pH 中性的肥皂水；刷洗所有的表面，尤其注意缝隙和连接处；用大量的去离子水漂洗。

（3）干燥漂洗后的器械。

（4）涂保护液。根据制造商的说明稀释器械保护液，浸泡 30s，拿出放在毛巾包上晾干。

（二）手术器械的灭菌

1. 基本方法和要求　物品灭菌的方法有很多种，根据需要灭菌的物品选择适合的灭菌方法。灭菌的目的是杀死一切微生物，包括致病的和非致病的。

宠物医院最常用的灭菌方法是高压灭菌法，它是在高压下以热蒸汽的形式杀菌。

高压灭菌法可用来对器械包和大多数手术包进行灭菌。它不能用于热敏感材料，比如塑料、橡胶或者其他可能被热和蒸汽损害的材料。高压灭菌能使像手术刀片、手术剪和手术针等锋利的器械变钝。

高压灭菌器有不同的规格，从小的桌面式到大的立式都有，原理都相同。蒸馏水在高压灭菌器内加热到很高的温度，并产生巨大的压力。随着压力的升高，温度超过沸点。温度越高，微生物被杀死的就越快。高压灭菌器内的托盘上有孔，在足够的压力下水蒸气可以自由进入包裹内部以达到灭菌的目的。放入高压灭菌器内的物品不能叠放得太紧，否则会阻碍蒸汽进入内部。灭菌指示条应放在每个包裹的内部，以确保包裹内部的温度达到了灭菌要求。

高压灭菌器内有一个储水设备，必须装入规定量的蒸馏水。自来水会造成矿物质沉积，从而影响高压灭菌器的性能，即使是使用蒸馏水也要定期清理锅内的水垢。按照生产商推荐的方法使用和清洁高压灭菌器。把需要灭菌的物品放入高压灭菌器中，用控制杆或按钮往高压灭菌器内加入要求量的水，关上高压灭菌器的门。高压灭菌器的门有旋杆和旋钮等不同类型。高压灭菌器需要密封严密。根据灭菌的物品来设定高压灭菌器的温度和时间。通常会设一个表来列出不同材料的设定值。按照这个表或者依据生产商的说明正确设定时间和温度。温度和压力达到要求前通常有一很短的预热期。通常当指示灯变亮或者听到提示音时，说明温度和压力已达到了工作水平，这时设定杀菌的时间。当高压灭菌器停止工作后，等待压力下降，然后再部分打开高压灭菌器的门。要离高压灭菌器的门足够远，以防热蒸汽烫伤。保持高压灭菌器的门部分打开，直到其内的物品变凉变干，这时再把物品移到适当的储存地点。

无菌物品的储存最好是在封闭的柜子或抽屉内，而且不和其他未消毒的物品放在一起。

它们必须要干净、干燥和防尘。柜子和抽屉应该有个轮子，这样就可以将包裹从打包区移动到储存区或手术室内。灭菌后，单层布料包裹的物品可以放置1周，双层的可以放置7周，单层布料加绸纸混合包裹的可以放置8周。包裹储存后的使用按照先进先出的方法进行。当存放时间超过规定后都必须进行再次灭菌，在再灭菌之前应更换内部的灭菌指示条和高压灭菌胶带。任何包裹如果变湿即使沾了一滴水、外层包布松开、高压灭菌胶带松动或密封不良都应该重新灭菌。

根据要灭菌物品选择合适的灭菌方法。根据厂商的使用说明来操作灭菌仪器。每个包裹内都要含有一个灭菌指示条，且指示条的类型必须与选择的灭菌方法相一致。在使用包裹之前需要检查灭菌时间和外包布是否良好。如果过期或者包裹的无菌环境已被破坏，则不能使用。

2. 手术器械灭菌的准备工作流程　知道工作场所采用的灭菌方式。知道怎样恰当和安全地使用每种方法。确定每种物品的最佳灭菌方式。恰当地打包和标记。

3. 手术器械灭菌的操作步骤　把要灭菌的物品松散地放到密闭器内。

高压灭菌器使用方法：先向储水槽中装满水，再向密闭器中加入要求量的水，关门。设定预热时间，预热以后，设定灭菌需要的时间和压力（在121℃，灭菌时间15～60min。遵照生产商推荐的时间和温度对不同的物品进行灭菌）。灭菌完成后，慢慢降温，然后用蒸汽控制钮或控制杆降低密闭器内压力。压力降低后将门部分打开。使内容物变冷并完全变干。

确保高压灭菌器内有足够的蒸馏水以满足整个灭菌过程的需要。

🐾 思　与　练

1. 手术器械如何清洗灭菌？
2. 简述手术器械的准备流程。

子任务五　手术室各种规章制度

🐾 相关知识

（一）手术室安全管理制度

（1）手术室应有专人负责，随时配合急诊手术。

（2）手术期间应注意患病宠物的体位，适当保定，以防摔伤及咬人，手术期间密切监视宠物各生理指标。

（3）手术室电器设备，如电刀、插灯应定期检查。手术结束时及时切断电源。

（4）术后手术室负责人要认真巡视各手术间，负责氧气、吸引器、水电、门窗的安全检查及大门的安全，发现意外情况立即报告有关负责人。

（5）需要送检的标本要妥善保存，及时送检并记录。

（6）实习生严格管理，实习护士必须在助理宠物医生指导下工作。

（7）定时检查手术台等性能，防止零部件、螺丝帽等松动或脱落，保证正常运转。

（二）无菌物品的管理制度

（1）宠物医院所用一次性使用无菌医疗用品必须统一集中采购，集中管理，有严格的进

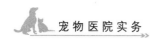

出制度。

（2）每次购置，采购部门必须进行质量验收，订货合同、发货地点及贷款汇寄账号应与生产企业、经营企业相一致，并查验每箱（包）产品的检验合格证、生产日期、消毒或灭菌及产品标识和失效期等，进口的一次性导管等无菌医疗用品应具灭菌日期和失效期等中文标识。

（3）宠物医院要建立登记账册，记录每次订货与到货的时间、生产厂家、供货单位、产品名称、数量、单价、产品批号、消毒或灭菌日期、失效期、出厂日期、卫生许可证号、供需双方经办人姓名等。

（4）物品存放于阴凉干燥、通风良好的物架上，距地面≥20cm，距墙壁≥5cm。不得将包装破损、失效、霉变的产品发放使用。

（5）药房使用前应检查小包装有无破损、失效、产品有无不洁净等。

（6）使用时若发生热原反应、感染或其他异常情况时，必须及时留取样本送检，按规定详细记录，报告医生及采购人员。

（7）医院发现不合格产品或质量可疑产品时，应立即停止使用，并及时报告当地药品监督管理部门，不得自行作退、换货处理。

（8）一次性无菌医疗用品使用后，必须进行消毒、毁形，进行无害化处理，禁止重复使用和回流市场。

（三）感染手术管理制度

1. 特殊感染手术、隔离手术　就地手术为原则，采用一次性敷料、器械、针筒为好，门口挂隔离牌。术中的纱布、敷料及其他能燃烧的物品应全部焚烧。器械、针筒、搪瓷盘应浸泡于0.5%过氧乙酸中30min，经2次高压蒸汽灭菌后再处理，包上应贴有红色传染病标志。未使用过物品集中打包，贴上红色传染病标志，高压灭菌后作常规处理。手术间，用甲醛加热法熏蒸消毒，封闭24h。

2. 一般感染手术　器械、敷料、针筒、手套、引流瓶等均应浸泡消毒后按常规处理。手术间开窗通风，用消毒液擦拭手术床、推车、物体表面，拖地，用紫外线消毒空气。

（四）手术间管理制度

（1）手术间要保持清洁、整齐、无味。

（2）物品要放在指定位置，不得随意乱放。

（3）如手术需要使用其他术间物品时，用后应及时归还。

（4）手术台要保持平整、干净、无血迹，术后随时清洁。

（5）保持地面、墙壁及室内各种设施干净，并每周大清扫一次。

（6）手术体位垫用后归还原处，污染及时清洁。

（7）术后彻底清扫手术间。

（8）定期做手术间空气培养。

（9）感染手术后，手术间按感染手术处理，紫外线照射，并做好登记。

（五）麻醉药品管理制度

（1）购买麻醉药品要到指定的麻醉药品经营单位购买。

（2）使用麻醉药品的宠物医院医生必须具有麻醉药品处方权。

（3）手术室给予少量麻醉药品作为基数，由专人加锁保管。手术中用麻醉药品凭空安瓿按规定处方实际用量向药房领取。医务人员不得为自己开处方使用麻醉药品。

（4）麻醉药品实行"五专"（专人负责、专柜加锁、专用账册、专用处方、专册登记）管理。对麻醉药品滥用者，药房人员有权拒绝发药，并及时向院领导汇报，妥善处理。

（5）定期检查麻醉药品使用及管理情况，发现问题立即报告、及时处理，必须做到账物相符。需报损处理的麻醉药品，经当事人写明真实、详细情况，报院长批准，完备各种手续后方可处理。

（6）药房每天对麻醉药品领用情况进行登记、做账、交接，药库保管人员发登记专用卡，每天盘存，盘存数两人签名，不定期抽查。

（六）手术室清洁卫生制度

（1）每天早上做平面卫生（各手术间、无菌室、有菌器械房、包扎房、消毒间、更衣室等）。

（2）每周固定时间熏手术间及无菌室，其余时间每晚用电子灭菌灯照射1h。

（3）每周刷洗手术间地板1次。

（4）手术间每周大扫除1次（包括家具、门窗、无影灯、手术床、抽屉专科柜）。

（七）手术室贵重及特殊仪器使用管理细则

（1）手术室设器械专柜，专人管理，造账立册。标签醒目，摆放有序。每日、每周清洁、清点。

（2）手术器械包内设器械物品基数卡，便于清点，避免丢失。器械包外注明器械名称、操作者、日期。

（3）如手术需用特殊器械时，器械室护士根据手术通知单或与术者联系确定器械，负责从器械室拿取器械，清点种类、数量，并设器械基数卡，一起打包消毒使用，术后与洗手护士核对，无误放回器械室。

（4）器械归位前，检查器械配件是否齐全，轴节是否灵活，咬合是否紧密，螺丝是否松动，剪、凿是否锐利等，防止细小零件、螺丝丢失。

（5）器械室护士每日认真清点、核对器械包种类、数量。负责器械的定量、定数、无锈、无血迹、正常使用及器械保养工作。

（6）手术前洗手护士与巡回护士认真清点器械（有器械基数卡按卡清点），关腔前后、手术后再次认真清点。要掌握器械的使用方法，防止人为损害。器械使用后，应彻底清除器械上的污迹、血迹（需拆开清洗的一定要拆开清洗），然后超声波清洗，上器械油。之后再次认真清点，进行保养归位。若器械丢失，责任者承担。人为因素造成器械损坏的，追究责任者，进行经济处罚。

（7）贵重（精细）器械建立使用登记簿，做好使用登记。保管、消毒时用保护套套住器械前端，防止损坏。不与其他器械混放，以免压坏。不许火焰消毒。

（8）器械一旦损坏或丢失，及时报告，以免影响手术。

🐾 思　与　练

1. 手术室规章制度有哪些？
2. 制定手术室规章制度的意义是什么？

任务六　住院管理

子任务一　住院诊疗业务管理

相关知识

（一）住院诊疗程序

制定住院诊疗程序是维持宠物医院正常运转的必备条件。

1. 入院　制定入院标准，不同疾病患病宠物安排在相互隔离的住院间内。无论何种形式入院均应由经治医生开住院通知单，办理住院手续，并签住院治疗同意书，严重病例要签病危通知单。

2. 出院　制定出院标准，由经治医生对符合出院条件患病宠物作住院诊疗总结，通知宠物主人接宠物出院，出院前，下达医嘱，予以出院。

3. 转院　经医院医生会诊对不适宜在本宠物医院继续诊疗的病例、疑难病例或宠物主人要求转院的病例，可以推荐他们到水平更高的宠物医院就诊，并严格遵守转院规定。

4. 死亡病例处理　病情危重的抢救病例，住院有生命危险病例，应向宠物主人交待预后，让宠物主人有心理准备。如果主人要求安乐死或者放弃治疗，宠物医院要对尸体妥善处理。在住院期间死亡的病例要第一时间通知宠物主人，并保护好现场，不要移动尸体，等宠物主人到来后，将治疗及死亡情况告知宠物主人，安慰家属。尸体可以由宠物主人带回处理，也可授权医院进行处理，如果需要解剖的病例，一定要征得宠物主人同意后方可解剖，宠物医院工作人员不得擅自解剖宠物尸体。对于有纠纷病例必须履行尸体解剖规定手续。当班医护人员做好各项抢救记录，完成病案并作好死亡病例讨论准备工作。

5. 出具医疗书面证明　由于交通肇事、民事纠纷等需要在住院诊疗期间索要证明者，医院只能根据病情出具病情诊断书，不介入纠纷中。医护人员个人不得随意接受委托出具证明。

（二）检诊制度

检诊是医护人员对新入院宠物的首诊过程，是医疗决策的首要环节，要求及时、认真、准确。检诊阶段要完成住院房间安排，初期诊察，急、危重病例抢救，及实施诊疗前的各种准备，为继续诊疗奠定基础。通过检诊全面细致地收集病史，进行详尽的物理检查，运用现代化医疗设备有目的地重点检测，给宠物主人以安全、信任感。在检诊阶段，医护人员要让患病宠物适应新环境，并了解各个宠物的生活习性，是否具有攻击性等，同时要和患病宠物建立熟悉的关系，方便后续工作的开展。

（三）每天查看住院宠物

每天查看住院宠物是指医护人员定时巡视住院的患病宠物，是基本医疗活动。查看目的是及时了解患病宠物的状况，比如体温变化、呕吐、腹泻、饮食欲、精神状况等，并做好记录，及时清理排泄物。通过每天查看住院宠物情况，做到明确诊断，制订和调整诊治方案，提高治疗效果。每天查看住院宠物也是医院管理者对住院诊疗质量监督检查采用的重要手段，是发挥分级负责结构功能的主要方式，应不断完善、强化。

1. 组织方式　查看住院宠物也要采取主治执业宠物医生、助理执业宠物医生与护士三级责任制，护士要定时去查看住院宠物状况，并及时向相应的助理执业宠物医生或宠物医生汇报，执业宠物医生也要每天去观察患病宠物状况。

2. 查看内容 医护人员查看住院宠物，包括收集病史、体格检查、提出化验及需要检查项目，病情观察，清理患病宠物排泄物及分泌物等，之后书写病案，分析病例，拟定诊疗计划，确定诊治方案。查看的前提必须是基础资料可靠准确，分析判断切合病例实际，指导具体，效果明显。

3. 查看时限 对查看宠物规定必要的时限，使宠物医生医疗活动按规律进行是住院诊疗质量的基本保证。住院宠物要有专门的护士定时护理，护士发现情况要及时向医生汇报，执业宠物医生与助理医生要保证足够的时间接触患病宠物，每天至少两次（晨间和下班前）查看患病宠物，并要了解宠物每天用药后的状况。

4. 查看重点 查看住院宠物应根据入院患病宠物疾病所处的不同时期有所侧重。初期尤其重视临床基础活动，包括了解病情，准确收集资料，及时诊断，确定治疗方案；中期集中分析推断，按照医疗诊治规律对病例诊疗疑点、难点逐个解决；后期按诊疗病例的预定诊疗目标总结评价。同时要注意对新入院、急危重、疑难病例及突发事故、特殊病例的查看。

5. 查看效果评定 要对查看的效果进行评价和考核，这样不仅有利于提高查看质量，还有利于促进各级宠物医生重视这一基础实践活动，是医疗质量的重要保证。

查看效果评定指标有：查看程序是否标准？责任是否清楚？内容是否完整？指示是否及时落实？宠物主人满意度如何？

查看住院宠物效果评定方法：建立医生查房登记册，查阅查看活动内容；检查病案，核实查看质量；组织医生实地考察负责医生对病情、诊疗情况的了解、掌握程度，评价总体效果。综合各项结果评分，并将信息反馈诊疗医护人员。

（四）建立会诊制度

会诊是指对疑难重症病例、涉及多学科的综合病症、抢救危重病例及医疗技术难题等请求诊疗小组以外的医生提供诊治意见、给予指导时，所采用的诊疗方式。

1. 会诊形式 按会诊涉及学科范围分为科内会诊、科间会诊、多科系会诊；按病情缓急程度、会诊时间要求为急、重危病例的急会诊，慢性病例、疑难病症的择期会诊；还有为教学需要或临床经验交流而设的定期会诊。

2. 会诊要求 会诊目的要明确、要求具体；提出会诊科室准备好资料，会诊者认真做好准备；会诊时双方医生亲自诊察病例、分析病情，确定诊察方案，做好记录，并按时检查实施会诊意见的情况。

3. 会诊资格 科内会诊由执业宠物医生参加，科间会诊一般由中级以上职称者参加，疑难病例由高级职称者参加。

（五）开展病例讨论

为总结临床、教学经验，对具有代表性或特殊病例集中各级医生智慧，采取的集体讨论式的诊疗活动。病例讨论由主治医生提出并主持，与全院医疗活动相关的病例讨论由院长负责实施。按不同目的确定参加病例讨论人员范围。

1. 疑难病例讨论 对虽经多次会诊仍未达到诊疗预期目的的疑难病例，可通过讨论解决疑难问题，讨论过程对各级医护人员临床思维有启迪作用。

2. 隐患病例讨论 存在医疗缺陷但未造成严重不良后果的病例，通过讨论总结经验教

训，可提高防范意识。

3. 手术病例讨论 进行术前讨论，明确手术方案，可起到预防医疗缺陷的效果，特别对具有高难技术要求的病例尤为重要。

4. 死亡病例讨论 为总结经验，提高抢救、诊疗水平所进行的常规讨论，有条件且经主人允许可以对死亡病例尸体进行剖检讨论。

5. 临床病理讨论 对罕见、少见死因不明的病例，经病理证实原因清楚，对提高临床诊治水平起重要作用的讨论。

6. 教学典型病例讨论 一些典型病例在教学中可起示范作用。

7. 出院病例讨论 终末医疗质量评价形式。病例讨论时，各级宠物医护人员充分发表见解，提出有论据的观点，形成集中统一的意见，防止流于形式。这样有利于积累经验，提高以后类似住院病例的治疗水平。

（六）计划诊疗

宠物医生要对接诊的住院病例实行负责制，在诊疗过程中要做到医疗质量自我监督、自我调控。计划诊疗内容包括对个体病例拟定的诊治计划及病情演变估计对策，及实施过程中对诊疗措施的修正，并对诊疗效果作出判断，使诊疗在宏观控制下做到按计划进行。计划诊疗以文字表达，能描述质量指标；也可用表格显示，清晰而简明。

计划诊疗由主治医生负责。通过宠物医院总负责人查房等方式监督检查实施情况。

（七）开具医嘱

宠物医生以医嘱单形式下达的必须履行的具有强制性的指令性医疗文书，住院部护理人员必须严肃认真执行。

1. 长期医嘱 医嘱维持时间超过24h，相对稳定，有规律、连续进行的诊疗措施。比如因细小病毒住院的患病犬，在治疗的前5d要严格禁水与禁食，护理人员就要按要求执行。

2. 临时医嘱 根据病情需要所采用的临时性诊疗措施，需及时迅速执行。为保证医嘱的真实性和准确性，由经治宠物医生亲自填写医嘱，并备案。

3. 下达医嘱的要求 下达医嘱必须填写清楚确切时间，核对宠物信息，如宠物主人名称、宠物名字、疾病种类、住院号等内容，以防混淆。下达医嘱后应复核一遍，然后签字。取消、更改医嘱应有明显标志（如用红笔书写）。执行医嘱时，对医嘱表达不清楚、内容不确切的应要求重新开出并询问明白，不可马虎从事。

🐾 拓展知识

（一）住院病历书写要求

病历是诊疗过程中，宠物医护人员对患病宠物所患疾病发生、发展变化，诊治经过，治疗效果及患病宠物精神状态、治疗反应等真实的记录；是医疗、教学、医院科学管理不可缺少的资料；是评价医疗质量，考核宠物医生技术水平，收集医疗统计原始资料的依据，也是避免宠物医疗纠纷的有力证据，因此医护人员必须以认真负责的精神和实事求是的科学态度书写好病历。

1. 基本要求 真实完整，文字精练，字迹清晰，科学性强，表达准确，标点符号运用正确，层次分明，重点突出，关键性情节因果关系交代清楚，及时完成，计量单位标准。

2. 结构要求

（1）首页。熟悉首页要求的各项意义及填写依据标准，尤其是涉及诊断、治疗、院内感染等项的判断必须实事求是，防止随意性。首页各项有问必答，不可空项。

（2）住院病历。住院宠物的病情，要求记载全面、内容系统完整。

（3）第1次病程记录。住院病程演变的首次记载，为诊疗过程作对比的基础资料。重点记录入病房当时病情检查情况、诊疗紧急措施或初步诊疗计划。

（4）手术记录。术前诊断、术前讨论、术中手术方式、术后当日情况等注意事项。

（5）医生查看住院宠物记录要求。住院医生负责具体住院病历的书写，及时记录病情变化，及诊疗业务活动内容、措施、患病宠物治疗反应等。主治医生对重要诊疗问题及病情等应补追记录，对住院医生诊疗意见进行修改不使用"同意""赞成"等语言，而应具体指出哪些应做、如何做。

（6）出院记录。诊疗的阶段性总结，具有法律书证作用的重要文字材料。重点放在采取何种诊疗措施解决入院时的诊疗问题，病程、病情演变需对比清楚。

3. 书写责任 住院医生书写住院病历、诊疗各项记录、病程演变，之后签字以示负责。

4. 时限要求 及时书写病案，原则上每次诊疗实施结束应完成记载，以便为其他医生继续诊治提供资料，使全诊疗过程连续快速进行。

5. 病历质量评审要求 病历质量主要实施自我监督，定期在主治医生间评比。对病历存在的问题归类总结公布，优秀病历展示并奖励。

（二）随访的必要性

随访是住院诊疗工作的延续，是了解治疗效果及加强宠物医院与宠物主人关系的重要途径，应引起重视并成为制度。回访主要采取电话回访，告知宠物主人回访的目的，表示对宠物的关心，询问目前宠物的状况，并对目前的状况提出建议，对宠物主人护理提出建议与要求。

🐾 思 与 练

1. 住院诊疗的程序有哪些？
2. 住院病历书写要求有哪些？

子任务二 住院诊疗质量管理

🐾 相关知识

（一）住院部的环境质量管理

宠物住院部的环境影响着患病宠物的康复。良好的住院环境有利于宠物疾病的康复，而如果住院环境卫生差则容易导致交叉传染与二次感染，不利于宠物疾病的康复，甚至会加重病情。

良好的住院部环境管理要做到以下几点：

（1）医护人员以及其他工作人员必须高度重视消毒隔离制度，严格执行无菌操作规程，以防止院内交叉感染。

（2）住院部要将普通病与传染病分开，不同种的传染病也要分开住院，放在不同房间，并要根据病情和环境气温做好防寒保暖和降温工作。

（3）传染病患病宠物用过的敷料、器械均应按规定处理；排泄物、呕吐物必须经过净化消毒；传染病患病宠物用过的物品、笼子应消毒后再清洗之后再消毒，医院污水必须经过消毒处理后才能排放。

（4）医务人员对住院宠物进行各种操作、诊疗、处置前后均应流水洗手，各部门必要时备有 0.2％的 84 消毒液浸泡手，每天由护士负责更换消毒液。全院各科室污物、废弃物要用容器袋装好，分类进行统一处理，不准乱堆乱放。

（5）住院宠物一旦出院，要及时对整个房间进行消毒，尤其是对环境地面进行彻底消毒。

（二）住院宠物诊疗计划管理

执业宠物医生负责制订诊疗计划，发现病因和监测宠物在治疗过程中的病情变化。助理医生不参与制订诊疗计划，负责对患病宠物进行观察、记录，包括看、听、触、嗅。

助理宠物医生首先要观测记录宠物基本生理参数。包括宠物精神状态、体温、呼吸、心跳、食欲、肠蠕动、饮水量、排尿等情况，尤其要注意观测患病宠物有没有呕吐、腹泻，以及次数、颜色和排泄量。

观测结果记录在患病宠物的笼卡上或病历档案内，格式可以由宠物医院自己制定。

随着助理宠物医生记录正常肠蠕动经验的增加，能清楚知道不同种类或不同个体的正常肠蠕动状态。要对粪便硬度进行分级，可用"＋"来表示，即"＋""＋＋""＋＋＋"，这些描述性符号比"正常"更科学。记录宠物 24h 的总饮水量，饲喂的食物量、类型以及其真正的采食量。

要注意观察宠物的精神状态，如果患病宠物比前一天更警觉，要记录其行为程度。护士与助理医生要注意观察住院宠物全天状况，并简洁记录，要照顾到所有住院宠物。如果宠物出现与之前不同的任何表现都应记录下来，如果病情恶化，必须马上通知负责治疗的主治宠物医生。

诊疗计划应写在病历档案内。每日计划要记录在治疗室的治疗记录板上。记录板主要记录着宠物姓名、宠物所在位置、一天需要的治疗和特殊医嘱。每项治疗完成后，由完成该任务的助理医生核对并签名。当新的患病宠物入住时，及时将其姓名和治疗项目添加在治疗记录板上。在宠物医生完成每日早晨的查看住院宠物的常规检查后，更新诊疗计划。治疗记录板是所有工作人员的交流平台，互相告诉需要做什么，哪些已经完成了以及由谁完成的。

1. 观测工作

（1）观测前准备工作。首先查看宠物医院观测记录格式；询问观测记录有哪些要求；了解该宠物的正常状态；观察新进入宠物医院的患病宠物；即使是简单记录，也要全天观测每个患病宠物。

（2）观测时操作步骤。首先比较患病宠物与同种正常状态下该品种宠物的行为和表现；比较该宠物正常时与现在的行为和表现；比较该宠物刚入院时与现在的行为和表现；按宠物医院的要求和步骤填写观测记录；在病历档案上填写发生的变化和时间并签名；如果病情恶化或观察到其他并发症，应马上通知宠物医生，并在病历档案上记录观察结果和时间；用量化性描述或程度记录结果（如：早上 10 点呕吐，约 20mL，只有黏液，无食物）。

2. 使用观测记录板的操作步骤　当患病宠物从诊室进入病房时，在记录卡上记录宠物的名字、宠物所住位置和每天需要的治疗及一些特殊的医嘱；当一项治疗结束后，做上标记，记录治疗时间和签名，同时还要在病例档案上做相同的记录；留一些空白区记录一些信息，如当宠物将出院时某医生有话要对主人讲，或者手术已完毕等，同时还要放些提醒式标语，如咬人、勿触摸、对什么过敏等。患病宠物出院后，从记录板上擦去患病宠物信息。

（三）住院宠物的病舍管理

1. 住院宠物病舍管理的要求　患病宠物恢复至健康状态的要素之一是舒适安全的住院环境。要有合适大小的住院笼舍，以便宠物能够在笼内方便自由活动。笼子的栅栏必须足够密集，以免宠物钻出。对于小猫和小犬，一定要在笼子的下半部分加一个护栏，以防止它们逃跑或受伤。笼与笼之间必须装挡板，防止宠物之间相互接触。笼锁应该选择宠物无法打开的类型，或者门闩必须能挂上挂锁，以保证对聪明的试图逃跑者也绝对安全。始终保持宠物与医院以外的空间至少有两扇紧锁的门。笼舍的表面必须是防水材料，便于清洗和防止传染性物质嵌入缝隙中，但这样的表面一般都比较冷而硬，笼舍洗后也比较潮，这些都会增加宠物的不舒适感。因此，每个宠物的笼垫必须清洁、柔软和干燥，且要足够大便于宠物随意伸展。笼垫需要每天清洁。

有些宠物喜欢咀嚼或撕扯笼垫。对于这种情况，可以使用带孔的橡胶毯。它的空气流通性好，使宠物与地面潮气隔离。这些小毯子的表面光滑，也容易消毒。

一些宠物会抓挠笼底，搅乱报纸和笼垫，这通常意味着患病宠物需要额外增加寝具以便其藏匿。有时候宠物试图逃离或是因禁闭而一蹶不振。可在笼门外盖一条毛巾或毛毯，为宠物提供一个安静黑暗的环境来休息。毛巾的一条边固定在笼门的顶部，剩余的部分从上到下垂悬在笼门外。不能站立的患病宠物需要增加笼垫厚度，以防形成褥疮。除了增加笼垫厚度外，患病宠物的体位必须每天更换几次，包括滚动宠物身体和用泡沫块或泡沫楔支撑胸壁，使其能够采食和饮水。啮齿类宠物应关在鼠笼里，选择适宜该类宠物的垫子。笼底下应垫木屑并且填满下面的支架，还要为宠物提供一个躲藏之处。这些袖珍宠物最好与其他常规宠物分开住院。对于宠物鸟，最好用它的饲养笼子装到医院进行住院。如果鸟笼很小，可把它放在笼舍内。最好不要让鸟与犬、猫合住在一个房间，这会惊吓到鸟并分散其他宠物的注意力。

2. 住院宠物的病舍管理的准备工作　要清楚医院病房内有多少空笼舍可供宠物住院，知道每个空笼舍的大小和它们的位置，并清楚是否消毒、是否住过患传染病的宠物。

3. 住院宠物病舍管理的操作步骤　宠物住院时，笼舍必须足够大，使宠物在里面能站立、转身和自然伸展，同时还有空间放食物和水。猫笼内还应有空间放砂盆。把笼垫放在笼舍内。

（四）住院宠物的环境管理

1. 住院宠物环境管理的基本要求　考虑宠物的需求必须从宠物个体的角度出发。影响宠物健康的环境因素有住宿条件、温度和通风。进入笼内的气流是有限的，所以笼内的温度要比环境温度高些。因为笼内的气流流动基本趋于停滞，所以笼内的气味和湿度都较高。被毛长厚又肥胖的宠物比被毛短直的宠物体温高些。术后恢复宠物需要的温度比活泼的宠物要高些，所以术后宠物身上盖一个毯子是有益的。

也可使用热源如热水垫、电热灯或是重症监护设施（ICU）给宠物加温，但一定要全天仔细监测，防止温度过高或烧伤。

宠物医院内奇怪的噪声会惊扰宠物，病房或监护室应当尽可能隔音。一些爱叫的宠物应尽量与其他宠物隔开。

由于宠物的嗅觉非常灵敏，就像噪声干扰一样，气味也会干扰宠物。宠物对气味比人敏感，它们可以从气味中"闻出"周围的环境。发情期母犬的气味会让未去势公犬坐立不安，甚至由于无法交配的挫败感而造成食欲减退。

虽然宠物用它们的嗅觉能更准确地识别周围世界，但它们也和人类一样使用视觉。大犬经过房间的时候会惊吓小猫，而犬也会因为不能去追捕小猫而沮丧。

作为细心的助理宠物医生要考虑每只患病宠物所需的环境，根据当前情况选择最佳的住宿安排，再根据个别宠物的需要去修改。猫最好不要与犬住同一个病房。如果发情的母犬要住院，必须与未去势公犬分开。患病宠物不要合住一个笼舍，除非这两个宠物来自于一个家庭，两者待在一起会让彼此得到安慰。

由于宠物不会用语言来表达自己的需求，因此宠物工作人员遇到的最大挑战是如何去满足宠物的需求。助理医生应基于现有的资源，在忙碌的一天中，一直保持发现宠物需求的敏锐性。这对助理医生的创新和细心是一个挑战。

2. 住院宠物的环境管理的准备工作　了解宠物医院内所有病房的型号和数量。时刻了解未用病房情况。考虑每只患病宠物的需求。

3. 住院宠物的环境管理的操作步骤　把了解医院内病房的数量和型号作为熟悉新医院的一部分。

每天早晨走进病房就像第一次进入病房一样。注意可用房间的型号和数量；注意每只患病宠物的外观；注意每只患病宠物的特殊问题，如是否需要加温或散热等。

临床上收治病例，为患病宠物选择病房时，应对所需考虑的环境因素做个列表，把它当做一个住宿安排指南。这个列表必须包括：笼子的型号，温度和通风情况，笼垫，房间温度，房间通风情况，灯光和昼夜循环，噪声，气味，视觉威胁等。

（五）住院宠物的喂养

1. 住院宠物喂养的基本要求　在宠物医院里，许多因素都会影响住院宠物的食欲和对食物的采食，包括宠物的年龄、由于病情所需的额外营养、由于疾病和对食物不熟悉引发的食欲减退、对环境的陌生程度等5个因素，影响着宠物健康的恢复。

首先按年龄给予适宜的食物，不同的年龄段会影响宠物对食物的选择，没有一种食物配方适合所有年龄阶段的宠物。疾病也同样会影响宠物对食物的选择，充血性心力衰竭的患病宠物需要低盐的食物，肾衰宠物需要低蛋白质食物，宠物医生要给患病宠物选择合适的处方粮。

其次是要注意食物的适口性，这对患病宠物非常重要。首先要知道宠物是喜欢干食还是湿食，干食的形状和颗粒大小也会影响适口性。然后是味觉，一些宠物只吃某些品牌和口味的粮食。如果所有的饲喂方法都失败了，就应联系宠物主人，询问宠物平时吃的粮食品牌，如果医院里没有这种粮食，可让宠物主人带来一些该宠物常吃的食物以刺激它的食欲，有时甚至可以让宠物主人为宠物做自家饭饲喂。有些情况下，宠物唯一可接受的食物就是宠物主人自己准备的。

环境也是一个影响因素。有些犬会害怕其他犬而需要独自进食，而有些犬的行为正好相反，如果有其他犬在旁边，它会迅速地吃光食物，以确保食物不被其他犬分得。有时离开自己的居舍也会抑制犬的食欲，为了不影响宠物进食，在可能的情况下还是让它多次门诊治疗为好。

具有创造力的助理宠物医生可满足患病宠物的特殊需求。增加食物适口性的两个窍门是温度和水。加热食物通常可以增加它的香味，可选用微波炉加热食物，一般加热至体温即可，不要过烫。有时在食物中加入少量的水也能增加适口性，其黏度应与婴儿食品相仿，软而不稀。搅拌器或食物处理机可用于搅拌食物和水，并能使食物柔软有黏性，易于被舔食。有时把少量食物涂在宠物的爪子或鼻子尖上可促使宠物品尝食物（但不要堵住鼻孔），这往往是自主采食的开始。

如果所有的方法都失败了，要采取强制饲喂。一种方法是把食物和宠物放在同一水平线上，轻轻打开宠物的嘴，再用手指蘸满食物往宠物口腔顶部抹。操作时要像对待婴儿一样同它们讲话，动作要慢以便确保每次涂抹的食物被吞咽干净。另外一种强迫饲喂的方法是将食物充分液化，使之能够通过注射器（去除针头）的尖部。用注射器吸满食物后，将注射器尖部放在临近后臼齿的嘴角部，把嘴角处的嘴唇向外牵拉形成一个小口袋状，稍稍抬起鼻尖，用注射器把食物缓慢推到小口袋内。每次推入之后要留出宠物吞咽的时间。将食物分成多次推注，不要一次性将所有食物饲喂，饲喂要有耐心。饲喂时一定要慢，以免食物误吸入肺。实际上有些宠物在强制饲喂几次之后便开始自主采食。

有些宠物对强制饲喂的反应很剧烈，使之无法实施。可询问宠物医生关于给它们放置鼻饲管的意见，鼻饲管的放置都由宠物医生来完成。鼻胃管是从鼻孔进入，经鼻、咽、食管到达胃部，饲管可缝在宠物头顶上，液体食物可经此管注入。咽管的放置需要短暂的麻醉宠物，在左下颌角后作一切口，如同鼻胃管大致一样，咽管从切口插入，经咽、食道进入胃。管口缝合在切口处并用绷带包扎整个颈部，以保证管口朝向颈基部。如果需要长期饲喂，这种方法是十分有用的，如下颌骨骨折恢复期的饲喂。液体食物的制备需要与宠物医生讨论，以满足宠物的总热量需要和由疾病本身产生的特殊需要。

猫吃食时更注重气味而不是口味，因此在饲喂鼻塞的猫时需要特殊处理。简单地清洗鼻部，轻柔清洁两个鼻孔。先加热食物，如果猫仍无食欲，换成鱼味食物可能会有效。因此需要常去超市买鱼罐头：鲭鱼和沙丁鱼对于鼻塞的猫非常有帮助。当猫拒绝采食时，会引发潜在的致命的并发症——脂肪肝。食欲废绝超过48h的猫决不能出院，必须开始强制饲喂并且一直持续到猫能够自己采食为止。除非宠物处于饥饿状态，否则住院的前24h并不十分关键，在这前24h里患病宠物可能需要调整自己以适应新环境，所以不想吃东西也是正常的。

饲喂住院宠物没有硬性和特效的法则，要求灵活、有创造性、耐心和坚持不懈。

2. 住院宠物喂养的准备工作　宠物医院内保存不同口味的婴儿用肉食品，储备一些特殊的犬、猫小罐头，以及一些沙丁鱼和鲭鱼罐头。并明确宠物医院处方食品的储存地点。

执行特殊饲喂操作时，核对患病宠物的笼卡和病历记录。住院前24h，只饲喂少量宠物医院常规食物或宠物医生处方开出的处方食品，检查患病宠物是否有食欲。如果患病宠物吃完提供的食物，可再多饲喂些。如果患病宠物不吃，在笼卡和病历档案上做标记。在开始更换食物时，询问宠物医生。如果改变食物仍不能改善食欲，要开始强制饲喂。

3. 住院宠物喂养的操作程序

（1）方法一：准备规定的食物。根据24h的饲喂量确定第一次的食物饲喂量；在小容器内盛1/4的量，加少量的水，稍稍加热容器内食物，搅拌直至均质柔软；冷藏剩余的食物；用小容器内食物喂宠物。

对于小型患病宠物，可打开笼门饲喂。对于大型患病宠物，让其坐在笼舍地板上。

首先，让患病宠物闻一闻食物。如果患病宠物不舔手指上食物，轻轻地打开患病宠物的嘴饲喂，其方法同喂药片，然后松开患病宠物让它吞下食物。饲喂过程要缓慢，给予患病宠物足够的吞咽时间，避免噎着，防止吸入性肺炎。重复这个过程，直到患病宠物拒绝喂食或者喂完食物。一天多次重复此过程，直到冰箱里食物被吃完为止。每次强制喂食前一定要热一热食物。

（2）方法二：食物准备同方法一，除此之外还要多加水直到它被稀释到可以很容易地流过针管。食物要绝对均质平滑，可使用搅拌器或食物处理器。用针管吸取加热后的液体，针管的型号应该适于患病宠物的嘴，但也不能太小，那样会增加吸液体的次数。先饲喂需要量的1/4。在患病宠物的笼舍前饲喂。轻轻地抬起患病宠物的头并把其嘴角向外扯，形成一个小口袋状。轻轻地把液体推到颊与后臼齿间的口袋内。让食物顺牙齿和颊间流入口腔，同时保持鼻子轻度朝上。在注射更多液体前，给予患病宠物充分时间去吞咽。在一天中，多次重复这个过程，直到食物喂完。

每次喂完要清洁患病宠物。必要时清扫饲喂区域。包括清洗和消毒用过的餐具，并把它们收好。将未用完的食物要冷藏起来，标明内容物、制备日期和患病宠物的名字。然后把全天实际食入量记录在治疗记录板上和病历档案内（注意吐出或洒出的食物不计算在内）。

🐾 拓展知识

住院宠物医院内感染的预防

医院内感染指患病宠物在住院期间受到的感染。应防止住院宠物的交叉传染，这些感染对抗生素有很强的耐药性并且具有传染性。

所有医护人员都应该预防医院内感染，做好环境消毒和隔离传染病宠物是最好的预防措施。

病原的传播可分为直接传播和间接传播。直接传播指通过易感个体与已感染个体的接触而传播。间接传播是指通过接触被传染性的病原污染的物体而发生的传播。当患病宠物咳嗽或打喷嚏时，一些病原可通过空气传播，这也是最难控制的一种传播。有些病原可通过水传播，还有的可通过被污染的或被感染的昆虫作为媒介如苍蝇、跳蚤等来传播。

1. 做好公共卫生 公共卫生包括清洁和消毒，这是为了控制微生物的间接传播。每一位医护人员都必须清楚地认识到所有的非生命物体表面、空气中、人和宠物的身上都存在各种微生物。公共卫生涉及任何时候的每个人、每个地方和每样东西。任何人都必须遵守公共卫生条例，不遵守这些条例会导致宠物受到伤害、顾客流失、宠物医院信用度下降和最终失业。

宠物医院内消毒产品的选择取决于室内和周围可能存在的微生物种类。仔细阅读产品标签以了解每种产品所能杀死的微生物种类，如有些产品不能杀死细小病毒，必要时应使用1∶6的漂白粉消毒病毒污染区域；一些产品对有机残渣无效；一些产品遇到肥皂时失效。使用每种产品时还应注意其杀死每种微生物所需的接触时间，一些微生物能比其他微生物更快被杀死。还有当某些物质存在时，一些消毒剂是禁止使用的。仔细阅读标签以便了解所使用的产品的禁忌情况。

谨记处理患病宠物时要戴手套，并且每处理一个新病例要换一次手套。准备一件备用的工作服，以便工作服被污染或弄脏时可及时更换。当处理被污染物品或传染病宠物时，可在工作服外套一件隔离服以避免污染衣服，谨记隔离服穿过后要清洗。与水接触时需穿防水围裙，如给宠物洗澡时。

不要忽略消毒任何与患病宠物接触过的物品，如宠物笼垫、宠物用具等。要经常清洗口套和牵引绳，宠物护理的所有设施和器械都应该消毒，从停车场、人行道至各个房间、走廊都必须每天做常规消毒。

工作人员通常会把清洁工作看作是仅仅打扫一下，但实际上这比打扫重要得多。它是预防宠物医院内感染不可缺少的一部分。

2. 做好隔离措施　为进一步减少医院疾病的传播，具有高度传染性疾病的宠物（如患犬瘟热、犬细小病毒病、犬传染性肝炎）是必须要隔离的。如果患病宠物疑似有高度传染性疾病，如窝咳，应当告知宠物主人待诊室准备好后再带宠物进入，最理想的方法是将患病宠物直接从车内进入诊室。如果必须住院，患病宠物直接从诊室进入隔离病房，这些病房是供传染病宠物住院用的，它有一个独立的通风系统，可减少传染病原通过空气和灰尘传播。进入隔离病房要穿隔离服，出去时把隔离服留在房间里。从隔离病房出来时，鞋子应消毒，也可以在进入隔离病房前用鞋套套到鞋上，出来前及时脱掉。任何在隔离区使用的东西要放进装有害废弃物的垃圾袋里并封好。扔这些垃圾袋时，要直接送出建筑物外，而非穿行整个医院。

隔离区的患病宠物的诊疗应该在其他住院宠物诊疗完毕之后进行，并且它们应在隔离区内接受诊疗。最理想的状况是能将护理隔离区宠物与护理常规区宠物的人员分开安排，但这通常很难办到。

如果常规区的工作人员处理隔离区宠物或者进入隔离区病房，要仔细清洁双手和前臂，同样也要更换衣服和消毒鞋子。

每位工作人员对于宠物与宠物和宠物与人之间的潜在传染性疾病必须有高度的认识，只有保持高度警惕性才能有效防止宠物医院内的感染。

3. 预防感染

（1）判断。

①有传染性吗？会传染同一种类其他个体吗？会传染其他种类的个体吗？会传染人吗？始终采取常规的预防措施。

②患病宠物接触过什么？房间？笼子？人员、衣服、手？设施和器械？这种病原可通过空气传播吗？是直接还是间接传播？还是兼有？

③哪些办法可以杀死这种致病菌？消毒剂可以吗？哪些条件会降低消毒剂的功效？配成多少浓度的消毒液？消毒时间为多少？

（2）候诊区、每个诊室、化验室、处置室、放射室和每个病房都应放一个消毒用具箱。

（3）消毒用具箱内贮存下列物品：一盒检查手套；一盒纸巾；消毒喷雾器、香皂、水和消毒液。

（4）准备一套备用工作服。

4. 预防感染操作步骤　每只患病宠物都当作传染病宠物来处理。消毒患病宠物用的每件物品。

患高度传染性疾病的宠物应马上隔离：每件进入隔离区的东西都不能带出去；如果是一次性物品，将其装垃圾袋内直接带离隔离区扔掉；如果不是一次性的，在隔离区内清洗和消毒；如果不是一次性的，又必须拿出隔离区，先在隔离区内消毒，然后拿出去后

再马上消毒。隔离病房的脏垫子洗涤时应与其他物品分开，把它从隔离区拿出去后要直接放到洗衣机里，用热水和漂白剂洗涤；当从隔离区出来时，用消毒盆洗鞋或摘除鞋套。如果用消毒盆，每天需要清洗和更换里面的消毒剂；如果使用鞋套，则需将一盒干净的消毒鞋套放在隔离门外。

处理患病宠物时要戴检查手套。脱掉手套后要用消毒香皂洗手。当处理传染病患病宠物、它们的体液或接触它们碰过的物品时要穿隔离服，以防污染工作服。做接触水的工作时，应穿防水围裙。在清洁笼舍时，要避免水溅到身上，因为水中可能含有传染性病原。当有可能被传染性物质溅到头部时，应戴上护目镜或者面罩。工服被污染时要及时更换。

🐾 思 与 练

1. 怎样管理住院宠物的病舍？
2. 怎样预防住院宠物医院内感染？

子任务三　重点患病宠物诊疗管理

🐾 相关知识

病区标准化管理是医院目标管理总体规划的组成部分，主要内容有病区管理制度化、医疗技术规范化、病房设施规格化、医疗质量标准化。

标准化管理强调运作的统一、协调、简便，是高质量、高效率完成住院诊疗的保证措施。

（一）病区管理制度化

病区管理制度是对医护人员的医疗护理行为的规定；对患病宠物及其主人的要求；诊疗全过程中可能出现医疗事件的防范，以及明确各级各类人员岗位责任等，对关键性制度如病历书写、急症抢救、手术前讨论、查房、会诊、查对、交接班、疑难病例讨论、死亡病例讨论、消毒、隔离制度等严格执行并应经常检查实施情况，使管理制度起到维持医疗工作正常进行，规范人员行为的作用。

（二）医疗技术规范化

住院诊疗过程是对患病宠物实行诊疗，其本身具有侵袭性，在解除患病宠物疾病的同时也带来损伤，治疗同时也有某些不良反应，个人诊疗行为差别较大，某些诊疗措施还具有盲目性，诊疗判断标准掌握的也有随意性，因此必须规范医疗技术标准，减少随意性，提高自觉性，保证医疗质量，实现医疗安全。医疗技术方法标准多为原则性规定，如各种疾病的诊断标准、治疗原则等。医疗技术操作标准，是实际技术操作的程序要求和质量要求，如各科通用的技术操作常规，各专科诊疗技术操作常规等。医疗技术规范应结合本院实际及操作中关键环节作出明确清楚的程序规定。

（三）病房设置规格化

良好的诊疗环境，便利工作的各种设置，使医护、患病宠物共处在能调解双方情感，利于诊疗的气氛中是诊疗工作顺利进行的重要条件。因此病房设置要合乎诊疗需要标准、规格和设置统一，包括建筑上的规格及室内设置，医疗卫生标准等。以病房为中心的规格化科室还包括观察室、手术室、供应室、监护室、抢救室、处置室等。

（四）医疗质量标准化

为确保住院诊疗质量达到预定目标，必须预先制定医疗质量标准。任何传统诊疗项目，要保证质量必须有标准，没有标准就谈不上质量。常用的质量指标如入、出院诊断符合率，门诊、出院诊断符合率，手术前后诊断符合率，各种疾病的治愈、好转、重危病抢救成功率，医疗缺陷分析，收治患病宠物数量，平均住院日以及单病种、单病例的医疗质量标准等，均属医疗质量标准内容。

🐾 拓展知识

（一）重症监护病房（Intensive care unit，简称 ICU）

又称加强医疗病房，是加强医护力量、运用先进技术对危重病进行监控和强化治疗的新型病房组织形式。ICU 不局限于对症治疗，而是着重于监护患病宠物的生命功能并使之稳定。

收治对象是有生命危险但仍有救治可能的各种危重病宠物，包括高危术后、中毒、严重创伤、各种休克、心力衰竭、急性呼吸功能衰竭、慢性阻塞性肺病的急性发作、急性肾衰竭、代谢性疾病危象、中枢神经系统疾病、其他严重创伤如多发性损伤、破伤风和重症肌无力等。一般不收治传染病和需长期治疗的慢性病。

重症监护病房要求设备精良，除一般病房的应有设备外，还需配备特殊医疗器械及应用电子计算机技术装备的监护仪，和各种高精度医学仪器等。

ICU 的建立是危重病医学发展必须出现的组织形式，而从组织上为危重病医学的研究提供临床基地。其工作模式新颖、节律快、衔接紧凑。这就要求医护人员必须努力提高自己的专业水平，以艰辛、踏实、有效的工作，团结协同才能完成重症监护任务。

（二）建立重症监护病房的意义

（1）建立重症监护病房是提高重危病例抢救质量的先进组织形式。传统抢救重危病例，局限在专科诊治单元内的抢救室进行。抢救方式简捷，以治原发病为主导，采用器械简单。重症监护病房应用现代科技的各种手段对患病宠物进行集中的管理，密切的生理监测，早期强化的和均衡的治疗、细微的护理，在思维方式、专业的治疗思想上尤其重视各脏器间的相互关系，符合重危病危重期的规律，因而抢救成功率提高，死亡率下降。

（2）集中使用各种监护仪、复苏装置等现代化仪器设备，有利于提高使用效益，便于维修保管、积累生物医学工程应用经验，推动医学发展。

（3）开设重症监护病房标志着宠物危重病医学的建立和发展，是培养危重病专业医生、护理技术等人才的阵地，是提供高质量医疗服务的场所之一。

（三）建立重症监护病房的原则

1. 从实际出发 因地制宜，因院治宜。建立发展 ICU 必须从实际出发，资金和设备应该集中使用，充分利用资源，不允许有众多的分散设置。根据病种需要，医疗力量的特点，建立适合本院需要的 ICU，通常是倾向于综合 ICU，以提高使用率，也利于经验的积累和总结，提高抢救成功率。

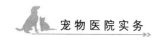

2. 基本条件

(1) 医院规模。在有条件的大、中型宠物医院中建立，以确保人才、资金和患病宠物的数量来源。

(2) 人才条件。ICU 的专业医生很少，可由具有丰富临床经验、雄厚理论基础、知识面广的高级职称专科医生担任，以年轻医生为骨干，进行定向培训。在未进入综合 ICU 前应在各科系轮转，以强化综合知识能力。护理人员及其他工作人员如检验人员等按需要对口定向培养，以建立完整的 ICU 体系人才。人员要固定或相对稳定。

(3) 设备条件。配备能开展心肺脑复苏的基本设施及 ICU 监护仪等。

3. 规格和设施

(1) 位置区域。专科 ICU 设在本科病房内，综合 ICU 另设病区，位置应设与手术室、血库、影像检查科、中心实验室等快捷通道相通，并与全院其他科室联络便利的区域；室内设计充分考虑预防院内感染的要求，建筑色调、自然采光及户外绿化利于安静。

(2) 人力配备。专科 ICU 仍由原专科医生按普通病房一样管理，综合 ICU 由专职危重病专业医生负责管理。

(3) 设备设计。病房应有一般设备及特殊医疗器械，如气管切开器械、人工呼吸机、除颤器、起搏器、心电图机、移动 X 射线摄影设备、简易呼吸功能测定仪、床边监护仪、ICU 专用检验设备及快速化验设备、必要的电子计算机和终端设备，医院内 24h 服务的血气分析仪；一次性应用材料，如腹膜透析管、各种型号静脉注射套管针及其他常规用品；有条件时可添置其他仪器装置，如注射器泵，自备血气分析仪等；适应自己 ICU 特点的其他特殊设备。仪器设备选购中根据我国特点宜注重实惠耐用，基本功能够用并可靠。

4. 管理要求

(1) 实行政策导向，保证危重病学科发展。危重病医学面临着广阔的新领域，临床工作艰辛，打开工作局面，需花费相当精力，科室、人员间相互配合紧密，又要创立新的思维方式、管理者必须从政策上实行倾斜，使高科技劳动能在价值上得到实现。当遇到困难，发生脱离 ICU 宗旨的现象时，及时查找原因予以解决，在资金、人力、物力上给予保证，使其正常发展。

(2) 健全工作常规。制定危重病出、入 ICU 条件，按综合 ICU 专业特点、根据脏器功能定出监护项目及每个脏器功能不全或衰竭标准，制定操作、抢救程序及控制院内感染的各种措施，按照收治患病动物原发病的不同制定适合自己特点的各种常规。

(3) 严格工作制度和各种岗位责任制。重病宠物病情瞬间骤变，必须严格工作制度和各种岗位责任制，特别对 ICU 的维护应提出具体要求，同时建立医疗文书档案，有适合自己特点的医嘱格式、各种记录表格等。

(4) 培养专业人员。制定培训规划，加强人才培养，以适应危重病发展的需要。

🐾 思 与 练

1. 重点患病宠物诊疗病区标准化管理内容有哪些？
2. 简述建立重症监护病房的意义。

任务七 急诊管理

子任务一 急诊管理制度

相关知识

急诊科作为医院临床学科的一线科室，担负着重要的医疗任务，包括常见急诊患病宠物的接诊和治疗；对病情紧急的急、危、重病例进行抢救和治疗；对各种突发事件和重大灾害制定急诊抢救的实施预案，并在事故灾害后大量病例急诊时进行指挥、组织、协调和安排；积极开展急诊医学的教学和培训，培养急诊宠物医学专业医生和护士；重视急诊的管理和科研，如进行有关急症病因、发病机制、病程、诊断与治疗的研究，研究如何使急诊病例的就诊流程更优化合理，如何提高急诊的质量并做好质量控制等。

急诊范围主要包括：急性外伤；各类脏器功能衰竭，各种疾病的急性危象，急性传染病；发热达40℃以上者；突然出现各种疼痛者；各种突然出血、休克，抽搐昏迷；耳、鼻、眼、喉、气管及消化道异物；口腔、耳鼻喉各急性疾患；呼吸困难；各种中毒、淹溺、触电；急性泌尿系统疾患；急性过敏性疾患；其他急危病症。

急诊管理制度主要有以下四个方面：

(一) 急诊科工作制度

(1) 急诊随时应诊，节假日照常接诊。工作人员必须明确急救工作的性质、任务，严格执行首诊负责制和抢救规则、程序、职责、制度及技术操作常规，掌握急救医学理论和抢救技术，实施急救措施以及抢救制度、分诊制度、交接班制度、查对制度、治疗护理制度、观察室工作制度、监护室与抢救室工作制度、病历书写制度、查房会诊制度、消毒隔离制度，严格履行各级各类人员职责。

(2) 护士不得离开接诊室。急诊病例就诊时，值班护士应立即通知有关科室值班医生，同时予以一定处置（如测体温、脉搏、血压等）和登记宠物主人姓名、宠物性别、年龄、来院准确时间等项目。值班医生在接到急诊通知后，必须在5～10min内接诊，进行处理。

(3) 临床科室应选派技术水平较高的医生担任急诊工作，实习医生和实习护士不得单独值急诊班。

(4) 急诊科各类抢救药品、器材要准备完善，由专人管理，放置固定位置，经常检查，及时补充更新、修理和消毒，保证抢救需要。

(5) 对急诊病例要有高度的责任心和同情心，及时、正确、敏捷地进行救治，严密观察病情变化，做好各项记录。疑难、危、重症患病宠物应在急诊科就地组织抢救，待病情稳定后再护送病房。对需要立即进行手术治疗的病例，应及时送手术室进行手术。

(6) 病例进入急诊观察室，由急诊医生书写病历，开好医嘱，急诊护士负责治疗，对急诊病例要密切观察病情变化并做好记录，及时有效地采取治疗措施。观察时间一般不超过3d，最多不超过一周。

(7) 凡涉及纠纷的病例，在积极救治的同时，要积极向有关部门报告。

(二) 急诊首诊负责制

(1) 一般急诊患病宠物，参照门诊首诊负责制执行，由急诊室护士通知有关科室值班

医生。

（2）重危患病宠物如非本科室范畴，首诊医生应首先对患病宠物进行一般抢救，并马上通知有关科室值班医生，在接诊医生到来后，向其介绍病情及抢救措施后方可离开。如提前离开，在此期间发生问题，由首诊医生负责。

（3）如遇复杂病例，需两科或更多科室协同抢救时，首诊医生应首先进行必要的抢救，并通知医务科或总值班人员，以便立即调集各有关科室值班医生、护士等有关人员。当调集人员到达后，以其中职称最高者负责组织抢救。

（三）急诊就诊常规

（1）由接诊宠物护士询问病情确定就诊科目后，办理挂号，并通知有关急诊值班医生。

（2）接诊医生检诊后，记录检查结果及处理意见。

（3）传染病患病宠物应到隔离室就诊。

（4）对重病及病危患病宠物应即刻通知值班医生作紧急处理，然后办挂号手续。就诊过程必须有专人陪伴，随时观察病情变化。

（5）接诊宠物护士测体温，必要时测呼吸、脉搏和血压（重危患病宠物必须测血压），一般患病宠物测量用肛温。

（6）需要抢救的危重病者，在值班医生到达前，宠物护士可酌情先予以急救处理，如止血、给氧、人工呼吸、胸外按压等，亦可请其他值班医生进行初步急救，被邀请医生不得拒绝。

（7）发绀及呼吸困难者吸氧。体温超过41℃可予冰袋或冰敷。呼吸心跳停止者即行胸外心脏按压、心内注射及气管内插管给氧、静脉输液等。

（8）需要X射线等检查的患病宠物，就病情需要，须有工作人员或陪伴人员陪送，或通知有关科室到急诊科检查。

（9）病情需要时，可邀请其他值班医生会诊。

（10）病情需要时，可转入急诊观察室观察。

（11）有急症需手术者，按医嘱做术前准备，并通知手术室，如需住院，办住院手续。

（四）急诊科医嘱执行管理制度

（1）急诊医生开具急诊医嘱，包括注射单、换药单、检查单，由接诊宠物护士负责执行。由当班宠物护士护送患病宠物做检查。

（2）执行医嘱护理人员在执行前进行"三查七对"，"三查"即操作前、操作中、操作后的查对，"七对"包括核对患病宠物品种、性别、床号、药物名称、用药时间、药物剂量和用药方法。对可疑医嘱接诊宠物护士须立即找医生询问，确认无误后方可执行。

（3）急诊医嘱单保存一周，由宠物护士长管理，当班宠物护士负责点数并登记。

（4）危重患病宠物以及抢救患病宠物的医嘱接诊宠物护士应立即执行，抢救患病宠物时，医生下达的口头医嘱，执行前必须重述一遍，然后执行，并督促医生事后补开。一般急诊患病宠物也需要及时执行救治。

🐾 思 与 练

1. 急诊就诊常规内容是什么？

2. 急诊科医嘱执行管理制度内容有哪些？

子任务二　院前与院内急救管理

相关知识

（一）院前急救的目的

维持呼吸系统功能；维持循环系统功能；各种创伤的止血、包扎和固定；解痉、镇痛、止吐、止血等对症处理。

（二）院前急救搬运

应采用安全稳重的搬运方法尽快地把患病宠物搬上担架或病床。最常使用的是担架搬运。急救运输既要快速，又要平稳安全。为避免紧急刹车可能造成的损伤，患病宠物的体位和担架均应很好固定，要由宠物主人陪同看护，避免宠物的紧张和挣扎。医务人员要使用安全带或抓牢扶手。脊柱伤、骨折要防止因车辆剧烈颠簸造成疼痛加重，昏迷、呕吐宠物要防止呼吸道阻塞。

（三）院内急救管理

1. 院内急救患病宠物的接诊

（1）急诊值班人员坚守岗位，要严肃、认真、迅速、敏捷地救护患病宠物，对患病宠物主人态度和蔼、热情负责，对宠物要有爱心。

（2）当遇有急、危、重患病宠物时，分诊宠物护士应立即将其送往急诊专科诊室进行救治，后补挂号手续。

2. 院内急救患病宠物的诊断、治疗

（1）首诊医生对就诊患病宠物认真负责，仔细询问病史、仔细查体，做必要的辅助检查，在最短时间内进行救治。

（2）如果首诊医生发现就诊患病宠物的病情涉及其他专科或确系他科诊治范围时，在完成各项检查并做了必要的处置、写好病历后，再请有关专科会诊。危重患病宠物应由首诊医生陪送。

（3）病情较重的患病宠物，当值医生应决定是否收急诊留观或收住院，经抢救后的患病宠物，如病情稳定或允许移动时，应迅速送入病房或手术室。

（4）值班医生对急救留院观察患病宠物负责观察病情变化，及时写好留观病历及观察记录，并做好交接班工作。

（5）对传染病患病宠物或疑似传染病患病宠物应做好登记及报告工作，遇有交通事故或有伤情异议等患病宠物及涉及公安、司法情况时，由值班人员报告总值班，通知有关单位。

（6）宠物护士认真执行医嘱，及时配合医生抢救工作，要对急诊抢救设备、药品保证完好、充足，并做好护理观察记录。

（7）急诊科医生要主持各种抢救工作及死亡病例讨论、会诊工作，及时总结经验、教训。

（8）当遇有特殊情况时，当值医生要及时、如实向上级报告，请求处理意见，避免造成不良影响或后果。

拓展知识

现场初步急救的基本技术

1. 止血

（1）加压包扎止血法。适用于小动脉，中、小静脉或毛细血管出血。方法为：先将无菌敷料覆盖在伤口上，再用绷带或三角巾以适当压力包扎。

（2）指压止血法。适用于中等或较大的动脉出血。

（3）橡皮止血带止血法。适用于四肢较大的动脉止血。方法为：抬高患肢，将软织物衬垫于伤口近心端的皮肤上，其上用橡皮带紧缠肢体2～3圈，橡皮带的末端压在紧缠的橡皮带下面即可。

2. 包扎　包扎是外伤急救常用方法，具有保护伤口、减少污染、固定敷料、压迫止血、有利于伤口早期愈合等作用。

（1）卷轴绷带包扎法。

①环形包扎法。适用于四肢、额部、胸腹部等粗细相等部位的小伤口，即将绷带作环形重叠缠绕，最后将带尾中间剪开分成两头，打结固定。

②螺旋或螺旋反折包扎法。肢体粗细过渡部位可采用此方法。

③"8"字形包扎法。关节屈曲部可采用，每圈遮盖上圈的1/3～1/2。

（2）三角巾包扎法。包扎方法包括头部帽式包扎法，单、双肩包扎法，单、双胸包扎法，背部包扎法，腹、臀部包扎法，上肢包扎法，四肢包扎法等。

三角巾包扎时包扎伤口应先简单清创并盖上消毒纱布再包扎；包扎压力应适度，以能止血或初步制动为宜；包扎方向应自下而上、由左向右、自远心端向近心端包扎，以助静脉血液回流，绷带固定的结应放在肢体的外侧面，不应放在伤口及骨突出部位；包扎四肢应暴露出指或趾，以便观察末梢血液循环情况和宠物感觉，如发现异常，应松开重新包扎。

3. 固定　固定是针对骨折的急救措施。通过固定，可以限制骨折部位的移动，从而减轻伤员的疼痛，避免骨折断端因摩擦而损伤血管、神经及重要脏器，固定也有利于防止休克，便于搬运。

固定材料中最理想的是夹板。如果抢救现场一时找不到夹板，可用竹板、木棒、镐把等代替。另需要准备纱布或毛巾、绷带、三角巾等。

固定时固定骨折部位前如果有伤口和出血，应先止血与包扎；开放性骨折者如果有骨端刺出皮肤，切不可将其送回伤口，以免发生感染。夹板长度须超过骨折的上、下两个关节，骨折部位的上、下两端及上、下两个关节均要固定牢；夹板与皮肤间应加垫棉垫或其他物品，使各部位受压均匀且固定牢。肢体骨折固定时，必须将指（趾）端露出，以观察末梢循环情况，如果发现血运不良，应松开重新固定。

4. 心肺脑复苏　心搏骤停如得不到及时抢救，4～6min后会造成脑和其他重要器官组织的不可逆损害，因此必须在现场立即进行心肺复苏（CPR）。传统的心肺复苏通常分为基础生命支持、进一步生命支持和延续生命支持3个期，鉴于近20年来更强调脑保护和脑复苏的重要性，其后又发展成心肺脑复苏（CPCR）。

（1）基础生命支持。基础生命支持（BLS）又称初步急救或现场急救，目的是在心搏骤停后，立即以徒手方法争分夺秒地进行复苏抢救，以使心脏、脑及全身重要器官获得最低限度的紧急供氧（通常按正规训练的手法可提供正常血供的25%～30%）。BLS顺序包括：心搏骤停的判定，开放气道（Airway，A），重建呼吸（Breathing，B），重建循环（Circulation，C）和转运等环节，即CPR的ABC步骤。

心搏骤停的早期诊断：意识消失，呼吸行为停止，大动脉（颈动脉、股动脉）搏动不能触及。

（2）开放气道。开放气道保持呼吸道通畅，保持头颈伸直，打开口腔。

（3）判断有无自主呼吸。通过"一看二听三感觉"的方法判断患宠有无自主呼吸，即观察其胸部有无起伏；用耳及面部贴近宠物口鼻，分别听和感觉其呼吸道有无气流声及气体呼出，如无呼吸应立即进行辅助呼吸。

（4）重建循环。触摸颈动脉，如无搏动，立即开始胸外心脏按压，按压时双肘必须伸直，垂直向下用力按压，挤压适当，防止血气胸、心包积液发生。

（5）心肺复苏有效指标和终止抢救标准。

①心肺复苏有效指标。可触及大动脉搏动，瞳孔反射恢复，自主呼吸开始出现。

②终止抢救的标准。现场心肺复苏应坚持不断地进行，不可轻易作出停止复苏的决定，如符合下列条件者，现场抢救人员方可考虑终止复苏：病宠呼吸和循环已有效恢复；无心搏和自主呼吸，心肺复苏在常温下持续 30min 以上，医生到场确定已死亡。

🐾 思 与 练

1. 院前急救的目的是什么？
2. 现场初步急救的基本技术有哪些？

项目五 宠物护理实务

任务一 护理管理的基本职能与质量评价

子任务一 护理管理的任务与基本职能

🐾 相关知识

（一）护理管理的任务

护理在疾病的治疗过程中是非常重要的。俗话说："三分治疗，七分护理"，细致的护理不仅有利于增强治疗效果，更有利于患病宠物自身迅速康复。特别是危重患病宠物，护理是决定其生死存亡的关键措施。

从工作实施角度，护理管理可以大致分为三个主要方面：护理行政管理，包括组织管理、物质资源管理、经济管理；护理业务管理，包括技术管理和质量控制；护理教育管理，包括护理人员继续教育、临床教学等。

1. 护理行政管理 指护理组织机构为了达到既定目的，制订完备而周密的工作计划和方案并配合适当的人、财、物，建立合理化组织，用最有效的领导、正确的激励方式推行工作，谋取各单位、人员之间的协调和意见的沟通，不断评估和改善管理手段和方法，圆满地实现护理组织目标，给顾客提供高质量服务。

2. 护理业务管理 是为了保持和提高护理工作效率和质量而进行的业务技术管理活动，包括护理章程、技术规范、质量标准的制定、执行和控制，新技术、新业务的开展和推广，以及护理科研的组织领导等。

3. 护理教育管理 是为了提高各级护理人员的素质和业务水平而采取的培训活动的管理过程，包括护理专业的教学安排、新护士的上岗培训、在职护士的继续教育等。

（二）护理管理的基本职能

1. 护理管理的计划职能 计划职能是管理的首要职能。按照计划工作的基本程序，医院护理管理中的计划职能主要体现在以下环节：

（1）分析和预测。根据医院总体规划及中心任务和护理专业发展的现状，分析评估形势，预测未来可能出现的情况。重点分析评估服务对象对护理工作的需求，本单位护理资源及利用情况，未来专业发展和竞争可能出现的问题及应对能力。

（2）确立目标。根据医院发展规划和总体目标，确立符合护理专业理念和发展的目标。在分析预测的基础上，制订未来一定时间内的护理工作目标，明确各子系统的工作任务，确定相关的政策和策略。

（3）拟订和选择实施方案。根据已确立的目标和任务，拟订实现目标的方案并通过比较后确定。实施方案应具备可选择性，在对各种后备方案进行比较及科学性、可行性评估的基础上，确定首选满意方案和后备方案。

（4）编制具体计划和预算。根据已确定的实施方案，进一步编制医院护理工作的综合计划和专业变动的具体计划。应包括资源配备（人、财、物等）、工作指标（岗位责任、时限等）、评价标准（数量、质量）经费预算（成本、活动经费）、预期结果（服务对象的评价方面、系统内评价方面）等内容。

（5）反馈。护理管理部门应建立反馈机制，不断对计划执行情况进行反馈。

2. 护理管理的组织职能　组织职能是管理的重要职能，是管理活动的结构基础和前提。医院护理管理的组织职能主要体现在以下五个方面：

（1）建立组织结构。建立医院护理组织结构必须考虑医院功能和任务，有利于为服务对象提供优质服务。根据医院目标要求和护理工作需要，将各种活动分类组合并形成管理层次和工作岗位，使其能达到合理、高效运转的要求，如临床护理单元的建立，既要考虑医疗工作的需要，也要考虑所采用的护理模式。

（2）分工、确定职责范围。根据工作性质进行分工，明确各层次、各部门和岗位的职责范围。应根据不同的护理模式，考虑岗位的设置和职责范围的划分，建立各层次和单位之间的协作关系。

（3）配备人员、明确责任。根据分工和护理工作需要选配人员，明确各级管理人员和各岗位护理人员的职责权利，并进行培训，并使每位成员了解自己在组织内的位置、隶属和工作关系。

（4）建立信息沟通渠道。明确规定组织内信息沟通的渠道。

（5）制定规章制度。通过制定有关的规章制度，保证各项护理工作正常有效运转，保证组织管理工作协调配合，保证落实计划实现目标。

3. 护理管理的控制职能　控制职能是通过对各种活动的监控和调节，保证实现组织目标的重要职能。实现控制必须是在有计划、有组织的前提下。医院护理管理中的控制职能主要包括以下三个方面：

（1）确立标准。确定护理控制标准要根据护理工作需要、目标特性及影响目标实现的因素，确定对工作和结果衡量的尺度及医院护理管理中主要的控制标准。

（2）衡量成效。根据计划和确定的标准，对护理工作过程和产生的结果进行比较，确定是否存在偏差。这一过程包括不同层次和水平的监督、反馈，要建立相对封闭的监测反馈系统，由管理人员和护理人员共同参与完成，护理管理者应特别关注可能会对结果产生重要影响的关键点及护理系统的整体情况。

（3）纠正偏差。采取纠正措施应建立在对有关信息认真分析的基础上，针对不同的原因采取不同的措施。一般应包括两方面：一是对不符合标准和目标要求的情况采取纠正措施，保证护理工作能够按计划目标要求实施；二是对因各种原因导致已经不适合的计划和标准进行修订和调整，保证医院总体目标和护理工作目标的实现。

护理管理职能实现的程度对整个医院管理工作有重要影响，医院通过护理管理子系统的运行实现对护理工作的管理。由于护理工作的专业性和服务性特点突出，在医院工作中涉及面广、连续性强、工作环节多且非常具体、护理人员多、工作战线长，而且与医院其他子系统协作配合多，因此，强化护理管理职能对提高医院管理水平和实现医院总体目标具有重要意义。

思 与 练

1. 护理管理的任务有哪些方面?
2. 宠物护理的基本职能有哪些?

子任务二　护理质量评价内容、方法、标准

相关知识

护理质量评价是护理管理中的控制工作。有效的护理质量控制可促使护理人员的护理行为、职业素质、道德水平都符合质量标准的客观要求,可达到提高护理工作效率、质量和科学管理水平的目的。

(一) 护理质量评价目的

(1) 可以衡量护理工作计划是否完成,衡量工作进展的程度和达到的水平。

(2) 检查护理人员工作是否按预定的目标或方向进行。

(3) 根据提供护理服务的数量、质量,评价护理工作需要满足的程度、未满足的原因及其影响的因素。为管理者提高护理质量提供参考。

(4) 评价指标和标准的确立是质量控制的主要形式和护理的指南。

(5) 通过评价工作结果,可以肯定成绩,找出缺点和不足,并指出今后的努力方向。也可通过比较,选择最佳方案,如选用新技术、新方法等。

(6) 检查护理人员工作中实际缺少的知识和技能,为护理人员继续教育提供方向和内容。

(二) 护理质量评价原则

(1) 评价应是实事求是的。评价应建立在事实的基础上,将实际执行情况与原定的标准和要求进行比较。这些标准必须是评价对象能够接受的,并且是在实际工作中能够衡量的。

(2) 对比要在双方的水平、等级相同的人员中进行,就是所定标准应适当,不可过高或过低。过高的标准不是所有的护理人员都能达到的。

(三) 护理质量评价内容

护理质量控制的对象主要包括护理工作的质量和护理人员的质量两个方面。根据控制纠正措施作业环节不同的分类方法,控制内容包括:对护理工作的基础质量(属于前馈控制,也可称背景或要素质量)、过程质量(属于现场控制,也称环节质量)、结果质量(属于反馈控制,也称终末质量)进行控制,对护理人员的素质质量(属于前馈控制)、行为质量(属于现场或环节控制)、结果质量(属于反馈控制)进行控制。

1. 护理人员质量评价　即对执行护理工作的人员进行定期的正式的评价,考察其完成护理工作的情况。

护理人员工作的任务和方式是多样化的。因此在评价中应从不同方面进行。如护理人员的积极性和创造性,完成任务所具备的基础知识,与其他人一起工作的协调能力等。近年来,对护理服务的评价多注重护理人员的基本条件和素质、护理服务的效果、护理活动过程的质量等方面,或将几项结合起来进行综合评价。

（1）素质评价。评价系统应重视人员的基本条件、基本素质、个人能力的评价。如护理人员的积极性、坚定性、首创精神、道德修养、心理素质、工作态度等。这种评价一般应多次反复进行，而不应一次评价后即做出结论，同时应结合其他评价内容进行考虑。

（2）行为评价。对护理人员护理服务中的行为进行评价，即注意护理人员现实工作做得如何，例如，护理操作程序的执行是否符合标准，在医嘱执行过程中有无错误等。评价标准注重护理人员的服务行为，观察护理人员在各个环节上的行为质量。这种评价的优点是可以给护理人员以具体的标准、指标，有利于工作质量的提高。缺点是评价过程太浪费时间，评价内容局限在具体人物范围内，比较狭窄，而且只能评价在岗护理人员的工作情况。

对责任护理人员任务的执行情况评价见表5-1。

表 5-1 护理人员任务的执行情况评价表

评价项目	评价等级				
	不及格	及格	达到标准	良好	优秀
1. 执行医嘱情况					
2. 掌握病情变化情况					
3. 基础护理是否落实					
4. 仪器运转及维修记录					

（3）结果评价。对护理人员护理服务结果的评价，可以使护理人员明确该项工作的具体要求。但在实际中由于很多护理服务质量不容易确定具体标准、数量及测量的标准，尤其是宠物的临床护理结果取决于多种因素，有些结果也不是短期能反映出来的，所以结果评价较为困难。因此，该评价方法较少单独使用，可以采用综合性评价的方法，以全面评价护理质量。

（4）综合性评价。即用几方面的标准综合起来进行评价，凡与护理人员工作结果有关的活动都可结合在内，如对期望达到目标、行为举止、素质、所期望的工作结果、工作的具体指标要求等，进行全面评价。

2. 护理质量的评价

（1）基础质量。即建立在护理服务组织结构和计划上的评价内容，着重在执行护理工作的背景方面，包括组织结构、人员配备、资源、仪器设备等，可以影响护理工作质量的条件。根据病情需要，是否在人员配备上做出了合适的安排，包括：人员构成是否合适，人员质量是否符合标准；表格记录，规章制度的制定情况；护理文件的书写制度是否明确等。

（2）过程质量。评价护理活动过程是否达到质量要求。其中包括：

①病情观察及治疗结果的观测：如体温、脉搏、呼吸的测量时间、病情记录，危重宠物观察项目、观察时间及各种疾病特殊观察要求等。

②应用和贯彻护理程序的步骤和技巧：包括评价贯彻落实护理程序每个步骤的质量并应对护理病历做出评价。

护理结果的标准选择和制定，影响的因素比较多，有些结果不一定说明是护理的效果，它还与其他医疗辅助诊断、治疗效果及住院时间等综合因素有关。

以上方面的质量标准是不可分割的整体，它反映了护理工作的全面质量要求，它们之间的关系是：进行护理要素质量评价，可掌握质量控制的全局；具体护理过程环节质量评价，有利于落实措施和保证护理工作的正常进行；终末护理结果质量评价，可反馈控制护理质量。

（四）护理质量评价方法

1. 建立质量管理机构 质量管理和评价要有组织保证，落实到人。在我国宠物医院，小型宠物医院一般人员较少，没有专业的质量管理机构，一般由宠物医院院长、宠物医生来对护理进行质量管理。大型宠物医院人员较多，可以有专人进行质量督导、设立质量督导组、质量管理委员会分项（如护理理论、临床护理、文件书写等）或分片（如门诊、手术室等）检查评价。多采用定期自查、互查互评方式进行。院外评价经常由宠物主人组成，并联合其他宠物医院评价组织对宠物医院工作进行评价，其中护理评审组负责评审护理工作质量。

2. 加强信息管理 应注意获取和应用信息，对各种信息进行集中、比较、筛选、分析，从中找出影响质量的各种不同因素，再从整体出发，结合客观条件做出指令，然后进行反馈管理。

3. 采用数理统计方法发现问题 建立反映护理工作数量、质量的统计指标体系，使质量评价更具有科学性。在运用统计方法时，应按照统计学的原则，正确对统计资料进行逻辑处理。

4. 常用的评价方式 有同级评价、上级评价、服务对象评价（满意度）、随机抽样评价等。

5. 评价时间 可以定期，也可以不定期。定期检查可按月、季度、半年或一年进行，由护理部统一组织全面检查评价；不定期检查评价主要是各级护理人员、质量管理人员深入实际，随时按质量管理的标准进行检查评价。

6. 护理质量评定的程序

（1）产生标准。制定标准，确定有关的评价信息，确定信息收集方法和途径。

（2）鉴别与收集信息。确定所要评价的内容后，要收集能够反映此项工作状况的信息和数据，如从护理病例中查找护理程序执行的信息，从现场检查实物或观察护理技能中查找有关基础质量的信息，通过观察护理员操作过程获得过程质量或护理员行为的信息。明确信息及来源之后，即可确定收集信息的工具，例如评价表，要列出评价项目、要求等，对所选信息应具有可集性，要便于操作。

（3）判断分析。实施结果与标准比较后，要对实际工作结果做出判断，可以用完成指标的百分值来表示，也可以用不同的等级来描述。对评价结果进行分析衡量，不仅要对评价所需数据进行阐述，对评价结果分析要客观，而且还要对一些影响因素予以说明，以便在今后评价工作中确立标准时加以注意。

（4）纠正偏差。进行判断，提供适当的输出及检查评价循环。

（五）护理质量评价标准

1. 护理质量安全管理考核标准

（1）严格遵守宠物医院相关的行政法规和诊疗护理规范，恪守医疗服务职业道德。

（2）严格遵守宠物医院的各项规章制度，认真落实各项护理工作制度和技术操作规程及无菌技术操作原则，进行各项护理工作应有科学、严谨的态度，做到精力集中，一丝不苟，不谈论与工作无关的事情。

（3）认真执行值班、交接班制度，遵守劳动纪律，坚守工作岗位，不脱岗，不空岗，认真履行工作职责，及时巡视宠物，严密观察宠物病情变化。危重宠物要及时通知其主人并在护理记录上记录。交接班做到口头、书面、宠物旁——"三交接"，做到交得清，接得明；对工作未完成或工作质量未达标准者做到"六不交接"，即工作完不成不交接、危重病例护理不周不交接、工作环境不整洁不交接、药品和器械不全不交接、衣帽不整齐不交接、为下一班准备不好不交接。

（4）认真做好查对制度的执行和落实，进行各项护理操作必须严格遵守"三查七对"原则，如输液、输血、注射、服药、医嘱每班查对，每次查对后均要及时记录并签名。

（5）严格执行医嘱制度，除抢救宠物时不执行口头医嘱。抢救宠物及术中宠物医生下达的口头医嘱，护士必须复诵，并经医生查对药物后方可执行，并保留药品包装，督促医生及时补开医嘱。

（6）进行药物过敏试验前，要交代注意事项，如遇有过敏史或呈假阳性者应用该药需由医生许可签字后方可执行，实验结果必须两人核实并双签字，用药后要注意严密观察。

（7）使用氧气严格执行操作规程，做好"用氧四防"，即防震：搬运氧气瓶时应避免倾倒撞击，因筒内压力很高，氧气剧烈震动可引起爆炸；防热：氧气瓶应放在阴凉处，至少距暖气 1m，因筒内压力高，氧气遇热会急剧膨胀引起爆炸；防火：氧气瓶周围严禁烟火和易燃品，至少距火炉 5m，因氧气助燃，遇明火可引起燃烧；防油：氧气表的螺旋口处勿涂油，也勿用带油的手拧螺旋，因油系碳氢化合物，氧和碳氢化合物在一定比例时易引起燃烧和爆炸。氧气桶空、满分别放置，吸氧装置要注意有无漏气，发现异常及时汇报处理。

（8）认真执行药品管理制度，抢救药品每班交接，账、物相符，使用后及时补充，专管人员及护理人员每周必须检查一次，保证种类齐全，不过期，不变质，毒麻精神药品必代加强保管，每班交接专人管理，治疗室内药物分类放置，严禁混放、乱放。

（9）抢救仪器物品应专人管理，做到定位放置，定人管理，定期检查及时维护，定期消毒，保持常备状态，不得任意挪用或外借。

（10）择期手术宠物做到术前认真查对，进手术室再次查对。术前及手术结束前均必须认真清点查对手术所用物品，并双签名。术后麻醉护理人员护送，认真向宠物主人交代病情及治疗和注意事项，查对记录填写完整。

（11）供应室按宠物医院感染管理及消毒技术规范，严格科室管理，应常规进行各种监测，不得将不符合无菌要求的物品及过期包、物品不齐全的包发放到临床，对一次性医疗用品必须规范化管理，严格把关、抽样监测，合格后方可发放临床使用。

（12）凡住院宠物必须向其主人讲明住院须知内容，并在护理记录上由主人签名。

（13）急危重症宠物入院，宠物必须由宠物医生亲自接送，携带病历并与护理员交接，交接清楚后方可离开。

（14）宠物进宠物医院后有专人陪伴，护理员要严格执行各项规章制度，严密观察病情变化，保证护理安全。

2. 病房药品安全管理考核标准

（1）根据临床需要制定并列出药品目录清单进行基数管理，要专人、定点、定量、专柜保管，标签清楚，效期明确，班班交接并登记签全名。

（2）宠物医院设有专人负责麻醉药品和精神药品的管理工作，设立专柜加锁管理。核对批号和数量，并做记录。

（3）宠物病房设专人管理药品，日常工作中由护理人员负责病房药品的请领补充，并对药品的数量、效期和质量进行检查。专职人员每周检查一次贮存药品并记录，院长每月检查一次。院内检查距效期一周之内者同过期处理。

（4）注射药、内服药与外用药应严格分开放置。高浓度电解质（包括氯化钾及超过0.9%的氯化钠等）注射液、肌肉松弛剂与细胞毒性药等高危药品，必须单独存放，并有醒目的标志。药品要原装保存，并按要求特殊保存药品（如棕色瓶、冷藏等）。同类药品不能储存三种以上（包括三种）的批号。

（5）在执行医嘱（或处方）时要注意配伍禁忌，如有疑问应及时向宠物医生咨询。

（6）宠物医院需建立重点药品用药后的观察制度和程序，并能执行。

（7）加强输液管理，严把药物配伍禁忌关，控制输注流速，预防输液反应。

（8）注意观察药物不良反应，发现可疑药物不良反应及时处置并按流程上报。

（9）加强病房药品及一次性卫生材料的贮存管理，防止药品的过期、丢失和损坏。药品应贮存在所要求的贮存环境中，存放环境要整洁。

3. 消毒隔离制度考核标准

（1）输液做到一宠一带一巾，用后浸泡消毒并干存放，盛放止血带的容器一周消毒一次。

（2）无菌辅料筒打开后保存24h，及时更换并灭菌。

（3）浸泡、擦拭一般物品用消毒液作用30min以上。

（4）浸泡、擦拭被病毒污染的物品用消毒液作用60min以上。

（5）各班操作前后用消毒液擦拭工作台及物体表面。

（6）开启的静脉输入液体及抽出的药液超过2h不得使用。

（7）冲药溶媒有开封日期、时间，冰箱保存不超过24h。

（8）病历夹每周消毒一次，有记录并签字（可随医嘱查对本登记签字）。

（9）体温表收回后放在消毒液中浸泡30min后冲洗擦干，干保存。盛放体温表的容器每日清洁，每周高压灭菌一次，消毒液每日更换。袖带污染后要及时清洗消毒。

（10）宠物出院后，用品、笼器具要进行消毒。手术器械、创巾等要进行消毒，污染要随时更换。

（11）手术台每日或用后先消毒后清洁，被体液、血液污染时要及时消毒处理。

（12）消毒隔离制度、消毒液的应用及原理要人人掌握，各种登记齐全。

（13）宠物医院工作人员要严格执行消毒隔离制度，保持室内空气清新，每日要全面清洁、消毒，并做好登记。无菌物品无过期，各类物品要定物、定位、定量放置，随时整理消毒及补充。

4. 健康宣教工作质量考核标准

（1）宠物医院有护理常规、健康指导常规、工作流程。

（2）据病情做好宠物的各项护理计划，如健康指导、入院、出院、用药、术前、术后、康复和特殊检查治疗指导等，并组织实施，使宠物主人能够了解宠物疾病的治疗用药及特殊检查治疗的目的、意义及注意事项等。落实好告知制度。

（3）根据病情及时做好宠物心理护理，及时解除宠物因对环境的生疏及疾病造成的痛苦而产生的紧张、恐惧心理，使宠物积极配合治疗，利于疾病的康复。

（4）做好卫生宣教和住院规则的宣教，提高宠物主人爱护公物和保持公共卫生的自觉性，保持好病区的卫生和秩序，为宠物创造良好的休息环境。

（5）责任护理人员相对固定，健康宣教具连续性，反复强化，重视宠物医院及自身宣传，定时咨询宠物主人了解宣教后的效果，使病宠物主人了解病情与注意事项，护理人员与宠物主人保持关系融洽。

（6）手术室护理人员，接通知单后进行术前访视，告知宠物主人术前的注意事项。手术结束后，进行术后访视。

🐾 拓展知识

PDCA 循环管理

1. 概述　PDCA 管理循环就是按照计划（plan）、执行（do）、检查（check）、处理（action）4 个阶段来进行质量管理，并循环不止进行下去的一种管理工作程序，由美国质量管理专家戴明提出，又称戴明循环。

2. 步骤

（1）计划阶段。计划阶段包括制订质量方针、目标、措施和管理项目等计划活动。这一阶段分为 4 个步骤：

①调查分析质量现状，找出存在的问题。

②分析调查产生质量问题的原因。

③找出影响质量的主要因素。

④针对主要原因，拟定对策、计划和措施。

（2）执行阶段。执行阶段是管理循环的第 5 个步骤。它是按照拟定的质量目标、计划、措施具体组织实施和执行。

（3）检查阶段。检查阶段是管理循环的第 6 个步骤。它是把执行结果与预定目标进行对比，检查计划目标的执行情况。在此阶段，应对每一项阶段性实施结果进行全面检查，注意发现新问题、总结经验、分析失败原因，以指导下一阶段的工作。

（4）处理阶段。包括管理循环的第 7、8 两个步骤。第 7 步为总结经验教训，将成功的经验形成标准，将失败的教训进行总结和整理，记录在案，以防再次发生类似事件。第 8 步是将不成功和遗留的问题转入下一循环中去解决。

3. 特点

（1）大环套小环，互相促进。整个医院是一个大的 PDCA 循环，护理部是其中一个中心 PDCA 循环，各护理单位如病区、手术室等又是小的 PDCA 循环。大环套小环，直至把任务落实到每一个人；反过来小环保大环，从而推动质量管理不断提高。

（2）阶梯式运行，每转动一周就提高一步。PDCA 四个阶段周而复始地运转，每循环一圈就要使质量水平和管理水平提高一步，呈阶梯式上升。PDCA 循环的关键在于"处理阶

段"，就是总结经验，肯定成绩，纠正失误，找出差距，避免在下一循环中重复错误。

🐾 思 与 练

1. 护理质量评价的目的是什么？
2. 护理质量评价的内容有哪些？
3. 护理质量评价的方法有几种？
4. 护理质量评价的标准有哪些？

任务二　宠物护理业务技术管理

子任务一　宠物护理业务技术管理方法

🐾 相关知识

（一）制定和执行技术规范

1. 护理程序　是一种工作程序，可以帮助护士以宠物和宠物主人为中心展开护理工作，全面、动态地把握宠物的情况，提供针对性强、连续性好的个性化护理。护理程序包括五个步骤：收集宠物的情况并做评估；找出宠物护理问题；制订护理计划；实施护理计划；评价护理效果。

2. 护理技术操作规程　主要是对各类操作性技术的规范，可以分为三类：基础护理技术操作规程，是对各科通用的基本护理技术制定的统一规范；专科护理技术操作规程，是根据不同专科的特点，制定的各专科护理技术操作规范；特别护理技术操作规程，是对需要进行专门培训，组织具有资格的专门人员从事的护理技术操作，如危重症监护、手术等。

3. 疾病护理常规　是对疾病护理一般性规律的描述和规定。可以分为三类：特殊症状护理常规，指各种疾病均可能出现的共同症状的一般护理规则，如发热、昏迷、呼吸困难等；各科一般护理常规，指根据某类专科疾病的共同点和一般规律制定的基本护理规则；各种疾病护理常规，指根据每一种疾病的特点制定的各项基本护理规定。

技术操作规程和疾病护理常规的内容不是一成不变的，应随医学科学的进步和护理专业的发展，不断补充和完善。

（二）建立管理制度

1. 岗位责任制　是医院重要的管理制度之一，它明确了各级护理人员的责任，做到事事有人管，人人有专责，有利于提高工作效率和质量，有利于管理监督评价。

2. 一般护理管理制度　医院作为一个复杂系统，其运行主要是靠有效的运行机制。护理管理的运行，也有赖于制度的落实。一般制度主要包括：宠物住院制度、分级护理制度、值班制度、交接班制度、查对制度、消毒隔离制度、差错事故管理制度、护理登记制度、护理业务查房制度和药品管理制度等。

3. 各部门管理制度　主要包括：病房工作制度、门诊工作制度、急诊工作制度、手术室工作制度、治疗室工作制度等。

思 与 练

宠物护理业务技术的管理方法有哪些？

子任务二　宠物日常健康护理技术

相关知识

（一）宠物日常健康检查

日常健康检查非常重要，主要通过视诊、听诊、问诊、触诊、嗅诊、叩诊等方法对宠物进行临床检查，对某些疾病可以做到早发现、早治疗。

1. 精神状态、行为观察　健康的宠物活泼、灵活，对外界刺激反应灵敏。如果宠物出现精神萎靡不振、反应呆滞、伏地不动等，均为不健康的征兆。

2. 饮食观察　如饮食突然减少、完全不食不饮、仅饮不食或狂饮暴食等，都是不良的征兆。

3. 被毛和皮肤检查　正常被毛应油亮、光滑、柔顺、疏密均匀，不脱落。检查其皮肤应从头部至尾部，从背部到胸腹部，再到四肢，逐步逐片看、摸、捏、压。检查皮肤有无创伤、丘疹、水疱、溃疡、脱水皱缩，有无伤痕、破口、皮屑、成片脱毛等；摸其温度、厚度，有无肿胀、硬块，感觉其干燥还是油腻；提起皮肤看皱褶复原时间长短，同时还要看宠物对哪部分皮肤手捏时敏感（如痛叫、避让甚至反咬）。

4. 姿势与体态　如果四肢或腰背部的肌肉、骨骼、关节等发生异常，其走路的姿势多会有变化，如跛行、三脚跃、不肯走路或走路时伴痛苦的呻吟、嚎叫、跳跃受限等。

5. 眼检查　清澈、明亮的眼睛是宠物健康的表现。如果目光无神、眼分泌物多、斜视、眼半闭、红肿流泪、眼底的色彩改变等均可视为不健康。检查眼部有无角膜炎、晶状体混浊、瞳孔形状变化和色素沉着等。

6. 耳检查　健康宠物耳干净清洁，呈现浅粉红色，无耳螨等寄生虫，将鼻子靠近它的耳朵时，没有任何异味，反应灵敏。如果两耳或一耳突然耷拉下、不随声响相应转动，唤其反应差或毫无反应、甩耳、挠耳、耳内散发出异常腥臭味或有污浊腐败的液体流出等均可视为不健康。

7. 鼻检查　一般来说，除了睡觉和刚睡醒时，犬、猫鼻子都是湿润的，表面有一层透明的液体。如果出现鼻镜干燥、鼻里流出脓性分泌物、连续打喷嚏等症状时，有可能是患了鼻腔疾病或其他疾病。

8. 口腔、牙齿检查　检查口腔黏膜颜色是否正常，观察黏膜有无出血、糜烂、溃疡、伪膜、炎症，口腔有无异物，有无口腔溃疡、牙龈红肿，是否流涎，有无口臭等现象。

9. 胸、腹部检查　胸腹围突然或渐渐变大（妊娠除外）或缩小等，均是不健康的表现。触诊胸、腹腔有无疼痛反射及较大肿块。

10. 排尿、粪便检查　排尿的次数、每次尿量及颜色，排出粪便的含水量、颜色，排粪次数，粪便数量，粪便中有无未消化物、黏液、血液、寄生虫虫体，有无异味等。

11. 体温、脉搏、呼吸次数测量 用体温表测量宠物的直肠温度，健康犬的体温38～39.5℃，猫的正常体温38～39.5℃。在后肢股内侧的股动脉处用手指感觉脉搏，测出每分钟搏动次数。观察动物胸、腹壁的起伏或鼻翼的开张动作计算宠物每分钟呼吸次数，寒冷季节，可按其呼出的气流计数。

（二）牙齿的日常护理

1. 牙齿日常护理意义 宠物牙齿出现异常，就会影响其消化机能和健康。通常，牙齿的问题主要表现在蛀牙、积垢和牙缝间长期滞留食物残渣，以致口腔细菌滋生同时造成口臭。预防宠物牙齿发病，最好每周替其刷牙一次，避免牙垢生成。平时要适当变换食物，不要喂过多太软和湿型食物。对犬要经常让其啃骨头，饲喂一些干硬的食品或"犬咬胶"让其啃咬，以保健其牙齿。

2. 牙齿日常护理方法 取纱布条蘸一些生理盐水缠绕在食指上，顺次擦拭牙龈、牙缝，动作要轻，以免损伤牙龈；等其适应后，再用专用的宠物牙刷蘸一些宠物牙膏，为它刷牙，具体刷法和人刷牙相似。顺着牙缝一颗一颗地清洁牙齿和按摩牙龈。如果没有宠物专用的牙刷，儿童用的软毛牙刷也可以。不能用人的牙膏给宠物刷牙，人用牙膏对宠物有刺激性，会引起宠物消化系统不适。宠物牙膏含有转氨酶，对宠物健康有益。而且宠物牙膏为宠物设计了它们喜欢的口味，有鸡肉味、牛肉味等，宠物开始刷牙时虽然不太适应，但也不会太排斥。给宠物刷牙是个循序渐进的过程，开始很重要，要温柔的进行，时间长了宠物就会觉得刷牙是个习惯程序，就会完全接受。

（三）耳的日常护理

1. 耳日常护理意义 耳分泌物容易附着在耳道上，如不定期清理，很容易发生病变。耳道的环境非常适合微生物的繁殖，容易滋生细菌、真菌和螨虫等病原，致使耳道发炎、增生和化脓，甚至发展成中耳炎和内耳炎。

2. 清理耳道方法 翻开宠物的外耳，用手压住，让耳道内的毛能清晰地露出来，用蘸有滴耳油的棉棒清理耳垢，但不要伸入太多，以免伤到宠物的内耳；向耳内滴入耳朵清洁剂或耳粉；松开宠物的耳朵，轻轻从外部按摩耳部，使清洁剂或耳粉彻底遍布耳道；按摩后放开宠物头部，宠物自行甩耳；用棉巾擦拭宠物外耳。

3. 耳日常护理方法

（1）每周都要查看宠物的耳道，是否发炎、红肿；有异味和疼痛，如果一切正常，只需要用干棉球清洁即可。

（2）宠物洗澡时，为了防止耳朵进水引发中耳炎，可在它的耳洞里塞上棉条。若耳道长期发炎，剧痒会使得宠物不停地搔耳，可能搔破耳郭上的血管形成耳血肿。

（3）对有炎症的耳道，可用4%硼酸甘油滴耳液等滴耳，每日3次。耳毛需要定期修剪，以免挡住耳垢的正常排出。

（四）眼的日常护理

1. 眼异常分泌物清洗 眼异常分泌物比较常见，眼分泌物较多，是眼病较常见的症状。可用2%硼酸或生理盐水由眼内角向外轻轻冲洗，每天或隔天洗一次。短鼻犬容易凸眼而形成鼻泪管压迫，导致其两眼内侧出现两条长长的痕迹。如果眼部本身无异样，只要勤于剪除被毛并擦干即可；但如果状况严重，必须立刻治疗，不要随便用药。长期使用某些含类固醇的眼药，容易导致青光眼，必须警惕。

如果分泌物混浊或呈脓性（黏稠、变色），大多是眼睛已感染。出现这种情况宠物眼部周围的毛不可缠结，否则分泌物聚积会引起感染。建议用棉纱布浸泡生理盐水或用专门洗眼药水，清洗眼部周围。

2. 异物入眼处理 异物入眼可用洗眼水冲洗。将宠物眼睛撑开，将麻布绷带用洗眼水浸润，然后抹洗眼睛即可。不要把宠物放在过于明亮的环境中。尽快处理，制止宠物抓揉受伤的眼睛或用东西蹭眼睛。

3. 睫毛倒长处理 眼睛还可能出现倒睫，即睫毛倒长，刺激眼球，引起眼睛疼痛和发红、视觉模糊、结膜发炎、角膜混浊，这些症状会引起严重损伤甚至失明。可以通过手术切除部分眼皮。除了手术疗法，还可以用电解法清除。

（五）肛门腺的日常护理

1. 肛门腺 肛门腺是犬的一个腺体，又称肛门囊，是一对梨形状腺体，位置在犬的肛门两侧约四点钟及八点钟的地方，左、右各一个且各有一个开口。肛门腺囊内充满肛门腺液，积久会变黑色或深咖啡色液状或泥状物。气味臭。当犬在排便时，肛门腺的开口随着肛门口打开，排出肛门腺液润滑肛门，使犬能顺利排便。肛门腺的另一个作用是犬之间的互相辨识，当犬见面的时候，会互相闻对方进行分辨。

2. 肛门腺的护理意义 肛门腺液积累一段时间后就要进行必要的清洁，以防止其发炎。犬往地上蹭肛门往往预示肛门腺出口阻塞。轻度阻塞时，犬会蹭肛门或是翘脚舔肛门；严重时因肛门腺肿、疼痛，会使犬排便困难，甚至会造成更大的病痛。所以对肛门腺的清洁不可不注意，最好在每次定期给犬洗澡之前进行挤压清洁，因为肛门腺液很臭，清洁后洗澡可去除臭味。

3. 肛门腺挤排法 首先用左手握住犬的尾根部，露出肛门口；右手拿卫生纸，直接贴住肛门口，以右手拇指和食指按住四点钟和八点钟方向的肛门腺体，向内挤压后向外揉拉，就会有肛门腺液排出。反复挤压数次后，肛门腺液就可排空。注意在挤压的时候不可过度用力，以防造成肛门腺损伤而发炎。特别要注意的是，犬长期排软便容易造成肛门腺液蓄积阻塞，所以对肛门腺的清洁周期相对要短一些。

（六）犬被毛的护理

被毛的梳理和美容有利于犬健康。室内饲养的犬，一年四季不断地脱毛和长毛，这些脱落的被毛不仅影响美观，而且掉下来后会粘在室内和主人身上，给主人造成烦恼。给犬梳理被毛，及时将脱落的被毛除去，既可将毛上的污垢、灰尘和寄生虫清除，促进皮肤血液循环，解除疲劳，增进食欲，还能避免犬在舔毛或吃食时将脱落的被毛吃进消化道。这些被毛不能被消化，有时在胃肠内结成毛球，甚至在毛球上还逐渐沉积盐类物质使其变硬，成为胃肠结石。

玩赏犬和长毛犬应坚持每天至少梳理一次被毛，一般犬每周梳理一次。梳理时按被毛生长排列方向由头到尾，从上至下进行梳理，以除去残留的被毛和灰尘，使被毛表面变得光亮、蓬松和美观。被毛缠结后，切记不要用力梳和揪下未脱落的被毛，以免引起犬疼痛。可先将毛慢慢理开，再用梳子轻轻地梳理。若用手难以解开可用剪刀顺毛干的方向将结节的毛剪开，然后再理顺。凡是犬不能自己舔挠和污染严重的部位应重点梳理，在梳理时还应注意皮肤有无外伤或寄生虫等，发现后要及时处理。第一次给犬梳理时它可能不能很好地配合，这就要注意动作应轻缓，边梳理边安抚，让犬逐步适应。

正确的洗澡方法很重要。犬的体味是由于皮脂腺分泌物中的一种特殊物质所致。洗澡可减轻体味，必要时可喷宠物除臭剂。另外，黏附在被毛上的污物和灰尘单靠梳理是不行的，只有通过洗澡才能彻底洗净。洗澡时应注意以下几个问题：

（1）洗澡次数不要过于频繁。有些犬主人认为每天给犬洗澡更有利于保持其被毛清洁，消除其体味，这种方式是不利于犬的健康的。要知道，犬洗澡过勤容易使角质层受到破坏；而且还容易使被毛脱脂，变得脆弱，失去光泽，并诱发各种皮肤病。洗澡次数控制在夏季每7～10d 1次，冬季14d左右1次。

（2）在皮肤病期间，最好配合使用对皮肤病治疗有辅助作用的香波，有利于被毛的恢复。使用香波前应去除鳞屑和分泌物，香波在犬体时间一般控制在15～20 min，以利于其药效的发挥。皮肤病的治疗是一个循序渐进过程，应很好地了解治疗的计划，积极配合宠物医生的治疗工作，并定期复诊。

🐾 思 与 练

1. 宠物日常健康检查主要检查哪些项目？
2. 宠物牙齿的如何进行护理？

子任务三　仔犬、产后母犬和老年犬的护理

🐾 相关知识

（一）仔犬的护理

仔犬是指出生到断乳前的犬，45d左右。刚出生的仔犬包裹在胎膜内，如果不及时把胎膜撕开、清除口鼻黏液，新生仔犬很容易窒息死亡。且新生仔犬眼、耳紧闭，活动能力很差，畏寒、怕压、易饿、软弱无力、消化机能不完善、体温调节能力较差，还缺乏主动免疫能力，如仔犬产出后母犬因产后无力或母性差等原因而不能护理时，要及时进行人工护理，以避免仔犬冻死、饿死、压死，确保仔犬正常生长发育，提高仔犬的存活率。

1. 清除黏液，剪断脐带　胎儿产出后母犬不去舔拭仔犬时，要用卫生纸或柔软干毛巾及时擦掉鼻孔及口腔内的黏液，并将后肢提起倒出鼻孔和口腔内的液体，确保仔犬呼吸畅通，防止窒息。对假死状态的仔犬，清理后马上进行人工呼吸，轻压其胸部和躯体，抖动全身直到仔犬发出叫声并开始呼吸。如果母犬不咬断脐带或脐带过长，要给仔犬剪断脐带。在仔犬脐带根部用缝线结扎好，距仔犬腹壁基部2 cm处剪断，断端用碘酒涂擦。涂擦碘酒不仅有杀菌作用，而且对断端有鞣化作用。

2. 擦净羊水，保持温度　母犬不舔仔犬身体时，要用卫生纸或柔软的干毛巾擦干全身，特别是被毛。但除非绝对需要这样做，一般尽量让母犬自己舔干，即使需要帮助擦干也应留些给母犬，以增加母子感情。新生仔犬的体温调节能力差，不能适应外界温度的变化，所以必须对新生仔犬保温。新生仔犬的体温一般为36～37℃，最低体温会降到33～34℃。在寒冷的冬季，1周龄内的仔犬的生活环境温度以28～32℃为宜，但新生仔犬生活的环境温度也不宜过高，过高会使机体水分排泄过多，容易产生脱水，一般以稍低于健康新生仔犬的体温为好。对体质较弱的新生仔犬，恒定的环境温度尤其重要，随着年龄的增长，新生仔犬对

环境温度变化的调节能力逐渐增强。

3. 固定乳头，吃足初乳 把仔犬排列在母犬的乳头旁，让小个头犬吃上母犬后两对乳头，让大个头犬吃前面奶水少的乳头。使其同窝仔犬均匀发育，提高仔犬的成活率。在哺乳的前几天，需要人工固定乳头，几天后，仔犬就会识别自己常哺乳的乳头而无需辅助了。初乳一般是指母犬产后 1 周内分泌的乳汁。初乳中不仅含有丰富的营养物质，并具有轻泻作用，更重要的是含有母源抗体。新生仔犬体内没有抗体，完全是通过消化初乳获得抗体，从而有效地增强抗病能力。因此，新生仔犬要在产出后 24 h 内尽快吃上初乳。对不能主动吃乳的仔犬应及时让其吃上初乳最好先挤几滴初乳在乳头上，然后轻轻把仔犬的脸在母犬乳腺上摩擦。再将乳头塞进仔犬嘴里，以鼓励仔犬吮吸母乳。必要时还需帮助挤出初乳喂新生仔犬。

4. 加强观察，及时护理 新生仔犬活动能力很差，而且眼睛和耳朵都完全闭着，随时有被母犬踩伤、压死的可能。也有爬不到母犬身边而受冻、吃不到乳而挨饿等现象，这些都需要有人随时发现并且要随时处理。所以对新生仔犬的观察护理非常重要，对母性差、体质弱的仔犬尤其重要。当听到仔犬发出短促的尖叫声时要立即检查，及时把被挤压的仔犬取出。

5. 人工哺乳，合理补饲 母犬产仔数过多（8 只以上）或母犬乳汁不足甚至无乳时，应进行人工哺乳或保姆犬哺乳。但在进行人工哺乳或保姆犬哺乳之前，最好经母犬哺乳 5 d 左右再离开，要尽量让新生仔犬吃到初乳以提高仔犬的免疫力。

（1）人工喂养。首先要选好代乳品，一般使用乳粉。用水稀释，再加入 10g 葡萄糖和两滴维生素混合物滴剂。白天至少每隔 2 h 喂一次，体质特别弱或食量小的；要每 1 h 喂一次。晚上视情况每隔 3～6 h 喂一次。喂食量可根据仔犬的胃容量来确定，以 5～8 成饱为宜。新生仔犬不能自己排泄粪尿，必须由母犬舔拭肛门来清理。有些母犬不太舔拭，必须人为地帮助擦拭。每次喂乳时，要模仿母犬的净化活动，用棉球或柔软的卫生纸擦拭肛门，并擦干仔犬头部及身上的乳汁、水和其他脏物等。同时对仔犬的肠和膀胱进行轻度的刺激，以便促进胃肠及膀胱蠕动。

（2）合理补饲。随着仔犬的生长，需要的营养越来越多，母犬的乳汁已不能满足仔犬的需要，应及时进行补饲。给仔犬补喂的饲料要味道鲜美、容易消化、适口性好，同时要加一些牛乳拌料。10 日龄就应开始给仔犬补乳，把 30℃ 左右的牛乳放在盘中，诱导仔犬舔食，每天补饲 3～4 次，10～15 日龄，每只仔犬补给 50g，15 日龄时可增加到 100g；20 日龄时牛乳中可加少量肉汤或粥；20～25 日龄时仔犬开始长牙，此时牛乳中加少许碎肉末、面包或馒头等，补喂量增至 200g；30 日龄时应加入碎熟肉，分早、晚两次补给，每次 15～25g，也可在 100g 牛乳中加一个鸡蛋；从 35 日龄开始补饲量应逐渐增加。

6. 加强管理，预防疾病 仔犬出生后应逐只称体重，按出生先后、性别编号，做好标记和各项记录。新生仔犬抗病力极差，很容易受到病原微生物的侵袭，因此产房一定要干净、卫生。注意新生仔犬的保温，防止感冒。保持乳房清洁卫生，防止肠道感染。新生仔犬出现肠道感染，可在其口腔滴入几滴抗生素。要经常擦拭仔犬，保持被毛清洁。3 周龄时开始修剪趾甲，以防吮乳时抓伤母犬乳房。4 周龄时用驱虫净驱虫，以后每月一次，连续 3 次后定期检查粪便，检出虫卵随时驱虫。1 月龄的仔犬即可使用犬五联弱毒苗等进行免疫注射，以后根据免疫程序进行免疫。

（二）产后母犬护理

母犬产后身体疲劳、体质虚弱，应该依照以下几点精心护理：

（1）母犬分娩结束后，其外阴部、后躯及乳房部位会沾染许多污秽，要用温水或热的湿毛巾洗净擦干，保持体表清洁。更换被污染的褥垫及注意保温。防止产后感染。母犬在分娩过程中大多会把产仔的胎衣吃掉，因此刚分娩过的母犬一般不进食，可先喂一些葡萄糖酸钙的温水，5～6 h 后补充一些鸡蛋和牛乳，一方面补充腹压，另一方面促使体力恢复，直到24 h 后正式开始喂食。最初几天喂给营养丰富的流质饲料，1 周后逐渐喂给较干的饲料。产后 3 d 内，喂食量为怀孕期的 1/3，食物可少而精，4 d 后可逐渐增加，10 d 可恢复原来的食量。

（2）哺乳母犬的食物营养要丰富，以满足泌乳的需要。每日要喂 3～4 餐，如果乳水不足，可在食物中添加红糖水或牛乳。也可准备鲫鱼汤、猪蹄汤、大骨头海带冬瓜汤等催乳。平时喂些肉汤效果也很好。尤其在哺乳母犬的饮食中要注意补钙，产后瘫的现象大多是因为饮食中的含钙量不足，或钙、磷比例不当，母犬从饮食中吸取钙量不够。为了仔犬的骨骼发育，母犬从自身骨骼中汲取和转移大量钙质到乳汁中哺乳仔犬，导致产后瘫，这种现象在大型犬中更严重些。

（3）母犬产后通常因保护幼犬而变得很凶猛。因此不要让陌生人去参观，更不能让不熟悉的人用手去抚摸幼犬，最好由熟悉的家人或直接的饲管人员护理，以免被母犬咬伤。

（4）母犬产后即进入子宫的恢复、排出恶露的阶段。母犬的恶露是暗红色的，产后的 12 h 以内可变为血样分泌物，数量增多，2～3 周后则变为无色透明的黏液样，如果流出的黏液呈黑色并带恶臭味，则应检查其体温是否正常，并请宠物医生及时检查是否有死胎或胎衣未排出、子宫炎症等，并作相应处理。大约经历 4 周，子宫恢复完毕，停止排出恶露。满月后还有恶露和血水流出就需要治疗。同时，搞好犬舍卫生，防止蚊蝇带来污染。

（5）在母犬的哺乳阶段，最好不要给母犬洗澡，特别是分娩后的几周内；因为洗澡的刺激有可能导致母犬停乳症的发生，或因洗澡导致感冒，危及母仔的健康，应注意尽量避免所有不良因素的刺激。此时可加强母犬的梳理和温热毛巾的擦拭清洁。夏季可 7～10d 后在中午洗澡。

（6）天气暖和时，要带领母犬到室外散步，每天最少两次。每次半小时，以后可相应延长，但不能做剧烈运动，不要错过日光浴。

（7）注意搞好产房卫生，每天坚持清扫，及时更换垫料，产房要每月消毒一次。最后要注意保持产房及周围的环境的安静。避免较大的声响或噪声、强光等强烈刺激，使母犬能休息好。

（8）注意母犬产后常见病及母犬产后的护理预防。

①褥疮主要是潮湿引起的，属于皮炎的一种，多发于两个乳头之间和肚皮上。产后的生活环境没有保持干燥、洁净，或母犬因体力消耗很大，疲劳喜卧，如果保持一个姿势，就易产生褥疮。

②产后子宫感染主要是因为产后子宫恶露不净而造成的。在生产的过程中，子宫收缩不好导致最后一层胎衣没有落下，极易感染细菌。

③乳腺炎主要在哺乳及幼犬断乳时期多发。常由于乳头外伤，比如幼犬吃乳时咬破乳

头，或地面不平整、粗糙，母犬喜卧擦伤乳房、乳头，导致某些病原菌经外伤侵入乳房而感染发病。也可能因断乳不当，幼犬被带离母犬之后，母犬涨乳得不到解决而引发。

④产后低血钙症多发于产后 1～3 周，常见于产仔数较多或体型超大或较小型的母犬。无论产前营养补充多丰富，产后不补钙都造成低血钙。

母犬产后常见病很多都是由于产后护理不当造成的，比如产后的营养补充不足、环境清洁不到位、身体清洁不够等。了解了母犬产后常见的疾病，只要加强观察，精心护理，及时采取有效的措施，很多疾病是可以避免的。

（三）老年犬的护理

1. 老年犬的特征　犬在步入老年期后，会表现许多老年特征，从外观、习性、生理功能等多方面都会发生变化，最明显变化的主要表现在以下四个方面：

（1）皮肤和被毛的变化。最直观的老化特征就是皮肤和被毛的变化，皮肤变得干燥、松弛，缺乏弹力；易患皮肤病；皮肤损伤后不易修复愈合。深色的被毛（如黑色或棕色等）会变成灰色；头部和嘴巴周围出现白毛；毛质也变得枯燥、无光泽；脱毛增多。

（2）消化吸收功能减退。消化吸收功能随着老年期的到来开始明显减退，食欲不佳、食量减少、消化吸收功能降低，易出现腹泻或便秘。所以，原来青壮年时期的食物已不能满足老年犬的营养需要和消化吸收需要。老年期通常因为嗅觉减退，且牙齿退化、松动、甚至脱落，使老年犬的进食越来越受限制，特别对食物的硬度要求很严，不能进食和消化较硬的食物。

（3）免疫力下降，抗病能力降低。老年犬的主要脏器功能逐渐衰退，免疫力也开始下降，使得抗病能力大大降低，极易患病，特别是老年期的多发病，如肿瘤、肾病、心脏病、糖尿病、白内障和关节疾病等，发病率会明显增加。由于体温调节功能明显下降，对冷、热的抵抗力降低，既怕冷又怕热，很容易感冒和中暑。

（4）性情发生改变。老年犬不再像以前那样活泼好动，变得好静喜卧，运动减少，睡眠增多，同时也很容易疲劳。由于视力与听力都开始减退，反应开始出现迟钝，行动会变得迟缓，脾气会变得暴躁。

2. 老年犬的护理

（1）多点爱心与关照。"狗不嫌家贫"充分说明犬对人类的深厚感情和依恋，所以，我们对犬也应多点爱心与关照。在犬步入老年期时，对犬的关注最重要的还是在情感上，不能把老年犬作为一种已没有作用的动物或工具，应该作为一个伙伴，老年犬视力和听力都衰退了，反应迟钝，对主人的指令不会立即做出反应，要有耐心，最好用抚摸或明显的手势来指挥，切忌对犬大喊大叫。每天要用一定的时间陪伴它，认真观察异常变化，细心护理，让老年犬能享受晚年舒适的生活。

（2）保持良好生活规律。老年犬的各项生理机能开始衰退，需要稳定、有规律、慢节奏的生活，要形成科学饮食、适度散放、充分休息的良好生活规律，一般不要随意改变老年犬的这种生活规律，除非原来的生活习惯极不科学。由于老年犬的睡眠质量不好，特别需要一个安静舒适的休息环境，在睡觉时切忌打搅和惊吓。

（3）适度运动。老年犬的肌肉和关节的配合及神经的控制协调功能下降，骨骼也变得脆弱，不能做复杂、高难度动作或剧烈运动。日常散步通常就能满足老年犬的运动需求，但也要控制好时间，时间不能过长，防止疲劳。每次散放时，要尽量避免强制性驱使运动，应以

自由散放的形式，由其自己决定是否继续活动还是停下休息。保持好有规律性的适度运动，对老年犬的健康非常有益。

（4）合理饮食。犬步入老年期后饮食要发生很大的变化，食物必须要松软、易消化、含有优质蛋白质和适量纤维素，饲养方式应采取少食多餐的形式。通常老年犬应饲喂流质或半流质食物，切忌喂食硬性食物。食物的营养要全面，可选用质量可靠的老年犬专用犬粮，同时应添加维生素和矿物质，特别是钙剂和维生素的补充。由于消化吸收功能减退，老年犬必须做到少食多餐，每天应将一天的食物总量分3～4餐饲喂，切忌一次性饲喂。饮水对老年犬非常重要，除特殊情况需要控制饮水外，必须保障随时能饮用到干净水。

（5）加强日常护理。

①日常梳理。老年犬应坚持每天梳理被毛，因为梳理不仅可以改善皮肤血液循环，清除被毛内的污物或外寄生虫，而且可以及时发现皮毛的早期病灶。梳理应轻柔地进行，避免损伤皮毛。指甲、犬爪、眼周围的被毛等也要经常修剪，消除由这些因素带来的不舒适感。老年犬由于生理机能退化，眼、耳、鼻、肛门和阴部等部位周围容易脏，要经常擦洗这些部位保持干净。洗澡次数不宜过多，寒冷季节洗澡一定要注意保暖，防止洗完澡后感冒。

②防暑保温。老年犬体温调节功能减退，一定要注意防暑保温。天气冷时，不要在露天停留太久，犬舍内要有保温设施，保持一个温暖、舒适、干燥的安乐窝。天气炎热时，要避免在烈日下活动或长时间逗留，盛夏时应在通风阴凉的地方休息，活动应选择在早晚凉爽的时间进行，切忌在烈日下活动，防止中暑。

③定期检查。老年犬必须做到定期健康检查，每年至少两次，通过检查及时了解健康状况。由于抗病能力降低，不能及早发现病情及时处理的话，对老年犬来说往往是致命的。健康检查要特别关注老年犬多发病，如肿瘤、肾病、心脏病、糖尿病、白内障和关节疾病等，这些疾病到了晚期治疗非常困难，应尽早发现、尽早治疗。

④免疫接种。因为老年犬的免疫力下降，对疾病特别是传染病的抵抗力减弱，更需要通过免疫接种获得免疫力。不要错误地认为免疫接种仅对幼犬特别重要，对老年犬同样重要，每年必须定期进行一次免疫接种，出现疫情时，还要加强免疫。

🐾 思 与 练

1. 仔犬的护理要点有哪些？
2. 简述仔犬人工喂养的方法。
3. 产后母犬的护理要点有哪些？
4. 简述老年犬的护理方法。

子任务四　宠物外科护理技术

🐾 相关知识

1. 术前护理　对于需要外科治疗的宠物，不能盲目马上进行麻醉和手术，这是很危险的。例如，宠物本身肾功能不良，但是临床症状并不明显，如果麻醉后，血压、心率等生理指标下降，肾供血不足，导致肾功能进一步减退。再加上没有意识到肾功能不足而使用了加重肾负担的药物，这样会导致肾，心脏、肺、肝等脏器同样会出现风险。因此，麻醉和手术前肾、肝、心脏、肺等功能以及血糖指标是必须检查的。

（1）术前检查。了解体温、脉搏、呼吸、血压和出凝血时间以及心脏、肝、肾、肺功能，还包括手术部位，皮肤有无化脓性病灶，血常规、生化检查结果。

（2）皮肤准备。为做好无菌手术，建议在手术前 1～3d 给宠物洗澡，尽量保持身体干净。宠物去毛是动物手术中皮肤准备之一，去毛范围应大于手术视野。

（3）进行皮试。如青霉素等。

（4）肠道准备。按医嘱进行肠道准备，一般手术前禁食8～12h，禁水 3～4h。目的防止麻醉呕吐，食物误入气管导致危险。另外一个重要的原因是麻醉药物对于胃肠蠕动会有抑制作用，也是防止术后出现消化不良。

（5）准备术中用物。伊丽莎白颈圈、灭菌的纱布、手术器械、药品等。

2. 术后护理　术后 1～3 d，仔细观察病犬，定时记录呼吸、脉搏、体温和精神、食欲、排便以及切口的局部变化。根据病情发展的需要，也可进行其他检查或实验室化验。在对病犬检查时，尤其要重视术部的检查，要注意术部有无出血或其他并发症，发现后应及时采取措施，防止意外和感染。

（1）了解术中情况及术后注意点，按各种麻醉后常规护理。

（2）正确连接各种输液管和氧气管，注意固定，导管保持通畅。

（3）正确执行术后医嘱。

（4）注意保暖，防止意外损伤。宠物若有烦躁不安，应加以约束或保护，防止发生从手术台上坠落等意外损伤。保持呼吸道通畅，观察有无呼吸道阻塞现象，防止舌后坠，痰痂堵塞气道引起缺氧、窒息。

（5）密切观察生命体征的变化，观察切口有无渗液、渗血，如切口敷料外观潮湿，应及时通知医生换药，使用胸腹带时松紧要适宜，并观察和记录引流液的颜色、性质及量，以便及早地发现出血、消化道疾病等并发症。

（6）饮食。对一般手术，且饲喂不影响术部创口的愈合时，不应限制饲喂。对术后机体衰弱或消化道功能尚未完全恢复的病犬、猫，则应以递增的方式逐渐恢复至正常饲喂量，避免一次吃入过量食物，造成消化功能紊乱。局麻或小手术患宠术后即可进食，全麻宠物当日禁食，第二天可进流质，以后视情况逐渐半流质、普食。胃肠道手术宠物，待恢复胃肠蠕动，肛门排气后给小量流质，1～3d 禁食，后改为流质食物。

（7）对施行全麻的病犬、猫，术后 4～8h，不应给水，因其吞咽机能尚未完全恢复，易导致误咽。当能饮水时也不宜过量，水温不宜过凉，且应少喝勤饮。对一般手术，术后可立即饮水，也不必加以限制。

（8）疼痛。采取如分散宠物的注意力、改变体位、促进有效通气、解除腹胀等措施以缓解疼痛，如疼痛剧烈者，术后 1～2d 可适量使用镇静镇痛药物。

（9）术后运动。术后运动是一个有助于宠物康复的积极措施。早期适当运动能帮助消化、促进循环、增强体质，有利于术部功能的恢复以及伤口的愈合。例如，对于一般的腹部手术，如果病犬在术后能自由走动，术后 2～3d 即可牵着犬进行运动。早期运动时间宜短，速度应慢些，每次 10～15min，以后逐渐增加运动时间和运动强度。但如果过早运动或过度运动，可能导致术后出血，缝线裂开或机体疲劳（尤其是衰弱病犬），反而不利于创伤愈合和机体的康复。

（10）病情危重宠物登记危重病例记录单，为治疗提供依据。

（11）术后严格保持伤口干燥，以防切口感染化脓。

（12）术后，应按宠物的具体情况，对宠物实行相应的对症治疗措施，如强心、补液、补充丢失的体液及电解质。为了预防并发症和控制感染，可按疗程应用抗菌、抗病毒药物。对术部，一般经 7～10 d 即可拆线。拆线后，勿让宠物做剧烈运动和啃咬术部，以防创口撕开。如术部已感染化脓，应及时拆出部分或全部缝线，按化脓创进行处置。

3. 术后常见问题的处理

（1）疼痛。术后疼痛可引起宠物的行动异常、哀叫、饮食异常、心率加快甚至循环衰竭等，因此应予以适当处理，主要处理方法是应用镇痛药缓解疼痛。对于剖腹术、开胸术等一些损伤性较大的手术，术后 24～48h 应连续给止痛药。如果手术相对较小，一般不给予止痛药。

（2）呕吐。术前禁食可减少术后呕吐。当发生呕吐时，应调整犬的体位，使其头部低于胸部和腹部，并用 50mL 注射器清除口腔或咽喉部的呕吐物。如已发生呕吐误吸，应立即吸氧，并应用皮质激素，如甲泼尼龙 30mg，静脉注射，同时给予广谱抗生素。

（3）呼吸抑制。术后呼吸抑制常常与麻醉有关，选择适当的麻醉方法和药物剂量，可减轻术后的呼吸抑制。术后应仔细观察犬的呼吸频率和幅度，如果呼吸抑制明显，可使用尼可刹米等呼吸兴奋剂，有条件时并予吸氧。

（4）伤口感染。注意手术的无菌操作是预防术后伤口感染的主要措施。然而，术后伤口感染和术后的护理情况往往也有很大关系。因此术后首先对术部应尽量保持清洁。对已出现伤口感染的，则可采用抗生素治疗。

（5）尿潴留。盆腔手术或脊椎麻醉后排尿的神经反射障碍；会阴部手术后疼痛，引起反射性的膀胱括约肌痉挛；腹部切口疼痛；腹肌协助排尿的作用减退等因素都可引起术后宠物的尿潴留。处理方法为实施导尿术。

（6）肠粘连。术后引起肠粘连的原因有：手术中对腹膜或肠管浆膜反复粗暴的机械性刺激；凝血块在腹腔内多量积存；病原菌的腹腔内感染经抗生素控制，形成局限性腹膜炎，随即形成大面积的肠粘连。防治肠粘连可采取以下方法：手术时尽量减少对腹膜和内脏的刺激；剖腹探查时，严格按照探查程序，不得损伤组织器官；进行肠管吻合术时，严格执行无菌操作，彻底止血，清除腹腔内血凝块；对污染可疑的腹腔手术，术后应用抗生素；术后早期饲喂适量柔软食物，并早期散放，对肠蠕动机能恢复及预防肠粘连，有明显的效果。

（7）腹部切口破裂。术后引起腹部切口破裂的原因有：切口缝合不佳；贫血、血浆蛋白低、维生素缺乏的老年犬，营养不良的幼龄犬或恶病质的病犬，其组织修复愈合能力降低；或因术后咳嗽、腹水增加、腹胀等使腹内压增高等因素。处理方法为：见到内脏的，立即用无菌纱布及治疗巾覆盖伤口，腹带加压包扎，准备急症手术缝合；内脏脱出较多的，除按上述处理外，在全身浅麻醉下，将内脏用灭菌生理盐水冲洗还入腹腔后再缝合；术后应输血、加强营养，积极防治感染，消除使腹内压增高的因素。

拓展知识

骨折宠物护理技术

（一）护理目标

维持呼吸、循环等正常生理功能；保证骨折固定效果，确保外固定满意；缓解疼痛，减轻宠物的痛苦；科学地引导宠物进行功能锻炼，使患肢功能恢复与骨折愈合同步发展；有效预防全身及局部并发症；合理安排营养饮食，保证机体营养代谢需要。

（二）护理项目

（1）一般项目。如精神、情绪、饮食、睡眠、营养状况、大小便及体温、脉搏、呼吸、血压等。

（2）外固定情况。外固定装置是否有效，夹板松紧度是否适宜，石膏有无断裂、石膏筒内肢体是否松动或挤压等。

（3）肢端血液循环。

（4）疼痛。了解疼痛的性质及程度，确定引起疼痛的病因；观察发生疼痛时宠物的状况及伴随症状，观察全身及局部情况，检查有无发热、水肿、出血、感觉异常、意识障碍等体征；通过应用缓解疼痛的有效方法，如制动肢体、矫正体位、解除外部压迫等进一步确定引起疼痛的原因。

（5）体位。体位是否正确，肢体是否按治疗要求摆放与固定。

（6）患肢外固定处与身体受压处皮肤有无红肿、破溃，有无胶布过敏反应，骨牵引针孔有无红肿、脓液渗出。

（7）手术后除宠物体温、脉搏、呼吸、血压等生命体征外，伤口有无渗血、出血及感染征象。

（8）功能锻炼后的反应。锻炼时是否伴有疼痛及疼痛的性质，是否伴有肿胀等不适。

（三）常见护理问题及措施

1. 生命体征异常改变　严重创伤引起多处骨折、开放性骨折、多脏器损伤时会影响生命体征改变，严重骨折后并发症如休克、脂肪栓塞综合征、宠物呼吸窘迫综合征、挤压综合征等，甚至造成宠物死亡。护理措施如下：

（1）危重宠物应尽快动用各类监护设备，严密观察病情变化及生命体征的改变。

（2）熟悉各种严重创伤、创伤并发症的病理变化及临床表现，一旦发现异常能早期做出正确判断，及时提出相应的治疗护理措施。

（3）监护由专人负责，制定严密的护理观察计划及护理方案，严格履行交接班制度。

（4）建立有效静脉通道，以保证输血、输液及抢救用药。

（5）认真做好观察记录，对宠物的呼吸、脉搏、体温、血压、尿量、尿质、用药、吸氧情况及反应等均做出详尽的记录。

2. 疼痛　除创伤、骨折引起宠物疼痛以外，固定不合理、创口感染、组织受压、缺血也会引起疼痛。由于病因不同，疼痛的性质也不同。护理措施如下：

（1）加强临床观察，区分疼痛的不同性质及临床表现，以确定引起疼痛的不同原因。一般来说，手术伤口疼痛于术后1～3d剧烈，并逐日递减缓解；创伤、骨折引起的疼痛多在整复固定后明显减轻，并随着肿胀消退而日趋缓解；开放性损伤合并感染多发生在创伤2～4d，疼痛进行性加重或呈搏动性疼痛，感染处皮肤红、肿、热，伤口可有脓液渗出或散发臭味，形成脓肿时可出现波动；缺血性疼痛为外固定物包扎过紧或四肢严重肿胀所致，表现为受压组织处或肢体远端剧烈疼痛，并伴有皮肤苍白、温度降低，缺血范围较大或较严重者可表现出被动伸趾时疼痛加剧。

（2）针对引起疼痛的不同原因对症处理。创伤、骨折宠物在现场急救时予以临时固定，以减轻转运途中的疼痛，并争取及时清创、整复；发现感染时通知医生处理伤口，开放引流，并全身应用有效抗生素；缺血性疼痛需及时解除压迫，松解外固定物。

（3）若疼痛严重且诊断已明确，在局部对症处理前可应用镇痛药物。

（4）在进行各项护理操作时动作要轻柔、准确，防止粗暴剧烈，引起或加重宠物疼痛。

（5）如治疗护理必须移动宠物时，在移动过程中，对损伤部位重点托扶保护，缓慢移至舒适体位，争取一次性完成。

（6）截肢术后如患肢疼痛，一般可随时间的推移而自行消失，不需应用镇痛药物镇痛。

（7）采用非侵袭性镇痛方法，如利用宠物玩具等，用视觉或触觉分散法分散或转移宠物的注意力。另外，利用冷敷、热敷、按摩及皮肤搽剂，也能起到骨折宠物镇痛效果。

3. 肿胀　骨折或软组织损伤后，伤肢局部发生反应性水肿，另外，骨折局部内出血、感染、血液循环障碍等也会造成伤肢不同程度的肿胀。护理措施如下：

（1）迅速查明引起肿胀的原因，及时对症处理。

（2）如无禁忌应早期恢复肌肉关节的功能锻炼，促进损伤局部血液循环，以利静脉血液及淋巴液回流，防止、减轻或及早消除肢体肿胀。

（3）损伤早期局部可冷敷，降低毛细血管通透性，减少渗出。使损伤破裂的小血管及时凝固止血，减轻肿胀。

（4）如肢端肿胀伴有血液循环障碍，应检查夹板、石膏等外固定物是否过紧，若固定过紧应及时解除压迫。

（5）对严重的肢体肿胀，要警惕骨筋膜室综合征发生，及时通知宠物医生做相应处理。

（6）因感染引起的组织肿胀，除通知宠物医生处理局部伤口、拆线、引流外，应及时应用有效的抗生素。

4. 患肢血液循环异常　患肢血液循环异常除骨折时合并主要动、静脉血管损伤外，止血带应用不合理、包扎固定过紧、肢体自身肿胀严重等都是造成患肢血液循环障碍的重要原因。观察和防止患肢血液循环障碍，是护理骨折宠物的重要内容、对四肢骨折宠物尤为重要。护理措施如下：

（1）由于骨折后的固定包扎，往往不能直接观察受伤部位血液循环状况，而肢体远端能间接反映患肢血供情况，因此视为观察重点。

（2）严密观察肢端有无剧烈疼痛、肿胀，皮肤有无温度降低、苍白或青紫。发生以上情况说明肢端血液循环障碍，需立即查明原因，对症治疗。

（3）肢体局部受压，如夹板的棉压垫、石膏内层皱褶或肢体骨凸处可表现为持久性、局限性疼痛。当皮肤组织坏死后，疼痛可缓解。因此对任何异常疼痛应提高警惕，必要时打开外固定物直接观察。

（4）对血液循环不良的肢体，除对症治疗外，要将肢体抬高到略高于心脏水平。如果位置过高，会加重缺血，并严禁热敷、按摩、理疗，以免加重组织缺血、损伤。

5. 创口感染　伤口感染发生在开放性骨折未得到清创或清创不彻底时，重者可引起化脓性骨髓炎，影响骨折愈合，严重者合并全身性感染，威胁宠物生命。护理措施如下：

（1）现场急救及时正确，避免伤口二次感染及细菌进入深层组织。

（2）争取时间，早期实施清创术。

（3）增强宠物体质，注意加强营养，及时治疗贫血、低蛋白、营养不良及糖尿病等疾病，增强机体抗病能力。

（4）使用有效抗生素积极控制感染。

（5）注意观察伤口，伤口疼痛性质的改变常为最早期征象。此外，注意观察伤口有无红肿、波动感，一旦发生感染，应及时进行伤口处理。

（6）对伤口污染或感染严重者，应及时拆除缝线敞开伤口，并实施引流，抗生素湿敷等治疗。

6. 科学引导宠物进行功能锻炼

（1）向宠物主人说明进行功能锻炼的意义和方法，使宠物主人充分认识功能锻炼的重要性，消除思想顾虑，主动引导宠物进行锻炼。

（2）认真制订锻炼计划，并在治疗过程中，根据宠物的全身状况、骨折愈合进度、功能锻炼后的反应等各项指标不断修订，增加或删除锻炼内容。

（3）一切锻炼活动均需在宠物医护人员指导下进行。随着骨折部位稳定程度的增长及周围损伤软组织的逐步修复，功能锻炼循序渐进，活动范围由小到大，次数由少渐多，时间由短至长，强度由弱增强。具体方式方法大体可分为三个阶段：

①术后早期：术后1～2周，伤肢肿胀疼痛，骨折端不稳定，容易再移位。此期功能锻炼的主要形式是患肢肌肉舒缩运动，如前臂骨折时做腕关节、指关节屈伸活动，股骨骨折做股四头肌舒缩运动，原则上骨折部上、下关节不活动，身体其他部位均应进行正常活动。此期间功能锻炼的主要目的是促进患肢血液循环，以利消肿和稳定骨折。

②术后中期：术后2周后伤肢肿胀消退，疼痛减轻，骨折端纤维连接，并逐渐形成骨痂，骨折部趋于稳定。此期锻炼的形式除继续增强患肢肌肉舒缩活动外，在宠物医护人员或健肢的帮助下逐步恢复骨折部上、下关节的活动，并逐渐由被动活动转为主动活动。术后5～6周，骨折部有足够的骨痂时，可以进一步扩大活动范围和力量，防止肌肉萎缩，避免关节僵硬。

③术后后期：骨折临近愈合后，功能锻炼的主要形式是加强患肢关节的主动活动和负重锻炼，使各关节迅速恢复正常活动范围和肢体正常力量。

（4）功能锻炼以宠物不感到疲劳，骨折部位不发生疼痛为度。锻炼时患肢轻度肿胀，经晚间休息后能够消肿的可以坚持锻炼，如果肿胀较重并伴有疼痛，则应减少活动，如果疼痛肿胀逐渐加重，经对症治疗无明显好转并伴关节活动范围减小，或骨折部位突发的疼痛时，均应警惕发生新的损伤，暂时停止锻炼并及时做进一步的检查处理。

（5）功能锻炼以恢复肢体的固有生理功能为中心。前肢、后肢要重点在训练行走能力。

（6）功能锻炼不能干扰骨折的固定，更不能做不利于骨折愈合的活动，如外展型肱骨外科颈骨折不能做上肢外展运动；内收型肱骨外科颈骨折不能做前肢内收运动；尺桡骨干骨折不能做前臂旋转活动；胫腓骨干骨折不能做后脚的内外伸展运动。

思 与 练

1. 宠物外科护理常用方法有哪些？
2. 简述术后经常出现问题的处理方法。
3. 骨折宠物的护理技术有哪些？

子任务五　宠物内科护理技术

相关知识

（一）内科护理常规

（1）患病宠物入院后，指定笼位；危重宠物安排在抢救室或监护室，并及时通知宠物医生。

（2）病室应保持清洁、整齐、安静、舒适，室内空气应当保持新鲜，光线要充足，最好有空调装置，保持室温恒定，根据病症性质，保持室内湿度适宜。

（3）生命体征监测，做好护理记录。

（4）每日记录排便、排尿次数与尿量，入院 24h 内采集标本且及时送检。

（5）预防宠物医院内交叉感染，严格执行消毒隔离制度。

（6）根据病情，对宠物主人进行相关健康指导，使之对疾病、治疗、护理等知识有一定了解，积极配合治疗。

（7）遵医嘱准确给药。服药的时间和方法，依病情、药性而定，注意观察服药后的效果及反应，并向宠物主人做好药物相关知识的宣教。

（8）遵医嘱给予饮食护理，指导饮食宜忌。

（9）根据内科各专科特点备好抢救物品，如气管插管、机械呼吸器、张口器、心电图机、氧气、静脉穿刺针、呼吸兴奋药、抗心律失常药、强心药、升压药等。

（10）认真执行交接班制度，做到书面交班，交班内容简明扼要，语句通顺并应用医学术语，字迹端正。

（11）按病情要求做好基础护理及各类专科护理。

（二）呼吸系统疾病护理技术

1. 呼吸系统疾病护理常规

（1）开展整体护理，应用护理程序进行疾病护理。

（2）病室保持清洁、整齐、安静、舒适并做好安全护理。病室每日通风或空气消毒两次。温度和湿度要适宜。

（3）密切观察宠物的生命体征及临床表现，定时测量体温、脉搏、呼吸、血压。做好留置管道的护理，保持管道的通畅。注意观察分泌物、排泄物的性质、气味、颜色及量的变化，并准确记录。

（4）呼吸困难宠物给予氧气吸入。

（5）给予高热量、易消化的流质或半流质饮食，不能进食宠物，静脉补液，点滴速度不易太快，以免引起肺水肿。

（6）保持急救药品、物品的完好。

（7）按时准确执行医嘱，并观察药物治疗效果及不良反应。

（8）注意观察，如有体温骤降、呼吸变急、发绀等情况，应立即报告宠物医生，并进行处理。

2. 气胸护理常规

（1）执行呼吸系统疾病一般护理常规。

（2）避免过多地搬动宠物和不必要的活动。

（3）配合宠物医生进行胸腔抽气，抽气前可给予镇静、止痛、镇咳药物，以免宠物咳嗽用力而促使自发性气胸复发。

（4）抽气完毕继续观察病情。如抽气不久发生胸痛、呼吸急促、情绪不安等症状，提示有张力性气胸，应及时报告医生并准备封闭引流瓶进行持续排气，使压缩的肺迅速张开，以减轻症状。

（5）准备胸腔闭式引流。抽气时注意管道通畅，检查玻璃瓶衔接处有无漏气，瓶内玻璃管是否在水平面以下。

（6）气胸痊愈后，1个月内避免剧烈运动。

（7）保持排便通畅，2d以上未排便应采取有效通便措施。

（8）预防上呼吸道感染，避免剧烈咳嗽。

3. 肺炎护理

（1）执行呼吸系统疾病一般护理常规。

（2）呼吸困难宠物给予氧气吸入。

（3）给予高热量、高蛋白、易消化的流质或半流质饮食，以利于毒素的排出；不能进食者，静脉补液，点滴速度不易太快，以免引起肺水肿。

（4）注意室内空气流通，温度和湿度要适宜。

（5）严密观察体温、脉搏、血压的变化。如高热宠物执行高热护理常规。如有休克早期表现，应及时报告宠物医生，并积极进行抢救。

（6）留痰观察。准备收集痰标本，以备常规化验和痰细菌培养。

（7）注意观察，如有体温骤降、呼吸变急、发绀等情况。应立即报告宠物医生，并进行处理。

（8）注意呼吸道通畅，痰多时及时吸痰。

（9）休克性肺炎护理时，根据病情每隔5～15min测血压一次，并记录，血压较低时，按医嘱静脉滴升压药物，并密切观察治疗效果。

（10）严密观察尿量，并做记录。

（11）注意水电解质平衡，如有脱水、酸中毒、低钾等表现，及时通知宠物医生。

4. 哮喘护理常规

（1）执行呼吸系统疾病一般护理常规。

（2）病室环境力求简单、清洁、安静。禁放花草，禁用毛毯等，以免诱发哮喘。

（3）密切观察病情和发作先兆。如出现呼吸不畅、干咳、精神紧张等症状，应立即给予少量解除支气管痉挛药，制止哮喘发作。

（4）缓解宠物紧张情绪，并给予氧气吸入。

（5）适量给予安定等镇静药，禁用吗啡和大剂量的镇静剂，以免抑制呼吸。

（6）严密观察病情变化，积极寻找发病规律和发作诱因。了解宠物发病的诱因，以便寻找过敏原。

5. 呼吸衰竭护理常规

（1）急性呼吸衰竭应绝对休息。慢性呼吸衰竭代偿期，可适当活动。

（2）给予富有营养、高蛋白质、易消化饮食。原则上少食多餐，不能自食宠物，给予鼻饲。

（3）病情观察。除定时测体温、脉搏、呼吸、血压，观察瞳孔变化、结膜发绀外，特别注意以下几项指标：

①神志：对缺氧伴二氧化碳潴留宠物，在吸氧过程中，应密切观察神志的细小变化，有无呼吸抑制。

②呼吸：注意呼吸的节律，快慢深浅的变化。如发现异常，应及时通知宠物医生。

（4）保持呼吸道通畅。防止缺氧窒息。

（5）纠正酸中毒。

（6）纠正肺水肿应用脱水剂、利尿剂，注意观察疗效。心功能不全时，静脉点滴不宜过快、过多。

（7）备好急救物品。如气管插管、气管切开包、氧气、强心剂、呼吸兴奋剂等。

（三）循环系统疾病护理技术

1. 循环系统疾病护理常规

（1）执行内科疾病一般护理常规。

（2）将病危宠物病情通知主人。做好入院介绍。

（3）严密观察心率、心律、血压、体温、呼吸、尿量及体重的变化，并记录。

（4）备好各种与急救有关的器械和药物。

（5）掌握心肺复苏术和一般心电图知识，熟悉各种心血管疾病的处理原则。

（6）呼吸困难宠物给予氧气吸入，肺水肿宠物可吸入经20%～30%酒精湿化的氧气。

（7）给无盐或低盐饮食，严重水肿者应限制摄水量。

2. 心力衰竭护理常规

（1）执行心血管系统疾病一般护理常规。

（2）心力衰竭宠物必须绝对休息，减少肺部挤压，改善呼吸。

（3）对急性肺水肿宠物，需分秒必争，配合宠物医生立即处理。

（4）根据医嘱可给吗啡，便于宠物安静及减轻呼吸困难。但对休克、慢性支气管炎、肺内感染宠物忌用。

（5）应用洋地黄类注射剂时，注意速度应缓慢，同时观察宠物的心率、心律的变化。

（6）根据医嘱给血管扩张剂及糖皮质激素药，并注意观察血压。

（7）对急性肺水肿宠物，可用止血带轮扎四肢近端。先扎三个肢体，5～10min轮换一个，以减少回心血量，减少症状。注意勿使肢体变紫或坏死。

（8）用利尿剂时，记录24h尿量，观察有无水电解质紊乱。

3. 心源性休克护理常规

（1）执行心血管系统疾病一般护理常规。

（2）保持静脉通道通畅，便于治疗抢救。

（3）密切观察呼吸、血压、心率、尿量及中心静脉压变化，做好记录。

（4）注意保暖，避免受凉。做好口腔和皮肤护理，预防肺部并发症发生。

（5）根据医嘱给血管活性药，如间羟胺、多巴胺等提升血压。根据血压随时调整滴数和浓度，滴速不宜太快，以防加重心力衰竭或引起肺水肿。

（6）熟悉各种抢救药品和器械的使用方法与注意事项，及时有效地进行抢救。

（四）消化内科护理技术

1. 消化系统疾病一般护理常规

（1）加强病情观察，及时了解有无呕吐、便血、腹痛、腹泻、便秘、脱水等。

（2）呕吐、呕血、便血、严重腹泻时，应观察血压、体温、脉搏、呼吸、神志，并详细记录次数、量、性质。

（3）腹痛时，注意观察其部位、性质、持续时间及与饮食的关系，如有病情变化及时汇报医生处理。

（4）危、重、急进行特殊治疗的宠物，如上消化道出血、肝脓肿、急性胰腺炎等，应绝对休息。轻症及重症恢复期宠物可适当运动。

（5）当需要进行腹腔穿刺术、肝脾穿刺活检等检查者，应做好术前准备、术中配合、术后护理工作。

（6）备齐抢救物品及药品。

（7）对溃疡病、腹水、急性胰腺炎、溃疡性结肠炎等患病宠物，食用易消化、高蛋白质、低盐或无盐、低脂肪无渣的治疗食物。

（8）严格执行消毒隔离制度。

2. 急性胃炎的护理常规

（1）执行消化系统疾病一般护理常规。

（2）轻者可进流质饮食。重者有剧烈呕吐或失水性酸中毒胃炎应暂禁食，可由静脉补液。强酸中毒性胃炎可喂牛奶，应少食多餐。

（3）急性胃炎，应严密观察体温、脉搏、呼吸、血压、尿量和结膜颜色，以及有无脱水、酸中毒及休克表现。

（4）患急性腐蚀性胃炎的宠物，禁忌洗胃，以防穿孔。

（5）呕吐时及时清除呕吐物，观察记录呕吐物的颜色、性质、量。必要时留取标本送检。

（6）严密观察腹痛性质，必要时可局部热敷，或遵医嘱给颠茄合剂口服。

（7）脱水护理：出现皮肤弹性差、尿量减少等脱水症状时，应多饮水或口服补液盐。严格记录出入量。重症宠物应给予补液，并遵守先盐后糖、先快后慢、见尿补钾的原则。

（五）泌尿系统疾病护理技术

1. 泌尿系统一般护理常规

（1）观察尿量、颜色、性状变化，准确记录出入量，有明显异常及时报告宠物医生。

（2）根据病情定时测量血压，发现异常及时处理。

（3）观察有无贫血、电解质紊乱、酸碱失衡、尿素氮升高等情况。

（4）每2d测量体重1次，水肿明显者，每日测量体重1次，做好记录。

（5）水肿护理：限制水和盐的摄入量；观察血压变化，如血压低，要预防血容量不足，

防止体位性低血压；如血压高，要预防肾缺血、左心功能不全和脑水肿发生；用利尿药时，注意观察尿量的变化及药物的不良反应和水、电解质的情况。

（6）尿异常的护理：如有血尿时应分清是初始血尿、全程血尿还是终末血尿，以协助诊断，同时观察血尿的量和颜色。大量血尿时，应禁止宠物活动，并注意观察血压和血红蛋白的变化，遇有异常应及时报告医生进行处理。适当多饮水，以冲洗尿路，防止血块堵塞和感染。

2. 急性肾小球肾炎护理常规

（1）避免剧烈活动，直至水肿消退、尿量增多、肉眼血尿或明显镜下血尿消失，血压恢复正常，可逐步增加活动。

（2）急性期对蛋白质和水分应予一定限制，对有水肿或高血压宠物应限制食盐的摄入，水肿明显和尿量减少者还应限制水分摄入；肾功能减退有氮质血症者应限制蛋白质摄入，应尽量多摄入优质动物蛋白质，补充各种维生素。

（3）控制感染：有感染灶时遵医嘱给予抗生素，协助宠物注意保暖、预防感冒、注意卫生。

（4）遵医嘱给予利尿剂，注意观察用药效果。

（5）有心力衰竭、肾衰竭者给予相关处理。

3. 肾病综合征护理常规

（1）执行泌尿系统疾病一般护理常规。

（2）严重水肿、蛋白血症宠物应避免活动。

（3）给予高热量、高蛋白质、低盐、易消化日粮。

（4）全身水肿严重，伴胸水、腹水致呼吸困难宠物，必要时吸入氧气。

（5）预防呼吸道感染。避免受凉，保持室内空气新鲜，经常通风、消毒。

（6）应用激素和免疫抑制剂治疗时，应向宠物主人介绍药物的作用、不良反应等，注意观察宠物尿量、血压及血钾变化。

（六）内分泌与代谢疾病护理技术

1. 糖尿病护理常规

（1）服用降糖药时，观察有无呕吐、发热、皮疹、低血糖等反应。

（2）胰岛素治疗期间，严密观察有无低血糖反应。

（3）注射胰岛素时记录准确，严格按时间、无菌操作，经常更换注射部位。

（4）确诊为糖尿病酮症酸中毒时，执行酸中毒护理常规。

（5）避免刺激宠物，引起精神紧张，注意清洁卫生，切勿受凉，防止外伤。

2. 甲状腺功能减退护理常规

（1）观察体温、脉搏、呼吸、血压、心率的变化。

（2）观察药物不良反应，如出现心动过速、兴奋等通知宠物医生，按医嘱减量或停药。

（3）及时处理黏液性水肿性昏迷。其表现先有嗜睡，继而低温、呼吸浅慢、心动过缓、血压下降，可伴低血糖、低钠血症、二氧化碳潴留。

（4）给予高热量、高蛋白质、低盐日粮，严重水肿宠物无盐饮食。

（5）准确记录出入量。

3. 甲状腺功能亢进护理常规

（1）观察药物不良反应，有无药物疹、粒细胞减少、黄疸、皮炎。

（2）观察生命体征，防止甲亢危象。如果发现宠物持续高热、心率快、躁动不安、血压上升、呕吐等，及时通知宠物医生。

（3）避免精神刺激。

（4）给予高热量、高蛋白质日粮，多饮水，禁刺激性食物。

（5）注意眼睛的防护，凸眼不能闭合时，按时用眼药水。

（6）避免大量运动，过于劳累。

（7）向宠物主人强调抗甲状腺药物长期服用的重要性。

思 与 练

1. 气胸如何进行护理？

2. 心力衰竭护理要注意哪些问题？

项目六 宠物医院日常业务

任务一 医疗档案管理

子任务一 医疗档案管理概述

相关知识

医疗档案又称病历档案，简称病案，是宠物医生在诊疗过程中形成的文字、符号、图表、切片等原始记录及临床经验的总和，经收集、整理、加工，形成的具有科学性、逻辑性、真实性的诊疗档案，是宠物医院各项管理工作中取之不尽的信息资源。加强医疗档案的管理、有效开发和利用，充分发挥医疗档案信息的价值，对加快宠物医院的建设与发展具有十分重要的意义。

（一）宠物医疗档案的作用

1. 关乎宠物医院的技术水平与效益 医疗档案管理是宠物医院管理中的重要组成部分，也是宠物医疗管理的重要基础，档案管理的好与坏，直接影响到诊疗质量和技术水平以及宠物医院的信誉和经济效益。

2. 解决医疗纠纷的法律依据 医疗档案是医疗活动的原始记录，是宠物医生对宠物疾病诊疗的全过程按医疗档案的记录要求所做的原始记载，是解决医疗纠纷的法律依据。

3. 兽医临床诊疗精华的总结 医疗档案对于宠物医生掌握患病宠物的病史、免疫史、用药情况等都是不可缺少的宝贵资料。对于高等农业院校开办的宠物医院来说，医疗档案的重要性更加明显，完整的医疗档案可以用于对病例的教学和研究。

4. 其他作用 用于流行病学调查等。

（二）宠物医疗档案管理的原则

1. 科学原则 根据医疗档案的特点及其在宠物医院管理中的重要地位，要求宠物医院相关人员需高度重视医疗档案管理工作，使其管理实现制度化、规范化和科学化。医疗档案的载体有纸张、图表、照片和影像资料等。一方面，宠物医院医疗档案较多，尤其是病情较重或复杂的疾病，需保留大量的归档材料，如病案、影像资料等，全部以传统的方法储存，会占据较大空间；另一方面，高科技的发展也使档案载体更加丰富多样，如今宠物医院信息管理系统使用十分普遍，出现了医疗档案管理应用电子病历。电子病历的信息与载体相对分离，用数据库的形式，以电子文本进行储存、调阅，将是今后医疗档案管理的发展方向。

2. 准确原则 首先，保证医疗档案具有系统性、完整性、准确性，必须实行档案管理的标准化，要符合档案管理的各项标准化内容，包括分类规则、档案著录和档案编号等。其次，要根据档案目标管理的需要，结合宠物医院实际情况制定具体规定，完善档案管理的归档、保管、利用等制度。

3. 实用原则　医疗档案对于宠物医院具有特殊意义，它是临床诊疗工作的全面记录，客观地反映了疾病诊断、治疗及其转归的全过程。医疗档案是医疗活动信息的主要载体、教学的极佳教案、科研的良好素材，而且也是评价宠物医院医疗质量、技术水平及管理水平的依据，同时又是在发生医疗纠纷时宠物医院举证的重要依据。

（三）宠物医疗档案的书写原则及内容

医疗档案是对患病宠物登记，病史调查及现症检查全部资料的客观书面记载。它既是诊疗部门的法定文件，又是宝贵的原始技术资料。医疗档案对总结经验，积累科学资料，指导宠物疾病防治，教学与科研都具有重要意义。同时，医疗档案在兽医方面也是处理案件的重要依据之一。因此，必须认真填写，妥善保管。

1. 书写医疗档案的原则

（1）资料完整性。将问诊及现症检查（包括实验室检查及特殊检查）的结果，详细记入档案中。

（2）科学系统性。按器官系统有条理地记载，对各种症状表现，应用专业术语加以客观的描述。

（3）取材准确性。使用通俗的语言，对病理变化如实记录，并用数字标明或用实物恰当地比喻，做到形容和描述确切。

2. 病历档案的内容

（1）宠物的登记事项。

（2）主诉及问诊资料，有关病史，饲养管理，环境条件等。

（3）临床检查的全部内容，应详细按检查顺序和系统填写。

（4）病程日志。逐日记录患病宠物的体温、脉搏及呼吸次数，主要的病情变化、治疗方法及护理等。

（5）总结。概括全部诊断和治疗的结果，对饲养和管理方面提出要求或建议，归纳经验和教训。

（6）新业务开展过程的全部材料。如宠物医院特殊病例的手术，通过声像系统把其全过程准确无误地记录下来，再加上文字、图表、数据说明，将会大大提高档案的质量和利用价值。

（7）手术病历。

（8）新业务或手术的价值及效益。

🐾 拓展知识

医疗档案的价值除了取决于医疗档案记录的病种、诊断、治疗技术和方法外，还有一个重要因素就是医疗档案内容的完整性。真实、详细、系统的病案记录，对于宠物医院、宠物医学科研及教学人员都具有较高的价值。病案的书写体现了宠物医院相关人员的工作态度、学识水平和医疗质量，因此，如何记录和书写病案至关重要。

1. 对形成和书写病案的人员的要求

（1）形成和书写病案的人员要用极端负责的精神和实事求是的态度来书写。

（2）要严格按病案的书写格式和规定要求进行书写。

（3）记录要及时、准确和完整。

2. 对病案的具体要求

（1）内容要准确、完整。

（2）文字要条理清楚、通顺、重点突出、层次分明。

（3）计量单位一律采用法定计量单位来书写。

（4）用中文书写，没有适应译名的外文名词，可用原文注明。

（5）简化字要按国家规定书写，不准自造。

（6）不准用易于退变的书写材料书写。一般采用圆珠笔、纯蓝墨水、红墨水等（特定项目需用其他色笔填写者除外）。

（7）字迹清楚，易于辨认，不要涂改、删划或贴补。

（8）日期按年、月、日的顺序写全。

（9）每次书写后，要签写全名。

（10）每页的内容必须填写完整齐全，每张均应填写患病宠物主人姓名和病案号码。

思 与 练

1. 如何看待医疗档案在宠物医院发展中的作用？
2. 简述宠物医疗档案管理的原则。
3. 调查一下本地宠物医院医疗档案建设的现状。
4. 宠物医疗档案书写时有什么要求？

子任务二 医疗档案的管理

相关知识

（一）医疗档案信息的作用

1. 宠物医院管理中医疗档案信息的作用体现

（1）为宠物医院提高医疗质量和技术水平服务。医疗档案是医护人员进行诊断、治疗、护理的真实记载。一份完整的医疗档案是医疗质量最集中的反映，不仅可以单独反映主治宠物医生的文化素质和业务水平，而且对再次入院的患病宠物的诊治，更具有参考价值。医疗档案信息不仅是医疗质量监控和评估的主要依据，而且是衡量宠物医生医疗水平、评价其医疗业务能力的依据。

（2）为宠物医院管理层决策服务。医疗档案是宠物医院医疗业务统计的重要原始资料之一，是医疗业务活动数量和质量统计的可靠依据。通过对医疗档案信息的收集，可以帮助宠物医院分析经营现状、制订诊疗标准、评价医疗质量及经济效益。

2. 教学和科研中医疗档案信息作用的体现　随着医学科学技术的不断发展，医疗档案的内容日趋丰富，其信息量也随着不断增多，使得它不仅是宠物医学教学生动的示范教材，更是开展科研工作不可缺少的宝贵资料。通过对医疗档案资料分析和主题加工，使得宠物医生能够高效、全面、系统了解所需病案资料的动态。宠物医生既可根据这些资料对某一疾病的诊断进行回顾性分析总结，得出某种结论，书写相关论文，促进临床工作，又可进行一些有计划性、前瞻性的研究。

3. 社会服务中医疗档案信息作用的体现 在医疗诉讼案件举证倒置的司法解释中，当发生医疗纠纷时医院就意味着要承担医疗举证的法律义务，而医疗诉讼的有效证据即是医疗档案和相关物品。医疗机构如无正当理由和按规定提供相关资料，导致医疗技术鉴定不能进行的，应当承担责任，这就更说明了医疗档案是解决医疗纠纷真实有效的凭证和判定责任的重要依据。

（二）医疗档案的存放与归档

1. 存放 存放档案的档案室是宠物医院的一个重要场所。一般将档案室设在前台附近或直接安排在前台后面，这样便于前台人员查找。档案室要求干净整洁、摆放整齐，按通用的系统顺序。

2. 归档 为了更好地利用医疗档案资料，需要建立一套病历归档系统，对归档系统的最重要要求是便于查找。目前常用的方法有按主人姓氏字母先后排列和按病历序号排列两种。按宠物主人姓氏字母顺序排列的弊端在于有时会出错，因为姓氏的字母有时会写错或记错，其结果是档案的丢失或放错地方，给利用档案带来困难；按序号排列的优点在于归档容易，查档迅速、准确。为了确保这种系统的可靠性，可以建立一套卡片系统，卡片上注明宠物主人姓名和病历序号，这样万一出错，可以根据卡来查找病历。目前应用的动物医院信息管理系统等管理软件，可以实现病历档案的电子化管理。

🐾 拓展知识

（一）医疗档案的编号

1. 入院序号 患病宠物来宠物医院诊疗时，按患病宠物先后顺序编号。

2. 患病宠物主人姓名编号 以患病宠物主人姓名为依据，运用一种检字方法来编排病案，称之为姓名编号法。在姓名编号法中，所有病案被编排在患病宠物主人的姓名编目中。在这种方法中，每抽调一份病案，等于查索一次患病宠物主人姓名索引。

3. 疾病名称编号 根据患病宠物的主要症病名称编号。在疾病名称编号法中，所有病案被编排在疾病分类的编目中。

（二）电子存储技术在医疗档案管理中的应用

1. 病案扫描 通过扫描设备将原始病案扫描成图像在计算机硬盘或光盘中保存，又称"病案的电子化"。采用这种方式有以下优点：

（1）存储的可靠性高。通过光盘或计算机硬盘进行存储，保存信息的时间长，光盘的寿命可以保存信息30年；通过定期的备份，病案信息可以长久保存。

（2）可有效地节约存储空间。每张5.25英寸的光盘约可存入3万页病案，2000份病案（约60000页16开纸）可储存在一个12英寸的光盘上，可以有效地节约病案的储存空间。

（3）实现病案的无损保存。光盘或计算机硬盘被称为"永不磨损型"外存，不会随着年代的推移影响影像的质量，更可避免纸张病案长期保存出现的受损现象。

（4）方便检索、查阅。病案保存不是最终目的，关键在于病案的利用，通过病案提供诸多信息。对病案实行电子化存储后，通过软件的帮助，可以实现病案信息的高效检索。

2. 电子病历 随着信息技术的发展，电子病历已成为一个不可逆转的发展趋势。近年来，许多宠物医院信息管理方面的软件都有相关的病历管理功能。如宠物医院信息管理系

统、动物病历管理系统、宠物医院管理软件等。

思 与 练

1. 简述医疗档案的作用。
2. 如何对医疗档案进行编号？
3. 医疗档案应如何进行存放与归档？
4. 如何看待电子医疗档案在宠物医院发展中的作用？

任务二 宠物药品管理

子任务一 宠物药品的采购管理

相关知识

购进药品管理的主要目标是依法、适时购进质量优良、价格适宜的药品。根据《兽药管理条例》《动物诊疗机构管理办法》等法律法规的有关要求，对宠物等相关诊疗机构购药作出了明确规定。在宠物医院药品采购中，保证所采购药品质量是采购工作中的重中之重。

（一）遵守国家相关法律、法规，依法购药

（1）宠物医院必须从具有宠物药品生产、经营资格的企业购进药品。

（2）宠物医院购进药品，必须建立并执行进货检查验收制度，应当将宠物药品与产品标签或者说明书、产品质量合格证核对无误。不符合规定要求的，不得购进和使用。

（3）禁止宠物医院购进人用药品和假、劣宠物药品用于宠物诊疗。

（4）宠物医院购进进口宠物药品，必须向在中国境内设立的销售机构或者委托符合条件的中国境内代理机构索取相关证明文件。

（5）宠物医院购进兽用麻醉药品、精神药品、易制毒化学药品、毒性药品、放射性药品等特殊药品，还应当遵守国家其他有关规定。

（二）制订采购计划

制订采购计划，宠物医院要掌握新型宠物药品的动态和市场信息，制订药品采购计划，加速周转，减少库存，保证药品供应。同时，做好宠物药品成本核算和账务管理。

（三）购进药品的验收

宠物药品购进应当严格执行检查验收制度，并有准确记录。在购进宠物药品时，应当依照国家兽药管理规定、兽药标准和合同约定，对每批宠物药品的包装、标签、说明书、质量合格证等内容进行检查，符合要求的方可购进。不符合规定要求的，不得购进和使用。药品质量验收，包括药品外观性状的检查和药品内外包装及标志的检查。有下列情形之一的宠物药品，不得入库：

①与进货单不符的。

②内、外包装破损可能影响产品质量的。

③没有标志或者标志模糊不清的。

④质量异常的，其他不符合规定的。

兽用生物制品入库，应当由两人以上进行检查验收。必要时，应当对购进宠物药品进行检验或者委托兽药检验机构进行检验，检验报告应当与产品质量档案一起保存。

1. 购进药品的验收

（1）对供货企业的审核。对首次供货单位进行生产或者经营的法定资格、质量保证能力和质量信誉的审核，必要时应当对生产、经营企业实施实地核查。供货企业必须是具有合法资格的宠物药品生产企业或者宠物药品经营企业，进口宠物药品应当为国外企业依法在国内设立的销售机构，或者依法委托国内代理机构销售的。

（2）对宠物药品品种的审核。国内宠物药品应当具有依法取得的产品批准文号，进口宠物药品应当具有依法取得的进口兽药注册证书。宠物药品包装、标签和说明书应当符合国家兽药管理有关规定和储运要求。中药材应当符合注明产地要求。对首次采购的宠物药品生产企业，包括新剂型、新规格、新包装等的宠物药品，应当进行合法性和质量可靠性的审核。经营预防兽用生物制品、经营兽用处方药，必须建立供货单位的质量档案，长期保持供货关系的档案资料应当长期保存。

（3）签订购销合同。审核合格的方可签订购销合同、购入宠物药品应明确质量保证条款，约定双方的责任及合同的执行期限。

（4）验收。应当按照宠物药品管理规定、法定标准、许可事项、合同规定的质量条款和质量信息，对购入的宠物药品进行逐批质量检查验收，对售后退回的宠物药品，也应当进行逐批质量检查验收。应当对宠物药品的标签说明书、质量合格证、内外包装和依法规定具有特定管理要求的宠物药品的有关证明，或者文件进行逐一检查核对。

（5）采购记录。宠物医院采购宠物药品应当保存进货的有效凭证，建立真实、完整的采购记录。采购记录应当载明宠物药品的商品名称、通用名称、批准文号、批号、剂型、规格、有效期、生产单位、供货单位、购入数量、购入日期、经手人或者负责人等内容。

（6）入库。宠物医院应当建立宠物药品入库、检查核对制度。仓库管理人员应当根据有效凭证收货、发货，按照有关凭证逐一检查、核对，并做好真实、准确、完整的质量检查核对记录，确保及时、准确查明宠物药品来源、去向等所需信息情况。管理人员对货与单不符、包装不牢或者破损、标志模糊不清、质量异常等情况的兽药有权拒收或者发放，并应当及时报告。

2. 注重药品的使用效果及信息反馈 宠物医生及相关从业人员必须对药品的药理特性及适应证有充分了解和熟练掌握，科学地对症组方，对各类药品的毒副作用要有精确地认识并组织好应对方，以减少或避免毒副作用的发生。注重宠物主人的信息反馈，精心梳理反馈意见并建立药品档案。宠物从业人员应及时调整组方，根据医疗效果及时向宠物药品生产企业或经营企业提出意见和建议。

🐾 拓展知识

（一）药品采购的基本知识

1. 药品采购的概念 药品采购是指药品采购人员在药品市场调查、分析预测的基础上，根据本单位药品的销售或使用情况编制采购计划，按采购计划签订进货合同及履行合同等采购业务活动的过程。

2. 搞好药品采购管理工作的意义 药品采购是药品经营企业经营工作的首要环节，其

工作的好坏直接影响着药品经营企业的经济效益和社会效益，因此搞好药品采购管理具有非常重要的意义，有利于提高药品经营企业的经济效益和社会效益。

3. 购进的药品应具备的基本条件

（1）应是合法企业所生产或经营的药品。

（2）具有法定的质量标准。

（3）除国家未规定的以外，应有法定的批准文号和生产批号。进口药品应有符合规定的、加盖供货单位质量检验机构原印章的《进口药品注册证》和《进口药品检验报告书》复印件。

（4）包装和标志符合有关规定和储运要求。

（5）中药材应标明产地。

4. 对药品采购人员的素质要求　宠物医院从事药品采购工作的人员，应当具有高中以上学历，并具有相应兽药、兽医等专业知识，熟悉兽药管理法律法规及政策规定。

（二）药品采购的原则

药品采购是宠物医院经营工作的首要环节，它决定着患病宠物的用药质量，影响宠物医院药品的销售，最终决定宠物医院的经济效益。因此，药品采购应坚持以下原则：

1. 质量第一　宠物医院必须把药品质量放在第一位，也只有坚持质量第一的原则才能有良好的社会效益，从而保持稳定的、长远的经济效益。

2. 以需定购　药品的最终消费者是患病的宠物，宠物防治需要什么、需要多少是宠物医院采购药品的依据之一，必须坚持按需定购的原则。

3. 质优价廉　要求药品采购工作在保证质量的前提下，尽量以最低的价格购进最优的药品，即坚持质优价廉的原则。

4. 合理库存　是宠物医院取得良好经济效益的保证。要避免库存过多，采购工作须坚持合理库存的原则。合理库存的依据是市场行情与信息、药品的历史销售情况及销售目标。

5. 协调利益　药品采购涉及供需双方的利益，采购工作必须兼顾供需双方的利益，即坚持协调利益的原则。

（三）药品采购的策略

药品采购策略是指根据药品的销售量、市场信息与行情及企业的实际经营能力，确定采购药品的品种、采购数量、采购时间及采购方式的策略。

1. 药品采购的品种策略　通常药品采购品种应是市场需要、适销对路、质优价廉、新批号与新药品及名牌厂家生产的品种。

2. 药品采购的批量策略　药品的采购数量因品种、销量、进货途径不同而异。对常用药品，一般以销量来确定采购量。所谓常用药品，是指药店常年经销及临床常用的预防、治疗及诊断药品。此类药品疗效确切，销售量比较稳定。对于不常用或很少使用的品种，在企业中称冷淡品种或滞销品种，其采购数量应尽可能少，一般不超过六个月的销量。

3. 药品采购的时间策略　对于一般品种，应在库存仅供一个月的正常销售时就开始组织采购；对需要从厂家或产地采购的品种，应提前一个月以上联系，使其做好发运准备，以便签订合同后即可按时发货；对通过市场行情分析及有关信息了解到价格将上调的品种，应及时采购；对季节性用药一般提前一个月左右开始组织采购。

4. 药品采购的方式策略　主要有订购、选购、促销购买等。

🐾 思 与 练

1. 简述宠物药品采购的程序。
2. 宠物药品采购时应考虑哪些因素？
3. 如何对购入的宠物药品进行验收？出现哪些异常情况时，购入的宠物药品不得入库？
4. 简述宠物医院采购药品的原则。
5. 简述宠物医院采购药品的策略。

子任务二　药品的储存管理

🐾 相关知识

（一）药品的入库与验收

药品的入库验收是储存业务管理的第一个环节，是做好药品保管养护和出库工作的基础。必须保证入库药品数量准确，质量、规格、内外包装符合要求，手续清楚、入库迅速。入库业务一般由入库前的准备、入库验收、办理入库手续三部分组成。

1. 入库前的准备　首先，应与宠物药品企业联系，及时沟通所采购药品的品种、数量、到达的时间和地点等情况；其次，应做好验收人员、验收设备和验收场所的准备。

2. 入库验收

（1）对单验收。逐一核对药品入库凭证上所写的内容，包括品名、规格、产地、件数等。如有货单不符、污染、被损等现象，应及时与供药企业业务人员沟通。

（2）数量验收。在对单验收的基础上，药品数量要逐批点收。一般情况下，对大宗整件药品要大数点收；对贵重药品要点收细数；对包装已破损及易碎药品需打开包装清点细数。确保货单数量相符。

（3）质量验收。查验人员应根据有关质量标准和原始凭证（合同、发货票、通知单等）对药品进行质量验收。

包装、标签、说明书的检查：药品的包装由外包装和内包装组成。药品的外包装应牢固耐压、防潮、防震动。包装用的衬垫材料、缓冲材料应清洁卫生、干燥、无虫蛀。衬垫物应塞紧，瓶之间无空隙，捆扎牢固，封签、封条无破损。外包装必须印有品名、规格、数量、批号、有效期、批准文号、注册商标，以及小心轻放、请勿倒置、防潮、防冻、防热等标志。药品的内包装血清洁、无毒、干燥、封口严密、无渗漏、无破损。对遇光易变质的药品应避光保存，怕冻、怕热药品也需有相应措施。

药品的标签、说明书的内容应符合有关规定。标签印刷应清晰，粘贴牢固。特殊管理药品、外用药品包装的标签或说明书应有规定的标志。对药品的外在质量和内在质量进行检查，检验方法主要有感官检验法和实验检验法两种。

（二）药品的保管和养护

为保证用药的安全性和有效性，作为宠物医院药库，除了在进药时必须严把入库验收关

外，药品的贮存条件、保管方法也是十分重要的因素。

1. 药品的保管要求

（1）药品保管制度。《兽药管理条例》规定宠物医院等兽药经营企业，应当建立兽药保管制度，采取必要的冷藏、防冻、防潮、防虫、防鼠等措施，保持所经营兽药的质量。

（2）保管设备。《兽药经营质量管理规范》规定宠物医院应当具有与经营的兽药品种、经营规模适应并能够保证兽药质量的常温库、阴凉库（柜）、冷库（柜）等仓库和相关设施、设备。

（3）分类储存。宠物医院仓库面积和相关设施、设备应当满足合格兽药区、不合格兽药区、待验兽药区、退货兽药区等不同区域划分和不同兽药品种分区、分类保管、储存的要求。

（4）对保管人员的要求。宠物医院从事药品保管工作的人员，应当具有高中以上学历，并具有相应兽药、兽医等专业知识，熟悉兽药管理法律法规及政策规定。

2. 药物的保管措施

（1）注意防潮避光。含酚类、磺胺类、烯醇类结构的药品，如水杨酸钠、苯酚、磺胺类等药品易氧化变色，在保存中应尽量不与空气接触，采取密封、避光及在阴暗处保存；含脂类结构的药品，如甲基新斯的明、阿司匹林等，在潮湿的空气中均能缓慢水解而失效，对这类药物应保存在密封、防潮处。

（2）保持适当温度。温度对药品的储存影响较大。过冷、过热都可使药品变质。所以，要根据药品的不同性质采取适宜的温度保存。如血清、疫苗等生物制品，因其组成主要是蛋白质、脂肪等，在室温情况下很容易受微生物作用而腐败，温度过低又易引起冻结或析出沉淀而降效甚至失效，所以对于生物制品保存在 $2\sim10℃$ 为宜。而甲醛溶液则需在高于 $25℃$ 情况下保存，否则易聚合生成多聚甲醛，呈现混浊或析出沉淀而失效。

（3）注意控制湿度。对于易风化、潮解而变质的药品要注意控制湿度，如阿托品、硫酸镁、硫酸钠、明矾等易风化，致使临床使用中难以掌握使用剂量；甘油栓剂、糖衣丸剂、胶类等易吸湿而变软；片剂则因吸湿而膨胀破裂，故对以上易风化易引湿的药品贮存时，应注意保持通风，用吸湿剂如氧化钙、木炭等方法减少湿源，使库房内相对湿度保持在 70% 以下。同时根据天气变化，采取相应措施，或自然通风或密闭保存，以防室外潮气侵入。对于易氧化、碳酸化、或易受光线影响的药品，如盐类、有机溶剂类、酸类、氢氧化物类等，在保管中应意防止光线直射，因其中紫外线对药品变化可起催化作用，可加速药品氧化分解生成不良物质而失效，肾上腺素在空气中遇光氧化而失效，所以此类药品应放在阴凉干燥处避光保存。

（4）注意药物的有效期。对于有效期药品的保管，如抗生素、生物制品、生化制剂、脏器制品等。在保管中应经常注意使用期限，随时检查，特别是对期限在半年或一年的，应根据近期先用的原则，以防过期失效。而且应该牢记有效期并不等于保险期。在有效期内如果忽视了外界环境因素对药品质量的影响，不按药品性质在规定条件下储藏，也同样会使药品效力降低或失效。

（5）严格管理，防止意外。有些药品受光、热、空气、水分及撞击等外界因素的影响，可引起燃烧、爆炸或成为具腐蚀性、刺激性的危险药品，如高锰酸钾与有机物质摩擦能燃烧爆炸；乙醚易挥发，遇火可燃烧爆炸；无机酸或氢氧化物具有腐蚀性等。这类药品储存时要避免碰撞，防止摩擦倾倒，严禁烟火，远离火源。禁止用火照射和安装电炉，同时药库内应装备有各类灭火器、通风器。

（6）保持清洁卫生。对一些含糖、蛋白质、淀粉、脂肪等营养性物质的制剂，如葡萄糖溶液、氨基酸溶液、各种糖浆剂，特别是中草药糖浆剂，在保管中应注意清洁卫生，置于阴凉通风干燥处，以防分解、虫蛀、霉变。

3. 宠物药品养护　宠物医院养护人员要对库存药品质量定期进行检查，并采取必要的养护措施，防止变质失效。包括避光、降温、保温、降湿、加湿、防鼠等。药品的保管养护是药品储存业务管理的中心环节。

（1）药品养护的基本要求。

①药品养护人员应对各种储存药品的理化性质及规定的储藏条件有充分了解，并能在自然条件发生改变的情况下及时采取有效措施，调整环境条件，确保药品质量。

②各类药品应进行分类管理，不同剂型的药品应分开储存，尤其应注意对效期药品、特殊药品及危险药品的重点管理。

③应全面掌握药品的进库、出库规律，并根据"先进先出、先产先出、近期先出"的原则，确定各批次的出库顺序，以保证药品始终保存在良好状态，防止因出库安排不当而造成的库存过期情况。

④采取定期盘存与不定期检查相结合的办法，及时发现药品质量变异情况，及时剔除不合格的库存药品。

⑤经常保持库内清洁卫生及道路畅通，加强安全措施，确保库存药品及人身安全。

（2）药品养护的方法。

①避光。对光敏感的药品，除药品的包装须采用避光容器或其他遮光材料外，药品在储存期间应置于阴暗处，仓库的透光门、窗应悬挂遮光布帘，药品在运输过程中也应考虑避光条件，发现外包装出现破损，应立即采取避光补救措施。

②降温和保温。固体药物主要应防止温度过高。当库温高于库外时，可开启门窗或开启通风设备进行通风降温。当库温较高而需快速降温或药品不宜通风降温时，可在库内加冰降温，并以通风设备加速对流。加冰降温时应注意及时清除融水，以防库内湿度过高。半固体及液体药品在冬季气温过低时应采取保温措施，防止液体药品的容器冻裂或药物析晶，以及半固体药品分层。保温措施包括暖气取暖、火炉取暖、火墙取暖等。暖气取暖应防止漏水。火炉取暖时火炉与货垛应有一定距离，注意防火，库内不得储存易燃、易爆药品。

③降湿和加湿。普通药品储藏时库内相对湿度应控制在75％以下为宜，超过75％时应采取降湿措施，方法有通风降湿、人工吸湿及密封防潮等。通风降湿应选择天气晴朗、库外空气干燥时进行通风。人工吸湿可采用生石灰、氯化钙等吸湿剂，也可采用吸湿机进行吸湿。密封防潮是采取密封门窗缝隙的办法，阻止外界空气的湿气进入库内。当库内湿度过低时可适当加湿，措施有库内地面洒水、库内设置盛水容器等。

④防鼠。药品仓库一般应有防鼠措施。库内存放预混剂时易发鼠害，应经常性防鼠、灭鼠。措施有：堵塞各种鼠道；库内无人时及时关好库门，夜间关好库窗；采取鼠夹、鼠笼、电猫等工具灭鼠；仓库周围应定期投放鼠药灭鼠，经常保持仓库周围整洁，不堆放杂物。

（3）库存药品的有效期管理。宠物药品与其他商品一样，也有质量保证期，即产品效期的规定。严格按照兽药产品有效期的规定进行质量监督管理，是确保兽药安全有效的重要环节。

①药品有效期的定义。兽药产品有效期指该兽药被批准的使用期限，以法定兽药产品质量标准规定的有效期为准。一般兽药的有效期计算，是从兽药的生产日期（以生产批号为准）算起，兽药标签应列有效期的终止日期。目前，只有部分化学药品、抗生素类和生物制品类兽药规定了有效期，其他化学类、中药材原料无明显的有效期规定，需区别对待。超过有效期的药品按劣药处理。

②药品有效期的表示方法。兽药有效期按年月顺序标注。年份用四位数表示，月份用两位数表示，如"有效期至 2018 年 09 月"，或"有效期至 2018.09"。直接标明有效期：如有效期 2018 年 10 月，表示有效的终止日期是 2018 年 10 月 31 日；从生产日期推算有效期：如标注批号为 20180807，注明有效期为 2 年，则可推算出该药品的有效期截止 2020 年 8 月 6 日；直接注明失效期：如注明失效期为 2018 年 12 月，表示该药品合法使用截止时间为 2018 年 12 月 31 日。

拓展知识

（一）药品储藏管理的基础知识

1. 储藏与养护的概念

（1）药品的储藏：《中华人民共和国药典》《中华人民共和国兽药典》和地方药品质量标准对所收载的药品均规定了储藏要求，该要求是选择药品储藏条件的依据。贮藏条件包括光线、包装状态、温度、湿度等内容，各种规定条件具体要求如下：

①遮光，指用不透光的容器包装。

②密闭，指将容器密闭，防止异物进入。

③密封，指将容器密封，防止风化、吸潮、挥发及异物进入。

④阴凉处，指温度不超过20℃。阴暗处，指避光且温度不超过20℃。冷处，指温度在2～10℃。

（2）药品的养护：养护是指为达到储藏条件要求，对药品所采取的避光、温度控制、湿度控制、防火、防鼠等措施。养护的目的是减少或防止药品在储藏过程中质量的变化。

2. 药品储存管理的意义 药品储存能使药品实现从生产领域向消费领域的转移，发挥着重要的"纽带""桥梁"作用。加强药品的储存管理，具有十分重要的意义，具体体现在几个方面：有利于促进药品生产企业的生产，有利于提高药品经营企业的经济效益，有利于满足宠物的用药需求。

3. 药品储存管理的原则 为充分发挥药品储存的作用，药品的储存应遵循"及时、准确、安全、经济"的原则。

（1）及时：指在严格遵守《药品经营质量管理规范》（GSP）等有关规定的前提下，药品的出入库应尽可能简化手续，作业迅速，快进快出，加速药品的流转，提高服务质量。

（2）准确：指药品出入库时，应严格遵守验收制度，做到数量、规格准确、质量完好、包装完整、账物相符，药品在库保管时，要做到账、货、卡相符，不出差错。

（3）安全：指根据药品的特点、性质及 GSP 的规定进行分类储存，科学保管和养护，严防药品在储存过程中变质、污染、过期等而发生质量变化。此外，还应做好防火、防盗、防危险事故等工作，确保人员、药品及设施的安全。

（4）经济：指全面实施 GSP，建立健全各种责任制，实行科学管理和养护，提高工作效率，减少药品损耗，降低储存费用，提高经济效益。

（二）影响药品变质的因素

1. 内在因素 指药品内部所含的成分。在药品的储存过程中，这些成分容易发生物理或化学变化，从而使得药品质量发生变化。物理变化指的是药品的物理性质如形状、色泽、气味等发生变化，如粘连、融化、潮解、变色、霉变等。它不但能影响药品成分的含量，甚至影响药用价值。化学变化指的是药品的化学结构和成分发生变化。这不但使药品外观发生变化，而且可改变药性，生成新的物质，甚至是有毒物质，发生化学变化的药品不得流入市场，否则按假药处理。

2. 外在因素 包括以下几项：

（1）日光。日光中的紫外线能引起或促进氧化、分解、聚合等光化学反应。此外，日光中的红外线具有增热作用而使储存的药品升温。

（2）空气。空气中的氧气和二氧化碳对药品质量影响很大。这些成分参与的化学反应，能导致某些药品化学结构发生变化。

（3）温度。温度过高，药品容易挥发、变形、氧化、水解、滋生微生物等，某些需冷藏的药品如生物制品、血液制品、疫苗等也会失效；温度过低，某些药品就发生凝固、凝结、变色分层、析出结晶、容器破裂等现象。

（4）湿度。指空气中所含水蒸气的多少。湿度过大，药品容易发生潮解、霉变、水解等变化；湿度过小，某些药品容易发生风化。

（5）时间。绝大部分药品都规定有效期，随着时间的推移，各种因素对药品质量的影响将越大。

（6）其他。各类致霉腐微生物、仓鼠、白蚁等部对药品的质量有影响。

（三）不同种类药品的储藏管理

1. 化学药品的储藏管理 化学药品种类繁多，应根据各类药品的储藏要求进行管理。除做好一般性避光、防热、防潮、防风化养护外，应着重注意效期药品及预混剂的储藏管理。效期药品是一些性质不稳定的药品，如抗生素、维生素。因其自身性质不稳定以及外界自然因素的影响，在规定的储藏条件下，仅能在一定期限内保证药品的质量。效期药品入库时，应按效期远近专垛堆码，同垛应近期在上、远期在下，储藏条件应严格按规定要求，出库时按"先产先出""近期先出"的原则，已超有效期的药品应报废处理。

2. 中药的储藏管理 中药包括中药材、中药饮片及中成药。中药的养护重点在于防药材虫蛀、防霉、防虫害、防鼠害及防火管理。为防止中药霉变，库内湿度宜控制在 $65\%\sim75\%$，温度宜控制在 $7\sim9℃$。除可采取一般性降温措施外，可将仓库建成冷风库。中药虫害和鼠害的发生率较化学药品高，应采取经常性灭虫、灭鼠措施。干燥的中药材易燃烧，应备有足够的消防设备，并建立严格的防火制度。中药干浸膏及中成药易吸湿结块，应置于通风干燥处保存。

子任务三 宠物特殊药品的管理

🐾 相关知识

《中华人民共和国药品管理法》规定，我国对麻醉药品、精神药品、毒性药品和放射性药品实行特殊管理。特殊药品要严格按照国家有关的法律法规进行管理和使用。国家对麻醉药品和精神类药品实行定点经营制度，未经批准的任何单位和个人不得从事麻醉药品和精神类药品经营活动。

（一）法律依据

在执行《中华人民共和国药品管理法》《麻醉药品和精神药品管理条例》及《医疗用毒性药品管理办法》的同时，出台了与其配套的兽用特殊药品管理规定及文件，如《兽用安钠咖管理规定》《关于加强氯胺酮生产、经营、使用管理的通知》等。

（二）相关概念解释

1. 麻醉药品 指连续使用后容易产生依赖性、易成瘾癖的药品。包括阿片类如阿片酊、阿片粉等，吗啡类如盐酸吗啡及其片、注射液等，可待因类如磷酸可待因及其片、注射液等，可卡因类如盐酸可卡因及其注射液等。

2. 精神药品 指作用于神经系统，能使其兴奋或抑制，反复、周期性或连续性使用能产生精神依赖的药品。包括安钠咖、咖啡因、氯胺酮、戊巴比妥、苯巴比妥、镇痛新及安定等及其盐类或制剂。

3. 放射性药品 指凡用于诊断、治疗、缓解疾病或身体失常的恢复，改正或变更人们的有机功能，并能显示出机体解剖形态、含有放射性核素或标记化合物的物质，称为放射性药品。

4. 毒性药品 指药理作用剧烈，极量与致死量很接近，在小剂量使用时能起到治疗作用，如超过极量时，即可能中毒甚至造成死亡的可能。如三氧化二砷、士的宁等。

（三）兽用特殊管理药品的管理规定

《麻醉药品和精神药品管理条例》第七十三条规定，人用麻醉药品、精神药品、毒性药品和放射性药品，依照国家有关规定实行特殊管理。目前，还没有兽用专用麻醉药品、精神药品、毒性药品和放射性药品，多是与人用药品一致。而国家对麻醉药品、精神药品、毒性药品和放射性药品等都有明确规定，其生产厂家和销售途径均由国家定点生产和控制。宠物所需也由国家药品管理监督局调剂，因此，兽用特殊药品依照国家管理规定是完全必要的，目前执行的《兽用安钠咖管理规定》《关于加强氯胺酮生产、经营、使用管理的通知》等相关规定，是更加具体的实施办法。

🐾 拓展知识

兽用特殊管理药品的管理

依照《药品管理法》以及国务院对兽用特殊药品管理的政策文件，实施特殊管理。特殊管理的药品应当从具有相应经营资格的药品经营企业购进。宠物医院必须建立严格的管理制度，对原料和成品的采购、出入库和使用等，固定专人负责保管，并配备专库或专柜加锁，设置专用账册等措施加以管理。

🐾 思　与　练

1. 哪些属于宠物特殊管理药品？并作出相关解释。
2. 宠物特殊管理药品的使用与购买应遵守的法律及法规有哪些？

子任务四　宠物药品临床用药管理

🐾 相关知识

宠物医院临床用药是使用药物进行预防、诊断和治疗疾病的医疗过程。宠物医生在药物临床应用时需遵循安全、有效、经济的原则。临床用药的核心是合理用药，即以现代药物和疾病的系统知识和理论为基础，安全、有效、经济、适当地使用药品，就是合理用药。从用药的结果考虑，合理用药应包括安全、有效、经济三大要素。安全、有效强调以最小的治疗风险获得尽可能大的治疗效益，而经济则强调以尽可能低的治疗成本取得尽可能好的治疗效果。

（一）选择用药原则

用于预防或治疗疾病的药物，种类很多，各自有独特的优点和缺点。任何一种疾病常有多种药物对之有效。为了获得最佳疗效，就应根据病情选择。选用药物应坚持疗效高，毒副作用小，价廉易得的基本原则。

1. 疗效高　疗效高是选择药物首先考虑的因素。在治疗和预防疾病中，选用药物的基本点是药物的疗效。如具有抗菌作用的药物可有数种，选用时应首先选用对病原菌最敏感的抗菌药。

2. 毒副反应低　毒副反应低是选择用药考虑的重要因素。多数药物都有不同程度的毒性，有些药物疗效虽好，但毒性反应严重，因而不得不放弃，临床上多数选用疗效稍差而毒性作用更低的药物。

3. 价廉易得　价廉易得是兽医人员应高度重视的问题。除珍禽异兽、稀有动物外，尽量选用疗效确切、价廉易得的药物。滥用药物，贪多求全，既会降低疗效、增加毒性或产生耐药性，又会直接给宠物主人造成经济损失和药品浪费。

（二）临床合理用药

在选择用药基本原则指导下，认真制订临床用药方案。临床用药原则应该是：

1. 明确诊断 明确诊断是合理用药的先决条件。选用药物要有明确的临床指征。要根据药物的药理特点，针对病例的具体病症，选用疗效可靠、使用方便、价廉易得的药物制剂。注意避免滥用药物及使用疗效不确切的药物。

2. 选择最适宜的给药方法 给药方法应根据病情缓急、用药的目的以及药物本身的性质等决定。病情危重或药物局部刺激性强时，宜以静脉注射。治疗消化系统疾病的药物多用经口投药。

3. 适宜剂量与合理疗程 选择剂量的根据是《中华人民共和国兽药典》《中华人民共和国兽药规范》及相关宠物药物手册。在使用规定剂量时，应酌情调整。有些药物排泄缓慢，药物半衰期长，在连续应用时，应特别预防蓄积中毒。因此，在连续治疗一个疗程之后，应停药一定时间，再可开始下一疗程的治疗。疗程可长也可短。一般认为，慢性疾病的疗程要长，急性疾病的疗程要短。传染病需在病情控制之后有一定巩固时间，必要时，用间隙性休药再给药的方式进行治疗。

4. 配伍用药合理 在临床用药时，多数合并用药。此外，既要考虑药物的协同作用、减轻不良反应，同时还应注意避免药物间的配伍禁忌。尤其应注意避免药理性配伍禁忌。药理性配伍禁忌包括药物疗效相互抵消和毒性的增加，如胃蛋白酶和小苏打片配伍使用，会使胃蛋白酶活性下降。药物理化性配伍禁忌，在临床用药时应认真对待。在两种药物配伍时，由于物理性质的改变，使药或制剂发生变化，给使用带来困难，如由于药物溶解度改变，出现沉淀或油水不相混溶。化学性配伍禁忌的发生，既可使两种药物发生化学本质的变化而失效，有时还产生有毒的反应，如解磷定与碳酸氢钠注射配伍时，可产生微量氰化物而增加毒性。

🐾 拓展知识

宠物药品的正确使用

（一）药物的用法

1. 内服 难溶于水或不易制成注射液的药物常用作内服，内服药物经肠胃吸收后作用于全身或停留在胃肠道发挥局部作用。其优点是操作比较简单，缺点是受胃肠内容物的影响较大，吸收不规则，显效慢。在病危、昏迷、呕吐时不能采用内服法；刺激性大、可损伤胃肠黏膜的药物不能内服；能被消化液破坏的药物，也不宜内服。在犬、猫饲喂前或是饲喂后服用药物，要根据不同情况而定，应在饲喂前服用的药物有健胃药、肠道抗感染药、胃肠解痉药、收敛止泻药、利胆药；应空腹或半空腹服用的药物有驱虫药、盐类泻药；刺激性强的药物应在饲喂后服用。

2. 注射 包括皮下注射、肌内注射、静脉注射、静脉点滴。其优点是吸收快且完全，剂量准确，可避免消化液的破坏。不宜内服的药物，大都可以注射用药。皮下注射是将药物注入颈部或股内侧皮下疏松结缔组织中，经毛细血管吸收，一般 10～15min 后出现疗效，刺激性药物和油类药物不宜皮下注射，易造成发炎和硬结；肌内注射是将药物注入富含血管的肌肉内，吸收速度比皮下快，一般 5～10min 即可出现疗效，油剂、混悬剂也可肌内注射，刺激性较大的药物可注于肌肉深部，药量大的应分点注射；静脉注射是将药物注入体表明显的静脉中，作用发挥最快，适用于急救、注射量大或刺激性强的药物，危险性也大，可能出现剧烈的不良反应，如果药液漏出血管外，可能引起刺激反应或炎症，混悬液、油溶液、易引起溶血或凝血的物质不可静脉注射；静脉点滴是将药物缓缓输入静脉，一般大量补充体液或使用作用强烈的药物时常采用此法。

3. 局部用药　目的在于引起局部作用，如涂擦、喷淋、洗涤、滴入眼鼻等，都属于皮肤、黏膜局部用药。刺激性强的药物不宜用于黏膜。必须指出，灌肠、吸入、植入等给药方法，虽然是将药物用于局部，但目的在于引起吸收，故不属于局部用药。

4. 群体给药

（1）混饲给药。混饲给药是将药物均匀混入食物中，适用于长期用药，不溶于水的药物用此法更为恰当，应注意药物与食物必须混合均匀并应准确掌握食物中的药物浓度。

（2）饮水给药。饮水给药是将药物溶于水中，让犬、猫自由饮用。此法尤其适用于那些因病不能吃食、但还能饮水的动物。采用此法时需注意根据犬、猫的可能饮水量来计算药量与药液的浓度，对不溶于水或在水中易破坏变质的药物，需采取相应措施，以保证疗效。如使用助溶剂使药物溶解于水中，或限制药液饮用时间，以防止药物失效或毒性增加等。

（3）气雾给药。气雾给药是将药物以气雾剂的形式喷出，使之分散成微粒，犬、猫经呼吸道吸入发挥局部作用，或经肺泡吸收进入血液而发挥全身治疗作用。气雾吸入要求药物对动物呼吸道无刺激性，但能溶解于呼吸道的分泌液中，否则会引起呼吸道炎症。

（4）药浴。药浴是为了杀灭体表寄生虫或防止犬、猫皮肤病，应掌握好药液的浓度、温度和浸洗时间。

（5）环境消毒。为了杀灭环境中的寄生虫与病原微生物，除采用气雾给药法外，最简便的方法是在犬、猫窝巢及饲养地喷洒药液，或用药液浸泡、洗刷犬、猫食盆及笼具。要注意掌握药液浓度、刺激性及毒性强的药物应在消毒后及时除去，以防犬、猫中毒。

（二）药物的用量及用药次数

药物产生治疗作用所需的用量称为剂量。用量除了要根据宠物体重、病情外，犬、猫的种类、年龄、给药途径对药物用量也有很大影响。少数药物一次用药即可达到治疗目的，如泻药、麻醉。对大多数药物来说，必须重复给药才能奏效。为了维持药物在体内的有效浓度，同时不至于出现中毒反应，就需要注意给药次数与重复给药的间隔时间。大多数普通药物，每天可给药2～3次，直接达到治疗目的。抗菌药物必须在一定期限内连续给药，如磺胺类药物一般以3～4d为1个疗程。各种药物重复给药的间隔时间不同，需要参考药物的半衰期。当1个疗程不能奏效时，应分析原因，决定是否再用1个疗程，或改变方案、更换药物。毒性大或难吸收的药物如一些抗寄生虫药（伊维菌素等），用药间隔时间较长或短时期内用药一两次，再重复给药须经数日、数周甚至更长时间。

（三）用药注意事项

1. 注意动物种类、性别、年龄与个体差异　不同种类的犬、猫，其生理功能与生化反应不同，对药物敏感性存在差异。如苏格兰牧羊犬对伊维菌素敏感易引起中毒。一般来说，幼龄与老龄犬、猫及母畜对药物的敏感性比成年犬、猫高，故用量应适当减少。妊娠后期的犬、猫对毛果芸香碱等拟胆碱药敏感，易引起流产。同种动物不同个体对同一药物的敏感性往往也存在差别，有的个体对药物有高敏性，有的个体对药物有耐受性，用药过程中如发现这种情况，需要适当减少或增加剂量，或改用其他药物。

2. 对症下药、不可滥用　每一种药都有它的适应性，用药时一定对症用药，切勿滥用，

以免造成不良影响。

3. 选择最适宜的给药方法　根据病情缓急、用药目的及药物本身的性质来确定最适宜的给药方法，如危重病例，宜采用静脉注射或静脉点滴给药。治疗肠道感染或寄生虫病时，宜内服给药。

4. 注意给药剂量、时间和次数　为了达到预期效果，减少不良反应，用药剂量应当准确，并按规定时间和次数给药。

5. 合理的联合用药或交替用药　为了加强药效和防止耐药性，可合理联合用药或交替用药，两种以上药物在同一时间里可以不互相影响，但在许多情况下受到影响。

6. 注意配伍禁忌　为了获得更好的疗效，常将两种以上药物配伍使用。但配伍不当，可减弱疗效或增加毒性。这种配伍变化属于禁忌，必须避免。药物的配伍禁忌可分为药理性配伍禁忌（药理作用互相抵消或使毒性增加）、化学性配伍禁忌（沉淀、产气、变色及肉眼不可见的水解等化学变化）和物理性配伍禁忌（潮解、液化或从溶液中析出结晶等物理变化）。

7. 购药须知　必须用疗效好、货真价实的药品，为此需到信誉好或厂家指定的药品销售门市部购买，购买时应仔细检查生产厂家或研究单位是否正规，查看生产批号和有效期，检查药品有无沉淀等异常变化。

🐾 思 与 练

1. 简述宠物医院应如何正确安全用药。
2. 针对当前一些宠物医院将人用药用于宠物，谈谈自己的看法。
3. 宠物临床用药应遵循的原则是什么？

任务三　医疗设备管理

子任务一　宠物医院医疗设备管理概述

🐾 相关知识

仪器设备是宠物医院完成各项任务的重要手段，仪器设备的装备水平是宠物医学诊疗水平高低的主要标志之一。对仪器设备进行全面、合理、科学的管理，已成为宠物医院管理的重要内容。

（一）宠物医院医疗设备的分类

1. 诊断设备类　包括 X 射线诊断、B 超诊断、心电图检查、内窥镜检查、实验室检查、病理检查等仪器设备。

2. 治疗设备类　包括病室护理、手术治疗、物理治疗、激光治疗及其他治疗等仪器设备。

3. 辅助设备类　包括高温高压消毒设备、制冷系统、供氧系统、放映设备及电子计算机等。

（二）宠物医疗设备管理的特点

1. 安全性、有效性和超前性　由于医疗设备在使用时大部分要直接接触宠物，因此，医疗设备管理必须始终将安全性放在第一位，要认真审核设备的安全指标和性能。严格执行操作规程，定期进行设备的安全检查和消毒设备的可靠性检查，以避免对宠物机体产生危害。

有效性是医疗设备管理中不可忽视的重要内容。一个没有任何诊断价值或治疗效果的医疗设备，除了加重宠物主人的经济成本外，还会延误病情，造成更严重的后果。因此，必须加强设备的鉴定工作，及时了解设备的使用情况，确保设备对诊疗疾病具有一定的有效性。

超前性是指在设备管理中应有一定的预见性，预测到购置使用某设备后可能出现的情况和后果，提前采取对策，做出适当安排。

2. 性能要求高，更新周期快　当前宠物诊疗对医疗设备的性能要求越来越高，比原来的设备更灵巧，用途更广泛，更便于使用的新型诊疗设备正在加速发展，设备更新换代周期缩短。

3. 常规设备与先进设备合理搭配　常规设备是宠物医院正常工作顺利进行的基础，先进设备则代表宠物医院设备技术档次，是提高医疗水平的手段之一。两类设备的配置标准和配置比例，应该从宠物医院的任务、规模、定位、技术水平的现状出发，兼顾未来发展而综合而定。

4. 努力提高经济效益　宠物医院医疗设备应努力提高其利用率，增收节支，提高经济效益。

5. 及时维修　在宠物医院医疗设备管理中要实行预防性维修制度，能够有效地提高设备的使用率和完好率，保证设备正常运转，延长设备使用周期。

🐾 拓展知识

医疗设备管理的意义和作用

1. 作用　宠物医院为宠物所提供的诊疗服务，不仅依赖于宠物医生本身的知识、经验和思维判断，以及熟练的操作方法和技巧，在很大程度上还要依靠先进的设备条件和实验手段。现代化的医疗设备在宠物医院建设中作为诊治疾病的工具是提高医疗水平的先决条件，在一定程度上能体现一个宠物医院医疗水平的高低。

2. 意义　近年来随着科学技术的迅猛发展，新型医疗设备不断诞生，极大地促进了宠物医学科学技术的发展，使人们对疾病的认识不断深化，不但能做到定性、定量，还能做到定位，医疗设备在医学科学中的地位和作用不断提高。因此，医疗设备既是宠物医院高标准的物质基础，也是宠物医院高起点的重要标志。定期对医疗设备进行维修和管护，发挥仪器设备的效能，是提高宠物医院诊疗水平和促进宠物医院现代化建设的重要手段。

🐾 思 与 练

1. 宠物医疗设备如何分类？
2. 简述宠物医疗设备管理的特点及意义。

子任务二　医疗设备管理的措施

🐾 相关知识

（一）医疗设备管理的任务

（1）为宠物诊疗、预防、保健等提供经济实用、科学先进的仪器设备。

（2）搞好设备的保养维修，保障仪器设备始终处于良好的技术状态，防止设备过早磨损变形，避免设备性能和效率降低，从而提高设备完好率。

（3）有计划地对设备进行改造和更新，并保证购进设备的正常运转。

（4）避免闲置，提高仪器设备的利用率。

（5）建立健全设备管理制度和设备管理档案制度。

（二）医疗设备的需求分析

宠物医院在购买仪器设备时，应根据以下因素确定购买医疗设备的必要性和必需性。

（1）调查宠物的需求量。周围宠物医院是否有重复设备，若有重复，但又确实需要购买，分析宠物医院是否有独特的医疗技术水平作后盾。

（2）所在地区的经济状况。宠物主人是否能承受此消费水平，是否会出现闲置。

（3）分析现有设备使用效率低、经济效益不好的原因。

（4）分析使用该设备对宠物医院的发展潜力，创造的社会效益和经济效益有多大。

（5）宠物医院经济承受能力，决定购买设备的种类和档次。

（三）医疗设备的选购

（1）要根据宠物医院的发展计划和技术定位，从诊疗需要出发选择医疗设备。

（2）要注意是否具备使用这一设备的条件。如有无技术力量，有无安装、保养、维修的技术力量，有无房屋空间等。

（3）要注意选型。对不同国别、厂牌、型号、价格的产品，要进行优缺点、性能和质量评价，选用价廉实用的设备。

（4）要注意设备的实用性、安全性和易于维修。

经过综合考虑确定可以购买，则应选择国内外信誉好，有生产许可证、经营许可证、售后服务好的产家订购。订购时签订一份具有法律效力的合同，合同内容根据医疗设备的价值，一般应包括以下内容：产品名称、型号、规格、厂家、付款方式、售后服务、配置要求、性能和一些附加内容。

（四）设备验收

宠物医院验收人员必须认真负责，坚持实事求是，以宠物医院利益为重的原则，从物资验收和性能验收两方面进行验收。

1. 物资验收　按有效合同和配置要求验收，主要包括以下几点：①外观是否有损坏；②物资是否齐全；③是否符合同规定的配置要求；④详细记录物资型号、规格、系列号、出厂编号、安装时间、验收时间；⑤收集整理成设备档案，以方便维修、使用、查阅。

2. 性能验收　设备仪器安装、验收完毕后，由专业人员和操作人员共同把关，对仪器的性能指标逐项进行测试，严把质量关和价格关，保证购买设备的先进性、安全性、可靠性，杜绝盲目采购。

（五）医疗设备的使用管理

1. 建立管理制度、制定操作规程　宠物医院要制订具体细致的管理制度，设备的操作规程属设备管理标准化范畴，是合理安全使用设备的保证。

2. 建立设备档案　包括每台设备的来历、价格、技术性能及维修情况等，以及使用说明书、性能测试等。

3. 计算与分析使用效率　设备的使用效率可以用三个指标来衡量：第一，设备数量利用率，即实际使用设备数除以实有设备数后乘以100%；第二，设备时间利用率，即报告期设备实际工作时间除以报告期设备可能利用时间后乘以100%，它反映设备可利用时间内是否充分利用；第三，设备工作效率，即实际工作量除以实际工作时间（台时）。

4. 设备的保养与维修　不同的设备要进行不同级别的保养。要对仪器设备进行定期检查，发现问题及时维修。

5. 设备的更新与技术改造　设备更新指原设备已损不能使用，需要购置同样的新设备。技术改造指购入在技术上比已有设备先进的设备。

（六）医疗设备的档案管理

归档的材料包括从计划购买设备到验收整个过程中所形成的所有材料和设备的随机资料。主要包括：谈判记录、合同、装箱清单、验收安装报告、随机资料以及其他相关资料。

归档的具体过程如下：①收集资料；②分类，按仪器设备的性能进行分类；③编码，在分类的基础上要考虑到设备管理所需要的系统化、规范化、数字化的要求；④整理、装订；⑤归档。

设备档案的管理，有利于宠物医院经营管理人员依据原始资料处理一些履行合同中未尽的事宜，方便操作人员和维修人员查找说明书解决操作上和维修上的难题，对于减少设备的故障时间、节约维修经费都具有非常重要的意义。

（七）医疗设备报废

医疗设备达到使用物质寿命和技术寿命时都需要进行报废。正确报废物质寿命终结、工作效率低下、经济效益差的设备，才能深化设备管理，有效地开展工作，同时降低临床诊疗风险。

🐾 思 与 练

1. 宠物医院在购置医疗设备时，需要考虑哪些因素？
2. 宠物医院日常如何对医疗设备的使用进行管理？
3. 简述宠物医院医疗设备管理的要点。
4. 利用课外时间，调查一下本地宠物医院医疗设备的种类、数量及利用率。
5. 如何对购置的医疗设备进行验收？

任务四　宠物医院环境管理

宠物医院在开展宠物诊疗业务的同时，有时还兼有宠物寄养、销售、展示等业务。宠物在寄养、销售和展示过程中产生的粪、尿等废弃物是主要的污染源；患病宠物、院内剖检或

死亡宠物的尸体，院内产生的有害气体和不良气味以及宠物的叫声等都会引起环境污染。

子任务一 卫生管理

相关知识

宠物医院是临床诊疗机构，日常消毒必须制度化，体现在宠物医院整体定期消毒、不同用途房间的消毒、宠物接触地点与环境消毒等方面。作为宠物医院的整体，每天早、晚必须进行一次全面的环境消毒。消毒范围包括走廊、诊室、住院部、手术室、注射室、化验室、诊台、大厅以及卫生间等。必须强调的是宠物医生本人也必须做好消毒工作。消毒方法可采用机械清除、物理消毒及化学消毒等方法。

1. 墙壁、天花板 这些地方很少受到污染，因此，在一般情况下不需要进行常规消毒。但是，当墙面受到严重污染时，可采用消毒剂进行喷雾或熏蒸消毒。

2. 地面 宠物医院内外环境中最容易被污染的部位。消毒范围包括走廊、诊室、住院部、手术室、注射室、化验室、大厅以及卫生间及患病宠物所接触过的地面等。消毒方法随污染物的程度、场合而选择不同的方法。具体如下：

（1）拖把拖地。用清洁的湿拖把拖地是清洁地面常用的方法。它能使地面的微生物数量减少80％左右。对消毒要求较高的地方，如手术室、传染病治疗室，或当地面受到严重污染时，可使用化学消毒剂拖地。如用0.2％～0.5％过氧乙酸拖地或喷洒地面，或新洁尔灭、煤酚皂溶液和次氯酸钠溶液等。

（2）清除分泌物和排泄物。宠物出现排尿、排粪、呕吐等行为后，应立即清除，并用化学消毒剂，如过氧乙酸溶液、次氯酸钠溶液等进行环境（地面）消毒。

3. 诊疗台、手术台和器械台等 当宠物离开诊疗台、手术台后，都要进行一次严格消毒。

（1）采用擦拭、喷雾的方法对物体表面进行消毒。首先清除物体表面的污物，再在物体表面喷洒消毒剂，如过氧乙酸溶液、次氯酸钠溶液等。也可用浸有消毒液的抹布擦拭物体表面。

（2）紫外线照射。紫外灯照射消毒简便易行，在无人的情况下，可用紫外线对物体表面和空气进行消毒。但应注意紫外线的杀菌范围在距离光源1m的范围内。因此，要达到较好的消毒效果，可根据消毒的需要放置数量不等的紫外线灯，照射时间为0.5～2h。

4. 消毒、熏蒸 当室内环境或物品受到严重污染时可用消毒剂（如过氧乙酸、乳酸等）熏蒸，以达到彻底消毒的目的。

5. 其他 通风换气是最简便、经济的物理性消毒方法，各诊室应经常进行开窗通风，或用换气扇进行室内外的空气交换。

拓展知识

（一）宠物对环境的污染

1. 宠物寄养、销售和展示过程中对环境的污染

（1）可对空气造成污染。宠物的粪、尿或其他废弃物产生难闻的气味，散发至饲养场所及附近居民区的上空，使人有不愉快的感觉，严重者影响工作效率。患病宠物的各种排泄物、分泌物中所含的病原微生物会随粉尘、灰尘等漂浮于大气中，可对周围环境造成污染。

（2）可对水体造成污染。未经处理或处理不当的宠物粪、尿中含有大量的有机物质，排放入江河、湖泊中，使水质恶化，造成水源污染；水源被患病宠物或带菌者的排泄物、尸体以及宠物医院等的污水所污染，可引起介水传染病（通过饮用水传播的疾病）。

（3）可对土壤造成污染。粪、尿是土壤污染物中易被分解的物质，但在过量的情况下，超过了土壤的自净分解能力则造成土壤污染。特别是当粪、尿无害化处理不当时，其中含有的病原微生物和寄生虫卵，可在土壤中长期生存或继续繁殖，从而保存或扩大了传染源。

（4）其他污染。宠物的饲料、粪便等，易于招引或滋生蝇、蚊等，这些昆虫会骚扰附近的居民，污染环境，并传播疾病。此外，犬吠和猫叫等可形成噪声，引起噪声污染。

2. 宠物诊疗过程中产生的废弃物可引起环境污染 宠物诊疗机构在诊断、治疗和卫生处理过程中产生的废弃物主要包括：实验室剩余的血、尿、粪标本及病原体培养基和保菌液；病理性废弃物，包括从宠物体切除的物质，如组织、器官，实验动物的尸体、器官、血液和体液等以及患病宠物尸体剖检后的废弃物；传染病患病宠物的排泄物、呕吐物以及它们接触过的设备和材料；实验室感染的动物；使用过的一次性注射器、输液器和输血器以及针头、皮下注射针、解剖刀、手术锯、碎玻璃等废弃物，都必须视为感染性材料。此外，还有化学性废弃物和放射性废弃物等。

（二）宠物医院常用消毒剂的种类

根据消毒剂的杀菌水平将消毒剂分为如下三类：

1. 高效消毒剂 可杀灭各种微生物（包括细菌芽孢）的消毒剂，如戊二醛、过氧乙酸、含氯消毒剂〔漂白粉、次氯酸钠、二氯异氰尿酸钠（优氯净）、三氯异氰尿酸〕等。

2. 中效消毒剂 可杀灭各种细菌繁殖体（包括结核杆菌），以及多数病毒、真菌，但不能杀灭细菌芽孢的消毒剂。如含碘消毒剂（碘伏、碘酊）、醇类、酚类消毒剂等。

3. 低效消毒剂 可杀灭细菌繁殖体和亲脂病毒的消毒剂，如苯扎溴铵（新洁尔灭）等季铵盐类消毒剂、洗必泰等双胍类消毒剂等。

（三）宠物医院常用消毒剂的使用方法

不同的消毒剂使用的方法有一定区别。现将常用的环境消毒剂的使用简述如下：

1. 含氯石灰（漂白粉） 漂白粉的作用与有效氯含量有关，有效氯含量一般为25%～30%。其杀菌作用强，但不持久。在酸性环境中杀菌作用较强，碱性环境下较弱。可采用5%～10%的混悬液喷洒消毒。10%～20%漂白粉乳剂可用于消毒传染病患病宠物的圈舍、粪池、排泄物等。干粉可用于粪便的消毒，一般按1:5用量，充分混匀后，放置2h即可。

2. 次氯酸钠 为广谱消毒剂。作用与漂白粉同。

3. 二氯异氰尿酸钠（优氯净）、**三氯异氰尿酸钠** 一般用0.5%～1%杀灭病毒和细菌，5%～10%消毒圈舍每平方米用10～20mg，作用2～4h，冬季在0℃以下按50mg/m² 作用16～24h。

4. 菌毒敌 为复合酚类新型消毒剂，抗菌谱广，对细菌病毒均有较高的杀灭效果，稳定性好，可用于喷洒或熏蒸消毒，喷洒时用1:（100～200）稀释液，熏蒸按2g/m³ 用量配制。

5. 过氧乙酸 用于环境消毒的浓度为0.5%。在做室内熏蒸消毒时，一般每立方米用1～3g，稀释成3%～5%溶液，在无人的情况下，将过氧乙酸置于陶瓷、搪瓷或玻璃容器内

加热熏蒸。熏蒸消毒前先将室内表面进行清洁处理，并将需要消毒的表面充分暴露，以利于过氧乙酸蒸气接触污染表面；加热熏蒸，室内相对湿度要在 $60\%\sim80\%$，若湿度达不到此数值，可用喷水办法增加湿度，封闭门窗，熏蒸 $1\sim2h$。

6. 煤酚皂液（来苏儿） 用于地面、排泄物消毒的浓度为 $3\%\sim5\%$。

7. 双链季铵盐（如百毒杀等） 此类药物目前市场上较多，可根据厂家使用说明使用。

思 与 练

1. 简述宠物医院内外环境消毒的方法与操作步骤。
2. 简述宠物医院常用消毒剂的种类及使用方法。
3. 结合宠物医院感染的特点，谈一下宠物医院卫生管理的公共卫生学意义。

子任务二 污水、医疗废弃物管理

相关知识

随着国家对环境保护的重视和人们对环境状况的关注，污水排放标准也日益严格，宠物医疗门诊污水中含有大量的病原微生物和有毒物质，如果不经有效处理将对周边环境造成污染。

（一）污水处理

1. 污水中的污染物 宠物医院排放的污水中含有大量的病原微生物和有毒物质，若不经有效处理将对周围环境造成污染。废水中污染物主要有病原性微生物（如大肠杆菌、沙门氏菌、弓形虫、绦虫、布鲁氏菌、衣原体等），有毒、有害的物理、化学污染物，放射性污染物。

2. 污水处理 宠物医院废水的处理也应执行《医疗机构水污染物排放标准》的规定，不能随意排放污水。有条件的最好购置污水处理设备，将污水处理后再行排放。

（1）宠物医院污水的消毒处理。采用各种水处理技术和设备去除水中物理的、化学的和生物学的各种水污染物，使水质得到净化，达到国家和地方的水污染物排放标准，保护水资源环境和人体健康。

（2）遵循的原则。防止病原菌的排放和对环境的污染；对含有某些化学毒物的废水、废液尽量单独收集处理，防止这些有毒有害物质进入综合排水系统；对含放射性物质的废水必须单独收集处理，达到排放标准后再排入综合污水系统。对综合污水应视其排污去向，按不同的要求进行处理，达到相应的排放标准后方可排放。污水消毒选用的消毒剂尽量安全可靠，操作简单，费用低，效率高；加强宠物医院用水管理，节约用水，减少污水排放量。

（3）污水消毒方法主要是氯化消毒和臭氧消毒法。

（二）医疗废弃物处理

1. 医疗废弃物的界定 《医疗废物管理条例》中指出，医疗废物是指医疗卫生机构在医疗、预防、保健以及其他相关活动中产生的具有直接或者间接感染性、毒性以及其他危害性的废物。

2. 分类　《医疗废物分类目录》中将医疗废弃物分成五类，分别是感染性废物、病理性废物、损伤性废物、药物性废物及化学性废物。

（1）感染性废物。携带病原微生物并具有引起动物或者人畜共患感染性疾病传播危险的医疗废物，这些废弃物具有公共卫生意义，应该引起足够重视。感染性废弃物主要有以下几种：被宠物血液、体液、排泄物污染的物品，如棉球、棉签、引流棉条、纱布及其他各种敷料等；患病宠物或者病原携带宠物的排泄物；在诊疗过程中产生的病原体的培养基、标本和菌种、毒种保存液；各种废弃的标本；废弃的血液、血清；传染病患宠物的排泄物、呕吐物以及它们接触过的设备和材料，如一次性医疗用品及一次性医疗器械。

（2）病理性废物。主要包括宠物废弃物及尸体、实验动物尸体等。主要有以下几种：剖检后废弃的宠物组织、器官等；实验动物的组织、尸体；进行实验室检查后废弃的宠物组织。

（3）损伤性废物。能够刺伤或割伤人或者宠物的废弃医用锐器。主要有：使用过的一次性注射器、输液器和输血器以及针头、皮下注射针、解剖刀、手术锯、碎玻璃等废弃物。

（4）药物性废物。过期、淘汰、变质或者被污染的废弃的药品。主要有：废弃的一般性药品，包括各类宠物药品；废弃的生物制品如疫苗、菌苗、血清等。

（5）化学性废物。具有毒性、腐蚀性、易燃易爆性的废弃的化学物品。主要有：实验室使用的化学试剂及其化学反应的产物；废弃的过氧乙酸、甲醛等化学消毒剂；废弃的汞温度计等。

3. 废弃物收集方法

（1）宠物医院应建立严格的污物分类收集制度。

（2）分散的污物袋要定期收集集中。

（3）污物袋在就地处理或异地处理之前，应集中存放在宠物医院中心废物存放地。

（4）锐器应与其他废弃物分开，单独放置在稳妥安全的锐器容器内。

（5）放射性废物应存放在适当的容器中防止扩散。

4. 宠物医院废弃物处理原则

（1）集中就近处理的原则。在大多数情况下，应该坚持集中处理的原则，但在特殊情况下可采用集中和分散处置相结合。医疗废物处理处置单位应在废物产生点较密集、产生量较大的区域进行就近集中处置，可以减少废弃物在运输过程中的污染和跨地区污染问题，从整体上改善环境质量。特殊情况下，为了避免运输污染和跨地区污染引起的动物疫病传播问题，可以采用分散处理，可以允许在宠物诊疗机构进行内部处理。

（2）安全处置原则。因为医疗部分废弃物具有高危险性和高传染性，因此，应分类收集、尽快集中、妥善处置，对必须进行焚烧处置的废物，确保安全、稳定、无害和无二次污染。

（3）严格分类收集和减量化原则。对废物严格分类收集处理，严禁与生活垃圾混合收集，有利于减少要处理的废物量，降低对环境的风险，降低处理成本。

（4）无公害原则。医疗废弃物的处理必须坚持对周围人与环境均无害的原则。

5. 处理方法

（1）卫生填埋法。大多数宠物医院采用此方法。该方法是将医疗废弃物经消毒、杀菌后，埋入地下。此种填埋坑应有 1～2m 深，废弃物填入后，应覆盖上 10～15 cm 厚的土壤。优点是投资低、操作简单；缺点是若填埋深度不够容易使有害物质泄漏造成环境污染。该方法不适合直接处理危险废物，多用于处理无害废弃物和危险废物处理后的残渣。

（2）高温高压蒸汽消毒法。此法对感染性废物很有效但不能用于处理有机溶剂、药物的、药理的和病理的废弃物。处理规模小，且处理后废物的安全性仍存在隐患。

（3）机械和化学消毒法。此法消毒操作简单，但容易产生二次污染，而且消毒效果难以保证，可以处理液体废物和病理方面的废物，但不能处理挥发性有机物，如化学药剂、汞等。在处理过程中产生的有毒废液需经过复杂处理才能排放。

（4）电磁波灭菌法。此技术既可用于现场处理，也可用于废物转移处理。处理后废物体积减小 60%。但这种方法不适于病理方面的废物处理。

（5）高温焚烧法。其基本原理是有毒有害物质在高温下氧化、热解而被破坏。特点是同时实现废物无害化、减量化（减量 90%～95%）。通过改善燃烧状态，可以抑制二次污染物的产生。如果经过严格尾气净化措施，可确保二噁英、呋喃、重金属、酸性气体、烟尘等有害二次污染物得到高效净化。

（6）与有资质回收医疗垃圾的单位协作。使用过的一次性注射器、输液器、输血器等物品必须就地消毒毁形，并由当地卫生行政部门指定的单位定点回收，集中处理，严禁出售给其他非指定单位或随意丢弃。宠物医院必须建立定点回收制度，设专人负责定点回收工作。凡参与一次性医疗用品处理的人员必须经培训合格并加强个人防护。

🐾 拓展知识

1. 宠物医院环境保护必须具备的条件　宠物医院必须完备的排污设施；有传染病隔离治疗室；有完善的消毒设施和消毒制度。

2. 宠物医院医疗废弃物的危害　医疗废弃物最大的危害就是病原微生物造成的传染性，其中所含的致病菌及病毒是普通生活垃圾的几十、几百甚至上千倍，已被列为《国家危险废物名录》47 类废物中的首位，处理不当将可能成为动物疫病流行乃至人类疫病流行的源头。除了医疗废弃物带有大量的危险性病原微生物外，一些残留的药物、药液还会对当地的水质、环境、食品安全等造成巨大的危害。特别是疫苗的残留物散播将会导致更严重的后果，甚至直接会导致免疫失败或疫病的发生和流行。

🐾 思 与 练

1. 简述宠物医院产生的污水及医疗废弃物对环境的危害。

2. 利用课外时间，调查一下本地宠物医院处理污水及医疗废弃物的现状。

3. 针对当前一些宠物医院直接将污水排至下水道，将医疗废弃物当作生活垃圾来处理，谈谈自己的想法。

4. 请结合当地实际情况，为某宠物医院制定一套污水及医疗废弃物处理方案。

5. 简述宠物医院污水及医疗废弃物的处理方法及原则。

子任务三　噪声管理

相关知识

（一）宠物医院产生噪声的原因

1. 宠物的吠声　是产生噪声的最主要原因，主要是由于犬、猫等宠物在诊疗、销售、展示、寄养等过程中产生的吠声。按普通人的听觉 0～20dB 很静、几乎感觉不到；20～40dB 安静、犹如轻声絮语；40～60dB 一般；60～70dB 吵闹、有损神经；70～90dB 很吵、神经细胞受到破坏。一般情况下噪声白天不能超过 70dB，夜间不能超过 55dB，而犬的吠声一般在 55～65dB，表明犬等宠物的吠声会对周围居民产生严重的影响。

2. 宠物医院相关人员的交谈声　主要包括宠物医院人员与宠物主人的交谈声、吵闹声，以及交通工具产生的声音等，尤其在夜间更为明显。

3. 宠物医疗设备及相关电器产生的声音　宠物医院常用的医疗仪器设备，如监护仪、呼吸机、保温箱、培养箱、X 射线机等，在使用、移动等过程中会产生声音。此外，空调系统也是宠物医院产生噪声的原因之一。

（二）噪声管理

（1）加强对宠物的爱护与管理，时刻提醒宠物应保持安静。

（2）严格控制宠物医院诊疗时间，夜间营业时间不能过长。

（3）宠物医院的房间应做好隔音处理。

（4）加强对宠物医院相关人员的教育，提高对噪声污染的认识。

（5）加强对医疗设备及相关用电器械的管理。

（6）宠物医院选址科学、合理。不是从是否有利于经营的角度出发，而是从是否符合动物疫病防疫条件的角度，由国家以法规的形式加以规范，宠物医院业主必须参照执行的法定义务。政府有关规定要求，开设宠物医院要远离政府办公地、大型企事业单位、幼儿园、学校、医院、商场、娱乐场所等人员活动密集地区；远离动物交易市场等动物密集场所；出入口应临街，不能朝向办公楼、居民楼、院内开设；不得与其他单位共用建筑物内通道。所开设的宠物医院应有适当的室内有效使用面积。

思 与 练

1. 宠物医院如何处理噪声与扰民的矛盾？
2. 简述宠物医院减少噪声污染的措施。
3. 利用课外时间，调查一下本地宠物医院噪声对周围居民的影响情况。

子任务四　病死宠物处理

相关知识

《中华人民共和国动物防疫法》明确规定动物尸体和其他可能造成动物疫病传播的物品应当进行无害化处理。死亡动物尸体包括非传染病死亡的、患传染病死亡的、不明原因死亡

的和扑杀死亡的。因为死于疾病的宠物，随身会携带大量的病原体，是一种特殊的危险的传染源，若不采取规范化处理，不仅会污染环境，尤其容易污染水源，甚至会对人类健康造成巨大威胁。

合理处理宠物尸体，就是对这种特殊传染源进行及时而合理的无害化处理。应当参照《病死及病害动物无害化处理规范》对宠物尸体进行销毁、化制、高温处理和化学处理。在不具备湿化机和焚烧炉的情况下，可采用掩埋、焚烧和发酵的方法处宠物尸体。

（一）宠物尸体处理的方法

1. 掩埋法　该方法虽然不够可靠，但比较简单，所以在处理宠物尸体时仍常应用。

掩埋坑的长度和宽度以能容纳宠物尸体侧卧为宜。掩埋时一定要在距离井、泉、河至少50m以外的地方，要远离水源，避免污染。埋葬时，深度要在1m以上，而且要撒上石灰消毒，或先焚烧，再填埋。宠物尸体上应该覆盖生石灰（厚度不小于2cm）或者20%以上浓度的漂白粉溶液，然后再用土覆盖至与周围地面持平。填土不要太实，以免尸腐产气造成气泡冒出和液体渗漏。对患病宠物用过的用品，应该用5%以上浓度的漂白粉溶液或者0.2%～0.5%浓度的过氧乙酸溶液等浸泡，以达到彻底消毒的效果。

2. 焚烧法　是处理宠物尸体最彻底的方法，可以在焚尸炉中进行。如无焚尸炉，则可挖掘焚尸坑。焚烧时应符合环境要求。焚尸坑有以下几种：

（1）非烈性传染病宠物的尸体，可按宠物尸体大小挖"十"字形沟，深度为0.5m，在两沟交叉处坑底堆放干柴或木柴，沟沿横放数条粗湿木棍，将尸体放在木架上，在尸体的周围及上面再放上木柴，然后在木柴上倒以燃油，并压以砖瓦或铁皮，从下面点火，直至把尸体烧成黑炭为止，并把其埋在坑内。

（2）非烈性传染病宠物的尸体，可按尸体的大小挖一深为0.7m的单坑，将取出的土堵在坑沿的两侧。坑内用木柴架满，坑内横架数条粗湿木棍，将尸体放在架上，以后的处理方法同上。

（3）烈性传染病患病宠物，要挖不小于2m深的坑，浇油焚烧。被污染的用具必须消毒处理，被污染的土地、草皮消毒后，还必须将10cm厚的表层土铲除，并在远离水源及河流的地方深埋。

（二）宠物尸体无害化处理原则

（1）无害化处理人员应当接受过专业技术培训。

（2）无害化处理措施以尽量减少损失，保护环境，不污染空气、土壤和水源为原则。宠物尸体出现后，应尽早进行无害化处理，以减少疫情扩散。

（3）必须确保所采取的任何一种无害化处理措施都能够杀灭病原。

🐾 拓展知识

（一）宠物尸体随意处置造成的危害和环境污染

1. 危害　宠物医院多数设在城市里，很多宠物医院无正规的尸体处理场所，缺乏宠物殡仪馆，宠物尸体往往被随意处置（或草丛中，或沟壑中，或垃圾桶中）。宠物尸体乱弃的危害很大，不仅不利于控制宠物传染病蔓延，而且还会影响环境和危害人类的健康。

2. 环境污染　由于宠物尸体中含有多种病原体，而且病原体不会在短期内死亡，甚至有可能随时间的推移渗透至地下水中。而随意丢弃在垃圾箱内、河道里的宠物尸体，更容易导致病原菌散播，危害人的身体健康。死于疾病的犬，主要死于犬瘟、犬细小病毒病、犬腺病毒感染和人畜共患寄生虫病；而病死的猫，大多死于猫瘟，而且多数猫携带寄生虫，如肝片吸虫、绦虫、跳蚤等。宠物尸体被埋葬后，一些病原体会自然死亡，但有些病原可以在尸体原的骨髓中存活一年，而其中的芽孢菌类可以在土壤中存活数年，这对环境将是一个巨大的威胁，尤其容易污染水源，给周边环境及人群健康埋下隐患。

（二）宠物尸体无害化处理存在的问题

1. 无害化处理亟待立法 对宠物尸体处理方式进行立法，是宠物殡葬业得以健康发展的决定性因素。目前，我国在这方面还是空白。我国于 2008 年开始实施的新《中华人民共和国动物防疫法》虽明确规定"病死或死因不明的动物尸体不得随意处理"，但事实上，由于没有具体法规指定负责部门，具体由谁处置，怎么处置并未作具体规定；而《殡葬管理条例》主要针对的是人，不涉及宠物。

2. 宠物殡葬市场空间巨大 目前国内大多数宠物殡葬机构提供墓葬和火葬两种形式。北京、上海的宠物殡葬业已经初具规模，其中北京的宠物殡葬业发展较快。这些殡葬机构不仅可以提供电话预约、接送到火化厂、埋葬，而且提供宠物遗体清洗、化妆、穿衣等服务。有的殡葬机构可根据主人的要求提供宠物追悼服务，包括布置灵堂、宣读悼文、宠物遗体告别等步骤。有的殡葬机构还提出新的缅怀方式，如将主人提供的宠物照片、DVD 影像等信息，制作成 VCD 或者 PPT 等形式对宠物进行缅怀等。

🐾 思 与 练

1. 简述病死宠物处理的方法及应遵循的原则。
2. 你对当前宠物殡葬有什么看法？

项目七 宠物医疗安全管理

任务一 宠物医疗安全

子任务一 医疗安全概述

🐾 相关知识

（一）医疗安全管理概念

医疗安全是指宠物医院在向宠物提供医疗服务的过程中不发生与医疗服务相关的医疗伤害，确保宠物得到正确、合理的医疗服务，医疗安全是保证宠物和宠物主人得到良好医疗服务的先决条件，它是医院医疗质量的前提和最基本的要求，医疗安全在整个医院管理中具有重要的意义。

医疗安全管理是指围绕医务人员在实施医疗行为，宠物在接受医疗服务过程中不受意外伤害所进行的全部管理活动。包括临床医疗安全管理、护理安全管理、院内感染控制、药品安全管理和仪器安全管理等内容。医疗安全是医疗质量高低的重要标志之一，在大量的医疗活动中，医疗安全伴随其中，稍有不慎即可造成差错，甚至酿成事故。加强医疗安全管理，防范医疗事故和差错是长期以来不可忽视的问题。

宠物在医院医疗过程中，凡是由于医疗系统的低能状态或医疗管理过失等原因而给宠物造成允许范围以外的机体结构或功能上的障碍、缺陷或死亡，均属医疗不安全。

医疗安全或不安全是相对的，不同时期、不同的主客观条件有不同的标准，在评价医疗安全与不安全时，不能超越当时所允许的范围和限度，在制定医疗安全标准时，应以时代所允许的范围与限度为依据。如限于当时的医疗技术水平和客观条件，发生难以预料的意外或难以避免的后遗症时，不能认为是医疗不安全。

（二）医疗安全的重要意义

1. 医疗安全是现代优质医疗服务的基础 优质医疗服务的基础是医疗安全。宠物医院的优质服务是要全面满足宠物和宠物主人及其他服务对象生理健康的全方位质量要求。医疗安全是医疗质量的基础组成部分，同时医疗的不安全会损害社会对宠物医院的信任，降低宠物主人的满意度，而且会带来医药费用的浪费。

2. 医疗安全是宠物主人选择宠物医院的重要指标 随着我国宠物医院之间竞争的加剧，医院要争取客户，首先要保证有经得起选择的医疗质量。医疗安全则是医疗质量的首要质量特性，一旦出现医疗不安全，客户的需求就不能得到满足，甚至"等于零"。

3. 医疗安全是保证客户权利得以实现的重要条件 维护宠物的生命健康权是宠物主人的重要权利。医疗的不安全是对宠物生命健康权的损害，只有实现了医疗安全，宠物主人权利的实现才有可能。

（三）影响医疗安全的因素

影响医疗安全的因素，或称医疗不安全因素是多种多样的，一起医疗不安全事件涉及多个因素，而且有些影响医疗安全因素的界限并不十分明显。常见因素主要有以下五个方面：

1. 医源性非技术因素　该因素主要是医务人员的言语或行为不当给宠物造成了安全隐患或不安全结果。主要有医务人员不当的告知误导宠物主人同意进行手术等特殊治疗，或未经告知宠物主人，宠物医生擅自实施特殊检查和治疗，如未经宠物主人同意，宠物医生就给宠物实施创伤性的检查或治疗。

2. 医疗技术因素　由于兽医学是一门专业性很强的技术性学科，因此医务人员对于医疗技术掌握的高低和熟练程度直接影响到宠物的治疗效果，技术性因素也就成为影响医疗安全的一个重要因素。如在实施子宫全切手术中，由于技术操作不当而导致输尿管的损伤。

3. 药源性因素　药源性因素是指由于使用药物不当而引起不良后果的因素，如临床用药剂量过大、配伍禁忌或连续服用超过最高限量等，这些通常可以导致宠物不同程度的过敏毒性反应和对机体的不可逆性损伤，甚至死亡。

4. 宠物医院环境不安全因素　由于宠物医院是宠物集中的场所，患病宠物通常都带有不同的致病菌或者病毒，如果医院消毒措施不当，极易在医院造成交叉感染，如术后感染、输液感染等，特别是传染病流行的季节，容易在医院引起局部暴发。此外，病房室内外的空气污染、供水污染都可能造成宠物的交叉感染，影响医疗安全。

5. 管理因素　管理上的缺失是导致医疗安全问题的主要原因。由于职业道德教育落实不够，各项医疗管理制度不健全，业务技术培训抓得不紧，设备物资管理不善，防止环境污染的措施不力等，都可以成为影响医疗安全的组织管理因素。其中，规章制度不健全，无章可循或有章不循，不认真执行技术操作规程，不认真执行查对制度，甚至玩忽职守，会对宠物的生命安全造成很大的威胁，如使用过期的、不符合质量的药品，超范围执业的医疗活动等。

🐾 思 与 练

1. 简述宠物医院医疗安全的重要意义。
2. 影响医疗安全的因素有哪些？

子任务二　医患双方的权利与义务

🐾 相关知识

传统医患关系基于信任，而不是商业买卖中明显的金钱关系。但是，随着宠物医疗费用的增加，现代技术提供的可供选择范围的增多，宠物主人对医疗体系的期望与医务人员提供服务的差距的增大使宠物主人越来越把自己看作消费者。宠物医生同宠物主人之间的关系是消费者同提供服务方之间的关系。

（一）宠物主人的权利

1. 自主权　是指宠物主人就有关自己宠物的医疗问题做出决定的权力。这些权力基于

宠物主人的自主性，其自主性是指经过深思熟虑就有关自己宠物的问题做出合乎理性的决定并据以采取负责的行为。自主性包括以下几种含义：个人的自愿决定和行动，即不是在强迫、强制或不正当的影响（如威胁、利诱、欺骗等）下做出的决定和行为；宠物主人经过评价和权衡利弊，深思熟虑后做出的决定；与其一贯态度和价值理念一致，而不是一时感情冲动。

2. 知情同意权　宠物主人的知情同意权是指要求宠物医生向宠物主人提供需要他做出同意决定的宠物信息，如告知宠物主人治疗的程序，告知可能存在危险等。为了帮助宠物主人做出决定，医生需要向他提供有关信息，并且保证宠物主人是自愿做出决定，而且宠物主人是有行为能力的。

知情同意权是宠物主人自主权的延伸，集中体现了宠物医生对宠物主人自主权的尊重。由于宠物医生长期有主人式的技术权威的思想，因此宠物医生往往容易忽略宠物主人的这一权利。手术前的宠物主人签字是最常见的一种形式。不注意宠物主人的知情同意权可能引起医疗纠纷和医疗事故。如有些宠物医生在手术中更改手术方案却不事先征得宠物主人的同意，有的医生在向宠物主人提供信息时为了让宠物主人同意自己的方案而向其隐瞒一些信息。做好知情同意可以保护宠物主人和宠物免受伤害，最大限度地保护并有利于社会中所有的人，有助于行使宠物主人的自主权，有助于增进医患关系。

（二）宠物主人的义务

1. 及时交费的义务　宠物主人在接受医疗服务的同时，有义务及时缴纳医疗费用。即使对治疗效果不满意或产生医疗纠纷，宠物主人也应先给付医疗费用，再寻找解决途径。

2. 配合诊治的义务　宠物主人有义务实事求是地提供病史，配合医生对宠物的体格检查。有义务积极配合医务人员的治疗活动，听从医护人员的意见和建议，并遵从医嘱接受各项治疗手段与措施。

（三）医方的权利

医方的权利有以下几个方面：

1. 掌握宠物健康状况　医方有权了解并按要求记录关于宠物健康状况方面的资料。

2. 治疗权　医方有权对宠物进行治疗，但医方的治疗，多具有"侵权"性。这是医疗行为的侵害性所决定的，而医方应尽告知义务，对宠物实施什么治疗，如何实施，实施后果如何等都要向宠物主人说明。

3. 受偿权　医方有向宠物主人要求支付相应的服务报酬权。

4. 决定权　医方有权对宠物疾病做出诊断，决定采取哪些检查，决定治疗方案，有权判断死亡。这是医疗行为的技术性和结果难测性所决定的，但医方必须尽说明和注意义务。

（四）医方的义务

1. 宠物医院的义务　宠物医院必须由具有专业知识并具有执业资格的医护人员为宠物提供医疗服务。在医疗活动中，医院有监督医护人员履行其职务行为的义务。在宠物接受医疗服务期间，医院还有义务提供必要的设备及安全措施，使宠物免于遭受传染病传染、火灾等可以预见的危险。

2. 医护人员的义务　医护人员的义务有以下五个方面：

（1）遵守诊疗常规和操作规范的义务。在诊疗活动中，医护人员必须遵守各种医疗常规与制度，如首诊负责制、"三查七对"制度、查房制度、交接班制度、会诊制度、急救抢救程序等。

（2）及时、合理地诊治宠物的义务。疾病发作的特点决定诊治必须是及时的，而宠物能否得到及时合理的救治，受医疗条件及医务人员水平的限制。医护人员在诊治过程中，其专业技术水平、熟练程度、服务态度等均应符合具有一般专业水准的医务人员在同一情况下所应该具备的标准。

（3）转诊的义务。对因受仪器设备与诊疗水平限制而不能救治的宠物，在对其做适当的处理后，应及时转诊。

（4）解释、说明病情的义务。医务人员有义务将宠物的病情、诊疗方案、治疗费用等告知宠物主人。输血同意书、手术同意书、特殊用药及特殊检查等均需医务人员对宠物主人尽告知义务。

（5）节省费用的义务。医生要以宠物和宠物主人为中心，不做不必要的检查，不开与病情无关的药品，选择最经济、最简便的诊疗手段解除宠物的病痛。

思 与 练

1. 宠物主人的权利与义务分别有哪些？
2. 医护人员的权利与义务分别有哪些？

子任务三　医疗纠纷的原因与处理原则

相关知识

近年来，宠物医疗纠纷频繁发生。这不仅损害了宠物医院的形象，影响了宠物医院的社会效益和经济效益，而且阻碍了医学的创新和医学科学的发展，据统计，真正的医疗事故纠纷仅占纠纷的10%左右。许多医疗过程并未造成医疗事故，但仍然发生严重的医疗纠纷。根据医疗纠纷产生的原因和现状，可以预测，医疗纠纷在今后相当一段时间内将会更加突出，不可能在近期减少和消失。因而宠物医护人员、宠物医院管理者对此当有充分的心理准备。

（一）医疗纠纷概念

医疗纠纷是指宠物主人与医疗机构之间，因对宠物诊疗护理过程中发生的某一问题、不良反应及其产生的原因认识不一致导致的分歧或争议。争议的焦点集中在医疗机构在宠物诊疗护理过程中是否有过失，过失是否导致宠物的不良后果，是否承担法律责任。近年来，医疗纠纷涉及范围更广，包括医疗服务态度、医疗收费及医疗环境等。

（二）医疗纠纷的原因

1. 宠物医院方面的原因

（1）医疗事故引起的纠纷。医院方面为了回避矛盾，对医疗事故不做实事求是的处理而引起。

（2）医疗差错引起的纠纷。这类纠纷常因为宠物主人和医生对是否是医疗事故的意见不同引起。

（3）服务态度引起的纠纷。多是因为医生的态度等原因造成医疗纠纷，特别是当宠物出现不良后果时，即使不是医务人员的过失，但宠物主人易联系起来而引发纠纷。

（4）不良行为引起的纠纷。医务人员的不良行为如殴打宠物等可能造成纠纷。

2. 宠物主人方面的原因

（1）缺乏医学知识和对医院规章制度不理解。

（2）宠物主人不良动机造成的纠纷，极少数宠物主人企图通过吵闹来达到某些目的。

3. 医疗纠纷增长的原因

（1）广大人民群众医疗保健知识水平提高，法律观念和自我保护意识增强，宠物主人开始用法律的武器保护自己。

（2）有些医疗主体因为对物质利益的追求等原因造成医德水平降低，服务态度下滑，造成医疗纠纷。

（3）医疗技术日新月异，但新技术的使用还存在许多未知的情况，可能带来一些新的医疗纠纷。

（三）医疗纠纷的处理

无论从宠物医院还是宠物主人角度来讲，医疗纠纷的防范都是最重要的、也是最经济有效的方法，但是无论多么有效的防范措施，也无法杜绝所有纠纷的发生，只要有医疗活动，就可能有纠纷发生，无论大医院小医院都必然要面对医疗纠纷。因此，需要正确地面对、妥善地处理。

1. 处理的原则 医疗纠纷的本质是民事纠纷，因此，处理医疗纠纷的基本原则与处理其他民事纠纷一样应该遵循公平、公开、公正的原则，以保护宠物主人和医疗机构及其医务人员的合法权益，维护医疗秩序，保障医疗安全，促进医学科学的发展作为处理医疗纠纷的指导思想。

医院管理者在面对医疗纠纷时一定不要躲避，不要一味推诿，企图用拖延的方式来解决问题。这样往往会导致医疗纠纷的升级，引发恶性的医疗纠纷暴力事件，给医院特别是医务人员造成更大的伤害。对此，近几年来，一些大型连锁宠物医院也在有针对性地设立专门的管理部门受理和处理宠物主人的投诉，及时处理医疗纠纷，有效地维护了医患的合法权益。

2. 处理途径 处理医疗事故的三种途径：协商解决、行政调解和司法诉讼。当事的双方可以根据实际情况，根据双方的意愿自由选择这三条途径之一。法律对于民事纠纷的解决方式没有固定为某一种方式，协商解决是解决民事纠纷的一个基本的途径，即使是采取行政调解和司法诉讼，也并不排斥协商解决。

🐾 思 与 练

1. 医疗纠纷形成的原因有哪些？
2. 医疗纠纷处理原则是什么？

任务二　宠物医疗事故与安全防范

子任务一　宠物医疗事故

🐾 相关知识

（一）宠物医疗事故概念

宠物医疗事故是指宠物医疗机构及其兽医人员在医疗活动中，违反法律、行政法规、部门规章和诊疗护理规范、常规，过失造成宠物伤害的事故。

由于宠物临床医学至今仍是经验科学，其发展的程度，对不少疾病的诊断、治疗及转归的客观规律还有待进一步研究。而且临床上新的病种不断出现，有的病种的致病因素还没有被认识，有的虽有所认识，但还没有找到征服的手段。这种状况并不为多数宠物主人所理解，再加上某些社会因素，就使得宠物医疗事故的定性与处理在医患双方很难取得共识。

医疗事故的定性和处理在人医上也是一个难题。目前，世界各国对宠物医疗事故的定性和处理虽然不尽相同，但在两个方面是相同的：一是都要经过法律程序，纳入法制轨道；二是最终是以大量的经济赔偿结束。国外的宠物医疗事故虽然经法律程序解决，但多数是依靠临床兽医学专家或与这些专家结合来判定医疗事故的性质。

（二）宠物医疗事故鉴定

目前，我国针对宠物医疗事故的鉴定仍是盲区。国家应尽快出台和完善相关的法律法规，建立健全各项管理制度，明确动物医疗事故鉴定机构，明确受理和调解动物医疗纠纷的机构，使动物诊疗纠纷处理有法可依，有章可循，引导动物诊疗行业的发展方向。地方各级政府应制定各项工作的操作规程与管理规范，出台适合本地实际的地方标准，如制定宠物诊疗纠纷调解的工作程序，明确诊疗纠纷处理的流程。规范调解纠纷时需要使用的各类文书格式，比如纠纷受理单、调解协议书、委托他人或其他机构进行医疗事故鉴定的委托书等。

在这方面，一些经济发达的大中城市走在了前列，有许多先进的做法值得学习和借鉴。我们都知道，医生给病人看病，发生医疗事故可以申请事故鉴定，这种事情已经不新鲜。现在，当发生宠物诊疗纠纷时，纠纷双方同样希望能通过医疗事故鉴定，由权威机关给出鉴定报告，使纠纷顺利得到调解。为规范动物诊疗事故鉴定工作，杭州市专门出台了《杭州市动物诊疗事故鉴定暂行办法》。该办法规定，申请动物诊疗事故鉴定，由县级以上农业行政主管部门统一受理，委托专家鉴定组鉴定。当事人申请事故鉴定，应提交书面申请，说明申请鉴定的理由和内容，并提供下列材料：

（1）诊疗动物的门诊登记、病历记录、处方、化验单、医学影像检查资料、病理资料等病历资料。

（2）诊疗动物的基本情况、品种、产地、特征、年龄及照片。

（3）动物饲养者保存的诊疗动物的病历资料、付费依据及有关实物证据。

（4）与诊疗事故鉴定有关的其他材料。

除动物卫生监督机构依法对宠物诊疗行业进行监管外，也可以通过行业内部自律的方式规范宠物诊疗，如上海市宠物业行业协会于 2006 年 6 月发布施行了《宠物医疗相关政策法规——宠物医疗纠纷调解（鉴定）暂行规则》，主要明确了负责组织纠纷调解、鉴定工作的机构即上海市宠物业行业协会，限定了纠纷的调解受理范围，并对进行医疗事故技术鉴定的专家组的组成条件和工作流程进行了明确规定，使得纠纷发生后能够依法进行处理。

🐾 思 与 练

1. 宠物医疗事故的概念是什么？
2. 如何进行宠物医疗事故的鉴定？

子任务二　宠物医疗安全防范

相关知识

宠物医疗事故发生于诊疗护理过程中，诊疗护理的主体是医护人员。而从管理角度来讲，凡是有人的地方就必然存在着管理问题，因此，宠物诊疗护理过程中必然存在管理问题，即宠物医院管理。宠物医疗纠纷事故的发生和医院管理存在着必然的、密不可分的联系。事实证明，任何一宗宠物医疗纠纷事故的发生，都可联系到医院管理问题上，而进行有效的宠物医疗安全防范工作能够切实有效地避免医疗事故。提高医疗、护理质量，是医院工作永恒的主题，管理者必须树立质量第一的意识。所谓医疗质量意识，就是指医院的每个工作人员在思想深处时时刻刻都装着医疗质量这个问题，而确保医疗、护理安全是医疗、护理质量的重要内容之一。

（一）加强宠物医疗安全责任制

宠物医疗安全防范的关键对策是完善医疗安全责任制，使医务人员做到层层对医疗安全负责。强化宠物医院医疗安全管理的内涵建设，实行科学化管理，从医疗过程本身保障医疗安全。修改完善各项医疗操作规程和规范，补充工作制度和岗位职责，杜绝不按医疗操作规程和规范办事的行为，强化内部监督机制。医院在理顺原有的各项规章制度、各类人员岗位职责、技术操作规程和各项技术标准并汇编成册的基础之上，还应制定《差错事故防范措施》《医患双签字制度》《首问负责制》等一些针对当前实际的、新的规章制度，使广大医务人员有章可循，各项工作制度化、常规化、标准化、规范化，同时还增强了医务人员的自我保护措施，强化医疗安全管理。

（二）加强业务技术管理

必须进行详细的体格检查和病史询问。每一位执业兽医师在接诊宠物时都要认真规范地进行体格检查，不遗漏每个系统、每个应检查的脏器和部位，对各个系统、各个脏器、部位都应按程序规范地进行检查，克服"怕烦琐"的思想，认真实施体格检查。同时要加强基础医学知识和基本技能的学习和训练，熟练掌握宠物体格检查的方法和技能。加强业务技术管理应注意以下六个方面：

（1）必须注重疾病的鉴别诊断。

（2）用完善的医疗制度做保障。认真执行各项医疗操作规程和各种查对制度，加强对医疗安全违规事件的处罚，认真落实各项医疗工作制度等。

（3）加强业务学习、强化职业道德。除宠物医院统一组织的院外派出进修、学习、培训和院内业务讲课、考试外，医务人员还应积极开展自学，每天抽出一定时间来学习相关业务知识；在加强业务学习的同时，每一位医务人员要强化职业道德，端正态度，要充分认识到做好本职工作，树立"一切为宠物和宠物主人"的思想，为宠物服务好，是医院生存发展的需要。同时也要明确"服务质量高、职业道德好"的内涵是技术水平高超、质量过硬，同时具备好的态度。

（4）强化工作责任心。在强化工作责任心方面，除要求做到对宠物、对工作高度负责以外，同时要充分理解宠物主人心理，充分体会宠物主人疾苦，只有这样，才能积极主动地为宠物主人搞好服务。

（5）强化医疗仪器设备检查。加强辅助检查不仅能够为临床提供科学的诊断依据，同时完善辅助检查也与医疗安全防范有着密切的关系。因此，在临床工作中，每做出任何一个诊断或排除任何一个诊断都要求必须有相应的辅助检查做依据。

（6）强化管理。关键是搞好医疗安全的管理，宠物医院管理人员在医疗安全管理方面要经常过问、经常关注、反复督促、强调和检查，遇事不绕道走。同时，在医疗安全管理方面要多动脑筋、多想措施，理清思路，管出成绩和效果。

思 与 练

1. 讨论并制定宠物医疗安全防范措施。
2. 调研本地宠物医院，谈谈其医疗安全防范措施。

项目八 畜牧兽医法律法规

任务一 动物疫病防控法律制度

子任务一 动物防疫法

相关知识

《中华人民共和国动物防疫法》概述

(一) 动物防疫法的概念

动物防疫法是调整动物防疫活动的管理以及预防、控制和扑灭动物疫病过程中形成的各种社会关系的法律规范的总称。

(二) 动物防疫法的立法目的

动物防疫法的立法目的是为了加强对动物防疫活动的管理，预防、控制和扑灭动物疫病，促进养殖业发展，保护人体健康，维护公共卫生安全。

(三) 动物防疫法的调整对象

在中华人民共和国领域内的动物防疫及其监督管理活动适用动物防疫法，但进出境动物、动物产品的检疫，适用《中华人民共和国进出境动植物检疫法》。

(四) 动物防疫工作的行政管理

1. 政府机构 县级以上人民政府统一领导动物防疫工作，加强基层动物防疫队伍建设，建立健全动物防疫体系，制定并组织实施动物疫病防治规划。乡级人民政府、城市街道办事处应当组织群众协助做好本管辖区域内的动物疫病预防与控制工作。

2. 兽医行政主管部门 国务院兽医主管部门主管全国的动物防疫工作。县级以上地方人民政府兽医主管部门主管本行政区域内的动物防疫工作。军队和武装警察部队动物卫生监督职能部门分别负责军队和武装警察部队现役动物及饲养自用动物的防疫工作。

3. 动物卫生监督机构 县级以上地方人民政府设立的动物卫生监督机构依照动物防疫法的规定，负责动物、动物产品的检疫工作和其他有关动物防疫的监督管理执法工作。

4. 动物疫病预防控制机构 县级以上人民政府按照国务院的规定，根据统筹规划、合理布局、综合设置的原则建立动物疫病预防控制机构，承担动物疫病的监测、检测、诊断、流行病学调查、疫情报告以及其他预防、控制等技术工作。

(五) 动物防疫工作的方针

我国对动物疫病实行预防为主的方针。

（六）动物疫病的分类

根据动物疫病对养殖业生产和人体健康的危害程度，动物防疫法规定管理的动物疫病分为下列三类：

1. 一类疫病 一类动物疫病是指对人与动物危害严重，需要采取紧急、严厉的强制预防、控制、扑灭等措施的动物疫病。

2. 二类疫病 二类动物疫病是指可能造成重大经济损失，需要采取严格控制、扑灭等措施，防止扩散的动物疫病。

3. 三类疫病 三类动物疫病是指常见多发、可能造成重大经济损失，需要控制和净化的动物疫病。

一、二、三类动物疫病具体病种名录由国务院兽医主管部门制定并公布。

（七）动物、动物产品、动物疫病以及动物防疫的含义

1. 动物 是指家畜家禽和人工饲养、合法捕获的其他动物。

2. 动物产品 是指动物的肉、生皮、原毛、绒、脏器、脂、血液、精液、卵、胚胎、骨、蹄、头、角、筋以及可能传播动物疫病的奶、蛋等。

3. 动物疫病 是指动物传染病、寄生虫病。

4. 动物防疫 是指动物疫病的预防、控制、扑灭和动物、动物产品的检疫。

🐾 拓展知识

《中华人民共和国动物防疫法》全文。

🐾 思 与 练

组织讨论《中华人民共和国动物防疫法》，深入领会其精神。

子任务二　《重大动物疫情应急条例》

🐾 相关知识

《重大动物疫情应急条例》概述

（一）立法目的

迅速控制、扑灭重大动物疫情，保障养殖业生产安全，保护公众身体健康与生命安全，维护正常的社会秩序。

（二）重大动物疫情的定义

重大动物疫情，是指高致病性禽流感等发病率或者死亡率高的动物疫病突然发生，迅速传播，给养殖业生产安全造成严重威胁、危害，以及可能对公众身体健康与生命安全造成危害的情形，包括特别重大动物疫情。

（三）重大动物疫情应急工作的指导方针和应急工作原则

1. 指导方针 重大动物疫情应急工作应当坚持"加强领导、密切配合、依靠科学、依法防治、群防群控、果断处置"的二十四字方针。

2. 工作原则 重大动物疫情应急工作应当遵循"及时发现、快速反应、严格处理、减少损失"的十六字原则。

（四）重大动物疫情应急工作的行政管理

1. 重大动物疫情应急工作的管理原则 重大动物疫情应急工作按照属地管理的原则，实行政府统一领导、部门分工负责，逐级建立责任制。

2. 兽医主管部门及其他有关部门的职责 县级以上人民政府兽医主管部门具体负责组织重大动物疫情的监测、调查、控制、扑灭等应急工作。县级以上人民政府其他有关部门在各自的职责范围内，做好重大动物疫情的应急工作。

3. 陆生野生动物疫源疫病的监测 县级以上人民政府林业主管部门、兽医主管部门按照职责分工，加强对陆生野生动物疫源疫病的监测。

（五）重大动物疫情通报制度

出入境检验检疫机关应当及时收集境外重大动物疫情信息，加强进出境动物及其产品的检验检疫工作，防止动物疫病传入和传出。兽医主管部门要及时向出入境检验检疫机关通报国内重大动物疫情。

（六）关于重大动物疫情科学研究与国际交流的规定

国家鼓励、支持开展重大动物疫情监测、预防、应急处理等有关技术的科学研究和国际交流与合作。

（七）表彰和奖励制度

县级以上人民政府应当对参加重大动物疫情应急处理的人员给予适当补助，对作出贡献的人员给予表彰和奖励。

（八）重大动物疫情工作中的社会监督制度

对不履行或者不按照规定履行重大动物疫情应急处理职责的行为，任何单位和个人有权检举控告。

拓展知识

《重大动物疫情应急条例》全文。

思 与 练

组织讨论《重大动物疫情应急条例》，深入领会其精神。

任务二　执业兽医及诊疗机构管理办法

子任务一　执业兽医管理办法

相关知识

（一）《执业兽医管理办法》概述

1. 立法目的 规范执业兽医执业行为，提高执业兽医业务素质和职业道德水平，保障执业兽医合法权益。保护动物健康和公共卫生安全。

2. 调整对象　在我国境内从事动物诊疗和动物保健活动的执业兽医适用执业兽医管理办法。但外国人和我国香港、澳门、台湾居民在我国申请执业兽医资格考试、注册和备案的除外。

3. 执业兽医的分类　执业兽医，包括执业兽医师和执业助理兽医师。

4. 执业兽医工作的行政管理

（1）兽医主管部门的职权。农业部主管全国执业兽医管理工作。县级以上地方人民政府兽医主管部门主管本行政区域内的执业兽医管理工作。

（2）动物卫生监督机构的职权。县级以上地方人民政府设立的动物卫生监督机构负责执业兽医的监督执法工作。

5. 表彰和奖励制度　县级以上人民政府兽医主管部门应当按照国家有关规定对在预防、控制和扑灭动物疫病工作中作出突出贡献的执业兽医给予表彰和奖励。

6. 执业兽医的职业道德和业务培训　执业兽医应当具备良好的职业道德，按照有关动物防疫、动物诊疗和兽药管理等法律、行政法规和技术规范的要求，依法执业。执业兽医应当定期参加兽医专业知识和相关政策法规的教育培训，不断提高业务素质。

7. 执业兽医依法履行职责，其权益受法律保护

（二）执业兽医资格考试法律制度

1. 考试制度　国家实行执业兽医资格考试制度。执业兽医资格考试由农业部组织，全国统一大纲、统一命题、统一考试。

2. 考试条件　具有兽医、畜牧兽医、中兽医（民族兽医）或者水产养殖专业大学专科以上学历的人员，可以参加执业兽医资格考试。执业兽医管理办法施行前，不具有大学专科以上学历，但已取得兽医师以上专业技术职称，经县级以上地方人民政府兽医主管部门考核合格的，可以参加执业兽医资格考试。

3. 考试内容　执业兽医资格考试内容包括兽医综合知识和临诊技能两部分。

4. 考试管理

（1）全国执业兽医资格考试委员会。农业部组织成立全国执业兽医资格考试委员会。考试委员会负责审定考试科目、考试大纲、考试试题，对考试工作进行监督、指导和确定合格标准。

（2）农业部执业兽医管理办公室。农业部执业兽医管理办公室承担考试委员会的日常工作，负责拟订考试科目、编写考试大纲、建立考试题库、组织考试命题，并提出考试合格标准建议等。

5. 资格证书的取得　执业兽医资格证书分为两种，即执业兽医师资格证书和执业助理兽医师资格证书，由农业部颁发。取得的形式分为考试取得和审核取得。

（1）考试取得。执业兽医资格考试成绩符合执业兽医师标准的，取得执业兽医师资格证书；符合执业助理兽医师资格标准的，取得执业助理兽医师资格证书。

（2）审核取得。执业兽医管理办法施行前，具有兽医、水产养殖本科以上学历，从事兽医临诊教学或者动物诊疗活动，并取得高级兽医师、水产养殖高级工程师以上专业技术职称或者具有同等专业技术职称，经省、自治区、直辖市人民政府兽医主管部门考核合格，报农业部审核批准后颁发执业兽医师资格证书。

（三）执业注册和备案法律制度

1. 执业注册和备案的程序

（1）申请和备案。取得执业兽医师资格证书，从事动物诊疗活动的，应当向注册机关申

请兽医执业注册；取得执业助理兽医师资格证书，从事动物诊疗辅助活动的，应当向注册机关备案。

注册机关指县（市辖区）级人民政府兽医主管部门；市辖区未设立兽医主管部门的，注册机关为上一级兽医主管部门。

（2）申请和备案材料。申请兽医执业注册或者备案的，应当向注册机关提交下列材料：①注册申请表或者备案表；②执业兽医资格证书及其复印件；③医疗机构出具的6个月内的健康体检证明；④身份证明原件及其复印件；⑤动物诊疗机构聘用证明及其复印件；申请人是动物诊疗机构法定代表人（负责人）的，提供动物诊疗许可证复印件。

（3）审核。注册机关收到执业兽医师注册申请后，应当在20个工作日内完成对申请材料的审核。经审核合格的，发给兽医师执业证书；不合格的，书面通知申请人，并说明理由。注册机关收到执业助理兽医师备案材料后，应当及时对备案材料进行审查，材料齐全、真实的，应当发给助理兽医师执业证书。

县级以上地方人民政府兽医主管部门应当将注册和备案的执业兽医名单逐级汇总报农业部。

2. 执业证书　兽医师执业证书和助理兽医师执业证书应当载明姓名、执业范围、受聘动物诊疗机构名称等事项。兽医师执业证书和助理兽医师执业证书的格式由农业部规定，由省、自治区、直辖市人民政府兽医主管部门统一印制。

3. 不予发放执业证书的规定　有下列情形之一的，不予发放兽医师执业证书或者助理兽医师执业证书：①不具有完全民事行为能力的；②被吊销兽医师执业证书或者助理兽医师执业证书不满两年的；③患有国家规定不得从事动物诊疗活动的人畜共患传染病的。

4. 重新注册或备案的规定　执业兽医变更受聘的动物诊疗机构的，应当按照执业兽医管理办法的规定重新办理注册或者备案手续。

（四）执业活动管理法律制度

1. 执业场所　执业兽医不得同时在两个或者两个以上动物诊疗机构执业，但动物诊疗机构间的会诊、支援、应邀出诊、急救除外。

动物饲养场（养殖小区）聘用的取得执业兽医师资格证书和执业助理兽医师资格证书的兽医人员，可以凭聘用合同申请兽医执业注册或者备案，但不得对外开展兽医执业活动。

2. 执业权限

（1）执业兽医师的权限。执业兽医师可以从事动物疾病的预防、诊断、治疗和开具处方、填写诊断书、出具有关证明文件等活动。

（2）执业助理兽医师的权限。执业助理兽医师在执业兽医师指导下协助开展兽医执业活动，但不得开具处方、填写诊断书、出具有关证明文件。

经注册和备案专门从事水生动物疫病诊疗的执业兽医师和执业助理兽医师，不得从事其他动物疫病诊疗。

3. 关于实习的规定　兽医、畜牧兽医、中兽医（民族兽医）、水产养殖专业的学生可以在执业兽医师指导下进行专业实习。

4. 执业兽医的执业义务　执业兽医在执业活动中应当履行下列义务：①遵守法律、法规、规章和有关管理规定；②按照技术操作规范从事动物诊疗和动物诊疗辅助活动；③遵守职业道德，履行兽医职责；④爱护动物，宣传动物保健知识和动物福利。

5. 处方、病历管理制度　执业兽医师应当使用规范的处方笺、病历册，并在处方笺、病历册上签名。未经亲自诊断、治疗，不得开具处方药、填写诊断书、出具有关证明文件、伪造诊断结果、出具虚假证明文件。

6. 疫情报告义务　执业兽医在动物诊疗活动中发现动物染疫或者疑似染疫的，应当按照国家规定立即向当地兽医主管部门、动物卫生监督机构或者动物疫病预防控制机构报告，并采取隔离等控制措施，防止动物疫情扩散；在动物诊疗活动中发现动物患有或者疑似患有国家规定应当扑杀的疫病时，不得擅自进行治疗。

7. 兽药使用的制度　执业兽医应当按照国家有关规定合理用药，不得使用假劣兽药和农业部规定禁止使用的药品及其他化合物。

执业兽医师发现可能与兽药使用有关的严重不良反应的。应当立即向所在地人民政府兽医主管部门报告。

8. 履行动物疫病的防控义务　执业兽医应当按照当地人民政府或者兽医主管部门的要求，参加预防、控制和扑灭动物疫病活动，其所在单位不得阻碍、拒绝。

9. 执业情况报告制度　执业兽医应当于每年3月底前将上年度兽医执业活动情况向注册机关报告。

（五）法律责任

1. 管理机关违法行为的法律责任　注册机关及动物卫生监督机构不依法履行审查和监督管理职责，玩忽职守、滥用职权或者徇私舞弊的，对直接负责的主管人员和其他直接责任人员，依照有关规定给予处分；构成犯罪的，依法追究刑事责任。

2. 执业兽医违法行为的法律责任

（1）超出执业范围执业以及未重新注册或备案违法行为的法律责任。违反执业兽医管理办法的规定，执业兽医有下列情形之一的，由动物卫生监督机构责令停止动物诊疗活动，没收违法所得，并处1 000元以上1万元以下罚款；情节严重的，并报原注册机关收回、注销兽医师执业证书或者助理兽医师执业证书：①超出注册机关核定的执业范围从事动物诊疗活动的；②变更受聘的动物诊疗机构未重新办理注册或者备案的。

（2）伪造、变造、受让、租用、借用执业证书违法行为的法律责任。使用伪造、变造、受让、租用、借用的兽医师执业证书或者助理兽医师执业证书的，动物卫生监督机构应当依法收缴，并责令停止动物诊疗活动，没收违法所得，并处1 000元以上1万元以下罚款。

（3）收回、注销执业证书的情形。执业兽医有下列情形之一的，原注册机关应当收回、注销兽医师执业证书或者助理兽医师执业证书：①死亡或者被宣告失踪的；②中止兽医执业活动满两年的；③被吊销兽医师执业证书或者助理兽医师执业证书的；④连续两年没有将兽医执业活动情况向注册机关报告，且拒不改正的；⑤出让、出租、出借兽医师执业证书或者助理兽医师执业证书的。

（4）违法使用兽药的法律责任。执业兽医在动物诊疗活动中，违法使用兽药的，依照有关法律、《中华人民共和国兽药管理条例》等行政法规的规定予以处罚。

（5）其他违法行为的法律责任。执业兽医师在动物诊疗活动中有下列情形之一的，由动物卫生监督机构给予警告，责令限期改正；拒不改正或者再次出现同类违法行为的，处1 000元以下罚款：①不使用病历，或者应当开具处方未开具处方的；②使用不规范的处方笺、病历册，或者未在处方笺、病历册上签名的；③未经亲自诊断、治疗，开具处方药、填

写诊断书、出具有关证明文件的；④伪造诊断结果，出具虚假证明文件的。

拓展知识

《执业兽医管理办法》全文。

思 与 练

1. 执业兽医考试制度是什么？
2. 执业兽医违法行为应负什么法律责任？

子任务二　动物诊疗机构管理办法

相关知识

（一）《动物诊疗机构管理办法》概述

1. 立法目的　加强动物诊疗机构管理，规范动物诊疗行为，保障公共卫生安全。

2. 调整对象　在中华人民共和国境内从事动物诊疗活动的机构，应当遵守动物诊疗机构管理办法，但乡村兽医在乡村从事动物诊疗活动适用乡村兽医管理办法。

3. 动物诊疗的定义　动物诊疗是指动物疾病的预防、诊断、治疗和动物绝育手术等经营性活动。

4. 执业兽医工作的行政管理

（1）兽医主管部门的职权。农业部负责全国动物诊疗机构的监督管理。县级以上地方人民政府兽医主管部门负责本行政区域内动物诊疗机构的管理。

（2）动物卫生监督机构的职权。县级以上地方人民政府设立的动物卫生监督机构负责本行政区域内动物诊疗机构的监督执法工作。

（二）诊疗许可法律制度

1. 诊疗许可制度　国家实行动物诊疗许可制度。从事动物诊疗活动的机构，应当取得动物诊疗许可证，并在规定的诊疗活动范围内开展动物诊疗活动。

2. 设立诊疗机构的条件

（1）一般条件。申请设立动物诊疗机构的，应当具备下列条件：①有固定的动物诊疗场所，且动物诊疗场所使用面积符合省、自治区、直辖市人民政府兽医主管部门的规定；②动物诊疗场所选址距离畜禽养殖场、屠宰加工厂、动物交易场所不少于 200m；③动物诊疗场所设有独立的出入口，出入口不得设在居民住宅楼内或者院内，不得与同一建筑物的其他用户共用通道；④具有布局合理的诊疗室、手术室、药房等设施；⑤具有诊断、手术、消毒、冷藏、常规化验、污水处理等器械设备；⑥具有 1 名以上取得执业兽医师资格证书的人员；⑦具有完善的诊疗服务、疫情报告、卫生消毒、兽药处方、药物和无害化处理等管理制度。

（2）从事动物颅腔、胸腔和腹腔手术动物诊疗机构的条件。动物诊疗机构从事动物颅腔、胸腔和腹腔手术的，除具备一般条件外，还应当具备以下条件：①具有手术台、X 射线机或者 B 超等器械设备；②具有 3 名以上取得执业兽医师资格证书的人员。

3. 设立动物诊疗机构的程序

（1）申请。设立动物诊疗机构，应当向动物诊疗场所所在地的发证机关提出申请。发证机关是指县（市辖区）级人民政府兽医主管部门；市辖区未设立兽医主管部门的，发证机关为上一级兽医主管部门。

动物诊疗机构管理办法施行以前开办的动物诊疗机构，应当在 2009 年 12 月 31 日前，依照动物诊疗机构管理办法的规定，办理动物诊疗许可证。

（2）申请材料。申请设立动物诊疗机构时，应当提交下列材料：①动物诊疗许可证申请表；②动物诊疗场所地理方位图、室内平面图和各功能区布局图；③动物诊疗场所使用权证明；④法定代表人（负责人）身份证明；⑤执业兽医师资格证书原件及复印件；⑥设施设备清单；⑦管理制度文本；⑧执业兽医和服务人员的健康证明材料。

（3）动物诊疗机构的名称。动物诊疗机构应当使用规范的名称。不具备从事动物颅腔、胸腔和腹腔手术能力的，不得使用"动物医院"的名称。申请设立动物诊疗机构时，其名称应当先经工商行政管理机关预先核准。

（4）审核。发证机关受理设立动物诊疗机构的申请后，应当在 20 个工作日内完成对申请材料的审核和对动物诊疗场所的实地考查。符合规定条件的，发证机关应当向申请人颁发动物诊疗许可证；不符合条件的，书面通知申请人，并说明理由。专门从事水生动物疫病诊疗的，发证机关在核发动物诊疗许可证时，应当征求同级渔业行政主管部门的意见。发证机关办理动物诊疗许可证，不得向申请人收取费用。

4. 动物诊疗许可证　动物诊疗许可证应当载明诊疗机构名称、诊疗活动范围、从业地点和法定代表人（负责人）等事项。动物诊疗许可证格式由农业部统一规定。

动物诊疗许可证不得伪造、变造、转让、出租、出借。动物诊疗许可证遗失的，应当及时向原发证机关申请补发。

5. 工商登记　申请人凭动物诊疗许可证到动物诊疗场所所在地工商行政管理部门办理登记注册手续。

6. 分支机构　动物诊疗机构设立分支机构的，应当另行办理动物诊疗许可证。

7. 动物诊疗机构的变更　动物诊疗机构变更名称或者法定代表人（负责人）的，应当在办理工商变更登记手续后 15 个工作日内，向原发证机关申请办理变更手续。动物诊疗机构变更从业地点、诊疗活动范围的，应当重新办理动物诊疗许可手续，申请换发动物诊疗许可证，并依法办理工商变更登记手续。

（三）诊疗活动管理法律制度

1. 从业活动管理　动物卫生监督机构对辖区内动物诊疗机构和人员执行法律、法规、规章的情况进行监督检查。兽医主管部门应当设立动物诊疗违法行为举报电话，并向社会公示。动物诊疗机构应当依法从事动物诊疗活动，建立健全内部管理制度，在诊疗场所的显著位置悬挂动物诊疗许可证，并公示从业人员基本情况。

2. 兽药使用制度　动物诊疗机构应当按照国家兽药管理的规定使用兽药，不得使用假、劣兽药和农业部规定禁止使用的药品及其他化合物。

3. 兼营管理制度　动物诊疗机构兼营宠物用品、宠物食品、宠物美容等项目的，兼营区域与动物诊疗区域应当分别独立设置。

4. 病历、处方管理制度　动物诊疗机构应当使用规范的病历、处方笺，病历、处方笺

应当印有动物诊疗机构名称。病历档案应当保存 3 年以上。

5. 放射性诊疗设备管理制度 动物诊疗机构安装、使用具有放射性的诊疗设备的，应当依法经环境保护部门批准。

6. 疫情报告义务 动物诊疗机构发现动物染疫或者疑似染疫的，应当按照国家规定立即向当地兽医主管部门、动物卫生监督机构或者动物疫病预防控制机构报告，并采取隔离等控制措施，防止动物疫情扩散。动物诊疗机构发现动物患有或者疑似患有国家规定应当扑杀的疫病时，不得擅自进行治疗。

7. 诊疗活动中的禁止性规定 动物诊疗机构不得随意抛弃病死动物、动物病理组织和医疗废弃物，不得排放未经无害化处理或者处理不达标的诊疗废水。动物诊疗机构应当按照农业部规定处理病死动物和动物病理组织，参照《医疗废弃物管理条例》的有关规定处理医疗废弃物。

8. 履行动物疫病的防控义务 动物诊疗机构的执业兽医应当按照当地人民政府或者兽医主管部门的要求，参加预防、控制和扑灭动物疫病活动。动物诊疗机构应当配合兽医主管部门、动物卫生监督机构、动物疫病预防控制机构进行有关法律法规宣传、流行病学调查和监测工作。

9. 业务培训制度 动物诊疗机构应当定期对本单位工作人员进行专业知识和相关政策、法规培训。

10. 诊疗活动报告制度 动物诊疗机构应当于每年 3 月底前将上年度动物诊疗活动情况向发证机关报告。

（四）法律责任

1. 管理机关违法行为的法律责任 发证机关及其动物卫生监督机构不依法履行审查和监督管理职责，玩忽职守、滥用职权或者徇私舞弊的，依照有关规定给予处分；构成犯罪的，依法追究刑事责任。

2. 动物诊疗机构违法行为的法律责任

（1）超出范围从事诊疗活动以及不按规定重新办理诊疗许可证违法行为的法律责任。动物诊疗机构有下列情形之一的，由动物卫生监督机构责令停止诊疗活动，没收违法所得；违法所得在 3 万元以上的，并处违法所得 1 倍以上 3 倍以下罚款；没有违法所得或者违法所得不足 3 万元的，并处 3 000 元以上 3 万元以下罚款；情节严重的，并报原发证机关收回、注销其动物诊疗许可证：①超出动物诊疗许可证核定的诊疗活动范围从事动物诊疗活动的；②变更从业地点、诊疗活动范围未重新办理动物诊疗许可证的。

兽医主管部门依法吊销、注销动物诊疗许可证的，应当及时通报工商行政管理部门。

（2）伪造、变造、受让、租用、借用动物诊疗许可证违法行为的法律责任。使用伪造、变造、受让、租用、借用的动物诊疗许可证的，动物卫生监督机构应当依法收缴，并责令停止诊疗活动，没收违法所得；违法所得在 3 万元以上的，并处违法所得 1 倍以上 3 倍以下罚款；没有违法所得或者违法所得不足 3 万元的，并处 3 000 元以上 3 万元以下罚款。出让、出租、出借动物诊疗许可证的，原发证机关应当收回、注销其动物诊疗许可证。

（3）诊疗机构取得动物诊疗许可证后不再具备设立条件的法律责任。动物诊疗场所不再具备设立动物诊疗机构规定条件的，由动物卫生监督机构给予警告，责令限期改正；逾期仍达不到规定条件的，由原发证机关收回、注销其动物诊疗许可证。

（4）动物诊疗机构连续停业两年以上或者连续两年未向发证机关报告动物诊疗活动情况的法律责任。动物诊疗机构连续停业两年以上的，或者连续两年未向发证机关报告动物诊疗活动情况，拒不改正的，由原发证机关收回、注销其动物诊疗许可证。

（5）违法使用兽药，或者违法处理医疗废弃物的法律责任。动物诊疗机构在动物诊疗活动中，违法使用兽药的，或者违法处理医疗废弃物的，依照有关法律、行政法规的规定予以处罚。

（6）违法抛弃病死动物、动物病理组织和医疗废弃物以及不按规定处理诊疗废水的法律责任。动物诊疗机构违反动物诊疗机构管理办法的规定随意抛弃病死动物、动物病理组织和医疗废弃物，或排放未经无害化处理或者处理不达标的诊疗废水，由动物卫生监督机构责令无害化处理，所需处理费用由违法行为人承担，可以处 3 000 元以下罚款。

（7）其他违法行为的法律责任。动物诊疗机构有下列情形之一的，由动物卫生监督机构给予警告，责令限期改正；拒不改正或者再次出现同类违法行为的，处以 1 000 元以下罚款：①变更机构名称或者法定代表人未办理变更手续的；②未在诊疗场所悬挂动物诊疗许可证或者公示从业人员基本情况的；③不使用病历，或者应当开具处方未开具处方的；④使用不规范的病历、处方笺的。

拓展知识

《动物诊疗机构管理办法》全文。

思 与 练

1. 设立动物诊疗机构的条件有哪些？
2. 简述动物诊疗机构法律制度。

任务三　兽药法规及兽医职业道德

子任务一　兽药法规

相关知识

（一）《兽药管理条例》概述

1. 立法目的　加强兽药管理，保证兽药质量，防治动物疾病，促进养殖业的发展，维护人体健康。

2. 调整对象　在中华人民共和国境内从事兽药的研制、生产、经营、进出口、使用和监督管理，应当遵守兽药管理条例。

3. 兽药行政管理　国务院兽医行政管理部门负责全国的兽药监督管理工作。县级以上地方人民政府兽医行政管理部门负责本行政区域内的兽药监督管理工作。

4. 兽用处方药和非处方药分类管理制度　国家实行兽用处方药和非处方药分类管理制度。兽用处方药和非处方药分类管理的办法和具体实施步骤，由国务院兽医行政管理部门规定。

5. 兽药储备制度　国家实行兽药储备制度。发生重大动物疫情、灾情或者其他突发事件时，国务院兽医行政管理部门可以紧急调用国家储备的兽药；必要时，也可以调用国家储备以外的兽药。

6. 相关术语定义

（1）兽药。兽药是指用于预防、治疗、诊断动物疾病或者有目的地调节动物生理机能的物质（含药物饲料添加剂），主要包括：血清制品、疫苗、诊断制品、微生态制品、中药材、中成药、化学药品、抗生素、生化药品、放射性药品及外用杀虫剂、消毒剂等。

（2）兽用处方药。兽用处方药是指凭兽医处方方可购买和使用的兽药。

（3）兽用非处方药。兽用非处方药是指由国务院兽医行政管理部门公布的、不需要凭兽医处方就可以自行购买并按照说明书使用的兽药。

（4）兽药生产企业。兽药生产企业是指专门生产兽药的企业和兼产兽药的企业，包括从事兽药分装的企业。

（5）兽药经营企业。兽药经营企业是指经营兽药的专营企业或者兼营企业。

（6）新兽药。新兽药是指未曾在中国境内上市销售的兽用药品。

（7）兽药批准证明文件。兽药批准证明文件是指兽药产品批准文号、进口兽药注册证书、允许进口兽用生物制品证明文件、出口兽药证明文件、新兽药注册证书等文件。

（二）兽药使用法律制度

1. 用药记录管理制度　兽药使用单位，应当遵守国务院兽医行政管理部门制定的兽药安全使用规定，并建立用药记录。

2. 禁用兽药管理制度　禁止使用假、劣兽药以及国务院兽医行政管理部门规定禁止使用的药品和其他化合物。

3. 休药期管理制度　有休药期规定的兽药用于食用动物时，饲养者应当向购买者或者屠宰者提供准确、真实的用药记录；购买者或者屠宰者应当确保动物及其产品在用药期、休药期内不被用于食品消费。

4. 药物饲料添加剂管理制度　禁止在饲料和动物饮用水中添加激素类药品和国务院兽医行政管理部门规定的其他禁用药品。经批准可以在饲料中添加的兽药，应当由兽药生产企业制成药物饲料添加剂后方可添加。禁止将原料药直接添加到饲料及动物饮用水中或者直接饲喂动物。禁止将人用药品用于动物。

5. 兽药残留监控管理制度

（1）监控计划的制订。国务院兽医行政管理部门，应当制订并组织实施国家动物及动物产品兽药残留监控计划。

（2）检测计划的实施。县级以上人民政府兽医行政管理部门，负责组织对动物产品中兽药残留量的检测。兽药残留检测结果，由国务院兽医行政管理部门或者省、自治区、直辖市人民政府兽医行政管理部门按照权限予以公布。

（3）检测结果异议的处理。动物产品的生产者、销售者对检测结果有异议的，可以自收到检测结果之日起 7 个工作日内向组织实施兽药残留检测的兽医行政管理部门或者其上级兽医行政管理部门提出申请，由受理申请的兽医行政管理部门指定检验机构进行复检。

禁止销售含有违禁药物或者兽药残留量超过标准的食用动物产品。

6. 麻醉药品管理制度　兽用麻醉药品、精神药品、毒性药品和放射性药品等特殊药品，依照国家有关规定管理。

（三）兽药监督管理法律制度

1. 兽药监督管理主体

（1）执法机构。县级以上人民政府兽医行政管理部门行使兽药监督管理权。

（2）检验机构。兽药检验工作曲国务院兽医行政管理部门和省、自治区、直辖市人民政府兽医行政管理部门设立的兽药检验机构承担。国务院兽医行政管理部门，可以根据需要认定其他检验机构承担兽药检验工作。

2. 兽药国家标准　兽药应当符合兽药国家标准。国家兽药典委员会拟定的、国务院兽医行政管理部门发布的《中华人民共和国兽药典》和国务院兽医行政管理部门发布的其他兽药质量标准为兽药国家标准。兽药国家标准的标准品和对照品的标定工作曲国务院兽医行政管理部门设立的兽药检验机构负责。

3. 兽医监督管理部门的行政强制措施　兽医行政管理部门在进行监督检查时，可以采取下列行政强制措施：①对有证据证明可能是假、劣兽药的，应当采取查封、扣押的行政强制措施；②自采取行政强制措施之日起 7 个工作日内，采取行政强制措施的兽医行政管理部门必须作出是否立案的决定；③对于当场无法判定是否是假、劣兽药而需要实验室检验的物品，采取行政强制措施的兽医行政管理部门必须自检验报告书发出之日起 15 个工作日内作出是否立案的决定；④对于不符合立案条件的，采取行政强制措施的兽医行政管理部门应当解除行政强制措施；⑤需要暂停生产、经营和使用的，由国务院兽医行政管理部门或者省、自治区、直辖市人民政府兽医行政管理部门按照权限作出决定。

未经行政强制措施决定机关或者其上级机关批准不得擅自转移、使用、销毁、销售被查封或者扣押的兽药及有关材料。

4. 假兽药的判定标准

（1）有下列情形之一的，为假兽药：①以非兽药冒充兽药或者以他种兽药冒充此种兽药的；②兽药所含成分的种类、名称与兽药国家标准不符合的。

（2）有下列情形之一的，按照假兽药处理：①国务院兽医行政管理部门规定禁止使用的；②依照兽药管理条例规定应当经审查批准而未经审查批准即生产、进口的，或者依照兽药管理条例规定应当经抽查检验、审查核对而未经抽查检验、审查核对即销售、进口的；③变质的；④被污染的；⑤所标明的适应证或者功能主治超出规定范围的。

5. 劣兽药的判定标准　有下列情形之一的，为劣兽药：①成分含量不符合兽药国家标准或者不标明有效成分的；②不标明或者更改有效期或者超过有效期的；③不标明或者更改产品批号的；④其他不符合兽药国家标准，但不属于假兽药的。

6. 禁止性规定　禁止将兽用原料药拆零销售或者销售给兽药生产企业以外的单位和个人。禁止未经兽医开具处方销售、购买、使用国务院兽医行政管理部门规定实行处方药管理的兽药。禁止买卖、出租、出借兽药生产许可证、兽药经营许可证和兽药批准证明文件。

7. 兽药不良反应报告制度　国家实行兽药不良反应报告制度。兽药生产企业、经营企业、兽药使用单位和开具处方的兽医人员发现可能与兽药使用有关的严重不良反应，应当立即向所在地人民政府兽医行政管理部门报告。

（四）法律责任

1. 经营假、劣兽药，或无证经营兽药，或者经营人用药品的法律责任　违反兽药管理条例规定，无兽药生产许可证、兽药经营许可证生产、经营兽药的，或者虽有兽药生产许可证、兽药经营许可证，但生产、经营假、劣兽药的，或者兽药经营企业经营人用药品的，责令其停止生产、经营，没收用于违法生产的原料、辅料、包装材料及生产、经营的兽药和违法所得，并处违法生产、经营的兽药（包括已出售的和未出售的兽药，下同）货值金额2倍以上5倍以下罚款，货值金额无法查证核实的，处10万元以上20万元以下罚款。无兽药生产许可证生产兽药，情节严重的，没收其生产设备；生产、经营假、劣兽药，情节严重的，吊销兽药生产许可证、兽药经营许可证；构成犯罪的，依法追究刑事责任；给他人造成损失的，依法承担赔偿责任。生产、经营企业的主要负责人和直接负责的主管人员终身不得从事兽药的生产、经营活动。

2. 未按兽药安全使用规定使用兽药违法行为的法律责任　违反兽药管理条例规定，未按照国家有关兽药安全使用规定使用兽药的、未建立用药记录或者记录不完整真实的，或者使用禁止使用的药品和其他化合物的，或者将人用药品用于动物的，责令其立即改正，并对饲喂了违禁药物及其他化合物的动物及其产品进行无害化处理；对违法单位处1万元以上5万元以下罚款；给他人造成损失的，依法承担赔偿责任。

3. 违法销售尚在用药期、休药期，或者销售含有违禁药物和兽药残留超标的动物产品的法律责任　违反兽药管理条例规定，销售尚在用药期、休药期内的动物及其产品用于食品消费的，或者销售含有违禁药物和兽药残留超标的动物产品用于食品消费的，责令其对含有违禁药物和兽药残留超标的动物产品进行无害化处理，没收违法所得，并处3万元以上10万元以下罚款；构成犯罪的，依法追究刑事责任；给他人造成损失的，依法承担赔偿责任。

4. 擅自转移、使用、销毁、销售被查封或者扣押的兽药及有关材料违法行为的法律责任　违反兽药管理条例规定，擅自转移、使用、销毁、销售被查封或者扣押的兽药及有关材料的，责令其停止违法行为，给予警告，并处5万元以上10万元以下罚款。

5. 不按规定报告与兽药使用有关的严重不良反应违法行为的法律责任　违反兽药管理条例规定，兽药生产企业、经营企业、兽药使用单位和开具处方的兽医人员发现可能与兽药使用有关的严重不良反应，不向所在地人民政府兽医行政管理部门报告的，给予警告，并处5 000元以上1万元以下罚款。

6. 不按规定销售、购买、使用兽用处方药违法行为的法律责任　违反兽药管理条例规定，未经兽医开具处方销售、购买、使用兽用处方药的，责令其限期改正，没收违法所得，并处5万元以下罚款；给他人造成损失的，依法承担赔偿责任。

7. 违反规定销售原料药，或者拆零销售原料药违法行为的法律责任　违反兽药管理条例规定，兽药生产、经营企业把原料药销售给兽药生产企业以外的单位和个人的，或者兽药经营企业拆零销售原料药的，责令其立即改正，给予警告，没收违法所得，并处2万元以上5万元以下罚款；情节严重的，吊销兽药生产许可证、兽药经营许可证；给他人造成损失的，依法承担赔偿责任。

8. 不按规定添加药品违法行为的法律责任　违反兽药管理条例规定，在饲料和动物饮用水中添加激素类药品和国务院兽医行政管理部门规定的其他禁用药品，依照《饲料和饲料添加剂管理条例》的有关规定处罚；直接将原料药添加到饲料及动物饮用水中，或者饲喂动物的，责令其立即改正，并处1万元以上3万元以下罚款；给他人造成损失的，依法承担赔偿责任。

拓展知识

《中华人民共和国兽药管理条例》《兽药经营质量管理规范》《兽用生物制品经营管理办法》全文。

思 与 练

1. 兽用麻醉精神药品的使用规定有哪些？
2. 简述兽用生物制品的经营制度。

子任务二　兽医职业道德

相关知识

执业兽医职业道德行为规范

执业兽医是高度专业化的职业，为了提升执业兽医职业道德，规范执业兽医从业活动，提高执业兽医整体素质和服务质量，维护兽医行业的良好形象，中国兽医协会倡导执业兽医遵守职业道德为荣、违反职业道德为耻的职业荣辱观，制定了《执业兽医职业道德行为规范》。本规范自 2012 年 1 月 1 日起实行。全文如下：

一、执业兽医职业道德规范是执业兽医的从业行为职业道德标准和执业操守。

二、执业兽医应当模范遵守有关动物诊疗、动物防疫、兽药管理等法律规范和技术规程的规定，依法从事兽医执业活动。

三、执业兽医不对患有国家规定应当扑杀的患病动物擅自进行治疗；当发现患有国家规定应当扑杀的动物时，应当及时向兽医行政主管部门报告。

四、执业兽医未经亲自诊断或治疗，不开具处方药、填写诊断书或出具有关证明文件。

五、发现违法从事兽医执业行为或其他违法行为的，执业兽医应当向有关主管部门进行举报。

六、执业兽医应当使用规范的处方笺、病历，并照章签名保存。发现兽药有不良反应的，应当向兽医行政主管部门报告。

七、执业兽医应当热情接待动物主人和患病动物，耐心解答动物主人提出的问题，尽量满足动物主人的正当要求。

八、执业兽医应当如实告知动物主人患病动物的病情，制定合理的诊疗方案。遇有难以诊治的患病动物时，应当及时告知动物主人，并及时提出转诊意见。

九、执业兽医应当如实表述自己的执业情况和技术水平，不做虚假广告，不在诊治活动中弄虚作假。

十、执业兽医应当对动物诊疗的相关信息或资料保守秘密，未经动物主人同意不得用于商业用途。

十一、执业兽医在从业过程中应当注重仪表，着装整洁，举止端庄，语言文明。

十二、执业兽医应当为患病动物提供医疗服务，解除其病痛，同时尽量减少动物的痛苦

和恐惧。

十三、执业兽医应当劝阻虐待动物的行为，宣传动物保健和动物福利知识。

十四、执业兽医应当积极参加兽医专业知识和相关政策法规的培训教育，提高业务素质。

十五、执业兽医应当积极参加有关兽医新技术和新知识的培训、研讨和交流，更新知识结构。

十六、执业兽医在从业活动中，应当明码标价，合理收费。

十七、执业兽医不得接受医疗设备、器械、药品等生产、经营者的回扣、提成或其他不当得利。

十八、执业兽医应当模范遵守兽医职业道德行为规范。下列行为是不道德的：

（一）随意贬低兽医职业和兽医行业的。

（二）故意贬低同行或通过诋毁他人等方式招揽业务的。

（三）未取得专家称号，对外称"专家"谋取利益的。

（四）通过给其他兽医介绍患病动物，收取回扣或提成的。

（五）冒充其他执业兽医从业获利的。

（六）擅自篡改或删除处方、病历及相关诊疗数据，伪造诊断结果、违规出具证明文件或在诊疗活动中弄虚作假的。

（七）未经动物主人同意，将动物诊疗的相关信息或资料用于商业用途的。

（八）教唆、帮助或参与他人实施违法的兽医执业活动的。

（九）随意夸大动物病情或夸大治疗效果的。

（十）执业兽医在人才流动过程中损害原工作单位权益的。

❧ 思 与 练

作为一名执业兽医师如何践行《执业兽医职业道德行为规范》？

参 考 文 献

曹荣桂，2003. 医院管理学：下册 ［M］. 北京：人民卫生出版社.

陈洁，2003. 医院经营管理 ［M］. 北京：人民卫生出版社.

程水源，2007. 创业理论与实践 ［M］. 北京：中国科学技术出版社.

胡亚洲，2001. 医院如何掌握信息化工作的主动权 ［J］. 中华医院管理杂志，17：756.

李大玲，王文莲，2006. 企业创办实训教程 ［M］. 北京：经济科学出版社.

林德贵，2004. 动物医院临床技术 ［M］. 北京：中国农业大学出版社.

楼婷婷，施燕青，汤丽萍，2010. 浅析宠物诊疗纠纷调解处理现状 ［J］. 中国动物检疫，27（12）：12.

马剑平，朱晞，2006. 医院后勤部门建设管理规范 ［M］. 南京：东南大学出版社.

聂素滨，张卫东，杨捷，等，2008. 医院管理学（修订版）［M］. 长春：吉林人民出版社.

齐玉生，2002. 现代医院管理百科全书：中卷 ［M］. 北京：当代中国出版社.

钱芝网，姜丹，2008. 采购管理实务 ［M］. 北京：中国时代经济出版社.

少恒，2010. 实用礼仪大全 ［M］. 北京：当代世界出版社.

申子瑜，2003. 医院管理学临床实验室管理分册 ［M］. 北京：人民卫生出版社.

唐耀平，2010. 动物卫生监督执法实务 ［M］. 北京：法律出版社.

王杜春，2012. 市场营销学 ［M］. 北京：机械工业出版社.

王麦成，2007. 药品经营与管理 ［M］. 郑州：河南科学技术出版社.

王庆波，2008. 宠物医师临床检验手册 ［M］. 北京：金盾出版社.

魏国辰，2007. 采购实际操作技巧 ［M］. 2 版. 北京：中国物资出版社.

尹爱田，2005. 对医疗质量评价指标体系的评析 ［J］. 中华医院管理杂志，21（3）：169-172.

于干千，秦德智，2008. 服务企业经营管理学 ［M］. 北京：中国林业出版社.

张弼，刘庆斌，郭俊林，等，2012. 动物诊疗事故技术鉴定分析与对策 ［J］. 动物医学进展，33（12）：190-192.

张鹭鹭，李静，徐祖铭，2007. 高级医院管理学 ［M］. 上海：第二军医大学出版社.

中国动物疫病预防控制中心，2008. 宠物医师（初级、中级、高级）［M］. 北京：中国农业出版社.

中国注册会计师协会编著，2008. 财务成本管理 ［M］. 北京：中国财政经济出版社.

祝天龙，2007. 兽医医疗废物的分类与处理方法 ［J］. 中国兽医杂志，43（5）：51.

Paula Pattengale，2010. 动物医院工作流程手册 ［M］. 夏兆飞，主译. 北京：中国农业大学出版社.

图书在版编目（CIP）数据

宠物医院实务/张斌主编 . —2 版 . —北京：中国农业出版社，2019.10（2024.7 重印）
高等职业教育农业农村部"十三五"规划教材
ISBN 978-7-109-26118-1

Ⅰ．①宠…　Ⅱ．①张…　Ⅲ．①宠物－兽医院－管理－高等职业教育－教材　Ⅳ．①S851.7

中国版本图书馆 CIP 数据核字（2019）第 254914 号

中国农业出版社出版
地址：北京市朝阳区麦子店街 18 号楼
邮编：100125
责任编辑：李　萍
责任校对：吴丽婷
印刷：三河市国英印务有限公司
版次：2015 年 1 月第 1 版　　2019 年 10 月第 2 版
印次：2024 年 7 月第 2 版河北第 7 次印刷
发行：新华书店北京发行所
开本：787mm×1092mm　1/16
印张：12.75
字数：298 千字
定价：34.00 元